BIBLIOTHÈQUE DES ACTUALITÉS INDUSTRIELLES, N° 33.

LA CHALEUR

LEÇONS ÉLÉMENTAIRES

SUR

LA THERMOMÉTRIE, LA CALORIMÉTRIE, LA THERMODYNAMIQUE,

ET LA DISSIPATION DE L'ÉNERGIE.

PAR

J. Clerk MAXWELL. M. A.

LL. D. Edinb., F. R. SS. L. et E.
Membre honoraire de Trinity College et Professeur de Physique à l'Université
de Cambridge.

Edition française, d'après la huitième édition anglaise,

par M. Georges MOURET,

Ingénieur des Ponts-et-Chaussées,

Précédée d'une préface par M. A. POTIER
Ingénieur en chef des Mines,
Professeur de Physique à l'Ecole Polytechnique.

PARIS

B. TIGNOL, ÉDITEUR

LIBRAIRIE SCIENTIFIQUE, INDUSTRIELLE ET AGRICOLE

Acquéreur des Publications Eugène LACROIX

53BIS, QUAI DES GRANDS-AUGUSTINS, 53BIS

1891

LA CHALEUR

PRÉFACE

Après avoir traduit à son usage personnel le livre
de Maxwell sur la Théorie de la chaleur, M. Mouret
a pensé, avec raison, rendre service au public stu-
dieux en répandant en France une traduction exacte
et consciencieuse de cette œuvre originale ; il m'a
fait l'honneur de me demander d'en exposer brièvement le caractère.

James Clerk Maxwell est né à Edimbourg le 13 juin
1831 ; il est mort le 5 novembre 1879, à Cambridge,
où il occupait, depuis le mois de mars 1871, la
chaire de physique expérimentale créée à cette
époque. Ses cours, divisés en trois parties, em-
brassaient la Théorie de la chaleur et la constitution
des corps, l'Electricité et l'Electromagnétisme.

Ses compatriotes ne craignent pas de le comparer
à Newton ; disciple de Faraday, il en a consolidé
l'œuvre dans une majestueuse synthèse, et dépassant son maître, il a ouvert les voies à une théorie
plus générale comprenant à la fois la lumière et
l'électricité.

Ses moindres écrits portent l'empreinte de son génie original, de sa vive imagination ; aussi malgré le titre modeste de Manuels pour les artisans et étudiants que portent la collection de « *Text-books of sciences* » dont fait partie la Théorie de la chaleur, le lecteur, quel qu'il soit, est sûr de trouver en lisant ce petit traité, ample matière à ses méditations, soit qu'il se borne à y puiser des notions sommaires, mais exactes sur l'ensemble des phénomènes que relie la science de la chaleur, soit qu'à la suite de Maxwell, il s'engage dans des spéculations hardies sur la constitution des corps.

Ces considérations théoriques qui forment le dernier chapitre de l'ouvrage ne sont pas cependant sans utilité ; bien que dépourvues, par leur objet même, de toute sanction expérimentale, elles fournissent l'explication la plus plausible, dans l'état actuel de la science, des faits classés sous le nom de radiation conduction, diffusion et de la tranformation de la chaleur en travail.

Le livre a été écrit avec la préoccupation évidente d'écarter tout appareil mathématique; les formules y sont des plus simples, traduites en langage ordinaire, de manière à rappeler constamment la nature réelle des objets dont les grandeurs sont figurées tantôt par des signes algébriques, tantôt par des longueurs de ligne entrant dans la composition des

diagrammes. On peut dire qu'il n'y a aucun calcul et
que les notions algébriques les plus élémentaires
suffiront au lecteur.

En revanche Maxwell fait largement usage des
méthodes graphiques de représentation, mais il explique si clairement, dans les premiers chapitres, la
manière de tracer et d'utiliser les diagrammes,qu'aucune préparation spéciale n'est nécessaire ; deux
chapitres seulement, relatifs l'un à la surface thermodynamique de Gibbs, l'autre aux travaux de Fourier et de sir William Thomson sur la conductibilité,
demandent, pour être saisis, des connaissances mathématiques plus étendues ; la lecture de ces chapitres n'est pas heureusement indispensable et ils auraient pu être supprimés sans nuire à la clarté et
sans troubler le plan général de l'œuvre.

Maxwell n'est pas moins sobre des descriptions
d'appareils, et sous ce rapport son ouvrage s'éloigne notablement de la plupart de nos traités de physique ; la recherche des méthodes précises, de l'élimination des causes d'erreur est en effet étrangère
à son sujet ; qu'il s'agisse de température, de quantité de chaleur, de pression ou de coefficients de
conductibilité, il définit d'abord nettement la nature
des grandeurs, et montre par là même qu'elles sont
susceptibles de mesure sans s'attarder à des détails
qui n'ont d'importance que pour les physiciens, et

pourraient distraire le lecteur de l'étude de l'ensemble des principes, objet spécial de la théorie de la
chaleur ; ce petit volume contient, sinon tout ce qu'il
est utile d'avoir appris, au moins tout ce qu'il est indispensable de retenir pour saisir le rôle joué par
la chaleur dans la nature.

A. POTIER.

PRÉFACE DE L'AUTEUR

Le but de cet ouvrage est de mettre en évidence, à un point de vue scientifique, le lien qui relie les différents termes du développement de nos connaissances relatives aux phénomènes de la chaleur. L'invention du thermomètre, l'instrument qui sert à enregistrer et à comparer les températures, a été le premier de ces termes. Le second a eu pour obje la mesure des quantités de chaleur, c'est-à-dire la *Calorimétrie*. Toute la science de la chaleur repose sur la mesure des températures et sur la calorimétrie, et lorsque ces deux degrés de connaissance sont bien compris, on peut passer au troisième terme, qui a trait à la recherche des relations entre les propriétés thermiques et mécaniques des corps, recherche qui fait l'objet de la *Thermodynamique*. Cette partie de la science repose sur la considération de l'*énergie intrinsèque* d'un système de corps, énergie qui est en rapport avec les températures et l'état physique des corps, aussi bien qu'avec leur forme, leur mouvement et leur position relative. Une partie seulement de cette énergie, cependant, est susceptible de produire un travail mécanique, et bien que l'énergie elle-même soit indestructible, la partie utilisable tend à diminuer par l'action de certains procédés naturels, tels que la *conduction* et le rayonnement de la chaleur, le frottement et la viscosité. Ces phénomènes dans lesquels une partie de l'énergie est rendue inutilisable comme source de travail sont classés sous le nom de phénomènes de *Dissipation de l'Energie* et font l'objet de la division suivante du présent ouvrage. Le dernier chapitre est consacré à l'explication de différents phénomènes dans l'hypothèse que les corps se composent de molécules et que le mouvement de ces molécules n'est autre chose que la chaleur des corps.

Pour renfermer l'examen de tous ces sujets dans les limites de ce manuel, il a été nécessaire d'omettre tout ce qui n'est pas essentiel à l'exposé du développement des théories de la chaleur, considéré à un point de vue purement scientifique.

On a omis aussi tout ce qui ne peut matériellement servir au lecteur pour former son propre jugement sur ces théories.

Pour cette raison, on n'a pas rendu compte de plusieurs expériences cependant importantes, et l'on a omis beaucoup d'éclaircissements reposant sur des exemples empruntés aux phénomènes naturels. Mais le lecteur trouvera cette partie du sujet traitée plus amplement dans plusieurs ouvrages excellents, sur les mêmes questions, et qui ont paru récemment.

On trouvera une description complète des expériences les plus importantes sur les effets de la chaleur dans le « *Traité de la chaleur* » par Dixon (Hodges et Smith, 1849).

Le traité du professeur Balfour-Stewart contient tout ce qu'il est nécessaire de connaître pour procéder à des expériences sur la chaleur. L'étudiant peut aussi se reporter au *Traité de physique de Deschanel*, 2º partie, ouvrage traduit par le professeur Everett qui a ajouté un chapitre sur la Thermodynamique ; à l'ouvrage du professeur Rankine sur la *Machine à vapeur* (1), dans lequel il trouvera le premier traité systématique sur la Thermodynamique ; à la *Thermodynamique* du professeur Tait, qui contient une esquisse historique du sujet, aussi bien que l'exposé des recherches mathématiques ; et à l'ouvrage du professeur Tyndall

(1) Traduit en français par G. Richard, Paris : Dunod, 1878.

sur *la Chaleur considérée comme un mode de mouvement*, ouvrage dans lequel les théories de la science peuvent se graver fortement dans l'esprit grâce aux expériences bien choisies qui servent à les éclairer. Les mémoires originaux du professeur Clausius, l'un des fondateurs de la science moderne de la Thermodynamique, ont été publiés en anglais par le professeur Hirst.

TRAITÉ DE LA CHALEUR

CHAPITRE I.

INTRODUCTION.

La distinction entre les corps chauds et les corps froids est familière à tous, et s'associe, dans notre esprit, avec la différence des sensations que nous éprouvons en touchant diverses substances, suivant qu'elles sont chaudes ou froides. L'intensité de ces sensations est susceptible de degrés, de telle sorte que par le toucher nous pouvons reconnaître si un corps est plus froid ou plus chaud qu'un autre. Les mots chaud, tiède, frais, froid sont associés dans notre esprit avec une série de sensations qui sont supposées indiquer une série correspondante d'états thermiques d'un corps.

Nous employons donc les mots en question pour désigner les états des corps. Dans le langage scientifique, ce sont des qualificatifs de la *température*, le mot chaud indiquant une température élevée, le mot froid une basse température, et les termes intermédiaires, des températures intermédiaires, tandis que le mot température lui-même est un terme général s'appliquant à l'un quelconque de ces états des corps.

Puisque l'état d'un corps peut varier d'une manière continue du froid au chaud nous devons admettre l'existence d'un nombre infini d'états intermédiaires que nous appellerons températures intermédiaires. Nous pouvons donner des noms à un nombre déterminé quelconque de degrés définis de la température, et exprimer toute autre température par sa place relative par rapport à ces degrés.

La température d'un corps, par conséquent, est une quantité qui indique de combien un corps est froid ou chaud.

Quand nous disons que la température d'un corps est plus haute ou plus basse que celle d'un autre, nous voulons dire que le premier corps est plus chaud ou plus froid que le second, mais nous rapportons en même temps l'état des deux corps à une certaine échelle de température. L'emploi du mot température est donc lié dans notre esprit à cette conviction qu'il est possible non seulement de sentir, mais aussi de mesurer de combien un corps est chaud.

Les mots de cette espèce, qui expriment les mêmes choses que les mots du langage vulgaire, mais qui les expriment d'une manière comportant une mesure numérique précise sont dits termes scientifiques (1), parce qu'ils contribuent au progrès de la science.

Nous pourrions supposer qu'une personne ayant soigneusement exercé ses sens, serait capable par le simple toucher, d'assigner la place d'un corps dans une échelle de

_____

(1) « Scientifique, adjectif — Donnant une connaissance démonstrative » — Johnson's Dictionary.

température, mais l'expérience a prouvé que les appréciations de la température par le toucher dépendent d'une grande variété de circonstances. Quelques-unes de ces circonstances se rapportent à la texture et à la consistance de l'objet, et d'autres dépendent de la température de la main, ou de l'état de santé de la personne qui cherche à apprécier la température.

Par exemple si la température d'un morceau de bois était la même que celle d'une pièce de fer, et beaucoup plus élevée que celle de la main, nous jugerions que le fer est plus chaud que le bois, parce qu'il communique sa chaleur plus facilement à la main. Si au contraire les températures étaient égales, mais beaucoup plus basses que celle de la main, nous jugerions le fer plus froid que le bois.

Il y a une autre expérience vulgaire qui consiste à placer une main dans l'eau chaude, et l'autre main dans l'eau froide, pendant un temps suffisant. Si ensuite nous plongeons les deux mains dans le même bassin d'eau tiède, soit successivement, soit même simultanément, l'eau paraîtra froide à la main échauffée, et chaude à la main refroidie.

En fait, nos sensations de toute espèce dépendent de tant de conditions variables, que lorsqu'il s'agit de recherches scientifiques, nous préférons juger de l'état des corps d'après l'action qu'ils exercent sur quelque appareil dont les conditions sont plus simples et moins variables que celles de nos propres sens.

Les propriétés de la plupart des substances varient quand leur température varie. Quelques-unes de ces variations sont brusques, et servent à indiquer des températures particulières prises comme point de repère ; d'autres sont continues et servent à mesurer d'autres températures par comparaison avec les températures adoptées comme termes de comparaison.

Par exemple, la température à laquelle fond la glace est toujours la même, dans les circonstances ordinaires, bien que, comme nous le verrons, elle soit faiblement modifiée par un changement de pression. La température de la vapeur qui s'échappe de l'eau bouillante est aussi constante quand la pression est constante.

Ces deux phénomènes, par conséquent, la fusion de la glace et l'ébullition de l'eau, correspondent d'une manière évidente à deux températures que nous pouvons employer comme points de repère, et qui dépendent des propriétés de l'eau mais non pas de conditions spéciales à nos sens.

D'autres changements d'état qui se produisent à des températures plus ou moins définies, tels que la fusion de la cire ou du plomb, et l'ébullition de liquides de composition déterminée sont parfois employés pour reconnaître si ces températures sont atteintes, mais la fusion de la glace et l'ébullition de l'eau sous une pression déterminée constituent les points de repère les plus importants dans la science moderne.

Ces phénomènes de changement d'état servent à définir seulement un certain nombre de températures particulières.

Pour mesurer la température en général, il faut avoir recours à quelque propriété des corps qui se modifie d'une manière continue avec la température.

Le volume de la plupart des corps augmente d'une manière continue lorsque la température s'élève, la pression restant constante. Il y a des exceptions à cette règle et les dilatations des différents corps ne sont pas, en général, dans les mêmes proportions; mais une substance quelconque dans laquelle un accroissement de température, quelque petit qu'il soit, produit une augmentation de volume, peut servir à définir les changements de température.

Par exemple, le mercure et le verre se dilatent tous les deux, quand ils sont chauffés, mais la dilatation du mercure est plus grande que celle du verre. D'où il suit que si un récipient en verre, froid, est rempli de mercure froid, et si le récipient et le mercure qu'il contient sont également chauffés, ce récipient se dilatera, mais le mercure se dilatera davantage,de telle sorte que le récipient ne pourra plus contenir tout le mercure. Si ce récipient est muni d'un long col, le mercure, expulsé, s'élèvera dans le col, et si le col est un tube étroit gradué, la masse de mercure expulsée du récipient pourra être exactement mesurée.

Tel est le principe du thermomètre ordinaire à mercure, dont la construction sera décrite en détail plus loin. Actuellement, nous le considérons seulement comme un instrument dont les indications varient avec la température, mais restent les mêmes quand la température de l'instrument reste la même.

On peut avoir recours à la dilatation des autres liquides aussi bien qu'à celle des solides et des gaz pour mesurer les températures ; les propriétés thermo-électriques des métaux et la variation de leur résistance électrique avec la température sont aussi employés dans les recherches sur la chaleur.

Cependant, nous étudierons les phénomènes de température en eux-mêmes, avant d'examiner les propriétés des différentes substances considérées dans leurs rapports avec la température, et dans ce dessein nous employerons le thermomètre à mercure qui vient d'être décrit.

THERMOMÈTRE A MERCURE.

Ce thermomètre consiste en un tube de verre se terminant en boule, la boule et partie du tube étant remplies de mercure et le reste du tube étant vide.

Nous supposerons le tube gradué de telle sorte que la hauteur du mercure dans le tube puisse être observée et enregistrée. Nous ne supposerons pas, cependant, que la section du tube soit uniforme ou que les degrés soient d'égale longueur; de cette manière, la graduation de ce thermomètre primitif pourra être regardée comme complètement arbitraire. Au moyen de ce thermomètre, nous pourrons savoir si une température est plus haute ou plus basse qu'une autre, ou égale à cette autre, mais nous ne pourrons pas affirmer que la différence entre deux températures A et B soit plus grande ou moins grande que la différence entre deux autres températures C et D.

Nous supposerons que, dans chaque observation, les températures du mercure et du verre sont égales et uniformes. La lecture sur la graduation dépendra alors de la température du thermomètre, et puisque nous n'avons pas encore établi une graduation thermométrique plus parfaite, nous appellerons provisoirement cette lecture « la température à l'échelle arbitraire du thermomètre. »

La lecture d'un thermomètre indique directement sa propre température, mais si nous mettons le thermomètre en contact continu avec une autre substance, si par exemple nous le plongeons dans un liquide pendant un temps suffisant, nous trouverons que la lecture du thermomètre est plus haute ou plus basse, suivant que le liquide est plus chaud ou plus froid que le thermomètre. Nous constaterons que, si nous laissons le thermomètre en contact avec la substance pendant un temps suffisant, le niveau du mercure devient stationnaire. Nous appellerons cette lecture définitive « *la température de la substance.* » Nous verrons plus loin que nous avons le droit d'employer cette définition.

Prenons maintenant un vase rempli d'eau, que nous supposerons à la température de l'air, de telle sorte que, laissé à lui-même, il restera à la même température. Prenons un autre petit vase de cuivre très mince, rempli d'eau, d'huile ou d'un autre liquide quelconque et immergeons ce petit vase pendant un certain temps dans l'eau du grand vase. Alors si, au moyen de notre thermomètre, nous notons les températures des liquides avant et après l'immersion du vase de cuivre, nous trouverons que s'ils étaient primitivement à la même température, cette température n'a varié pour aucun des liquides, mais que si l'un est à une plus haute température que l'autre, celui qui est le plus chaud devient plus froid, et celui qui est le plus froid devient plus chaud. De telle sorte que si le contact subsiste un temps suffisant, les deux liquides parviennent à la même température ; après quoi, il ne se produit plus aucun changement de température.

La diminution de température du corps chaud n'est pas, en général, égale à l'augmentation de température du corps froid, mais il est manifeste que les deux phénomènes simultanés sont dus à une seule cause, et cette cause peut être décrite comme le passage de la chaleur du corps chaud au corps froid.

Comme c'est la première fois que nous employons le mot chaleur, nous devons examiner ce qu'il signifie.

Nous trouvons que le refroidissement d'un corps chaud et le réchauffement d'un corps froid, se produisent simul-

tanément comme partie d'un même phénomène, et nous
décrivons ce phénomène comme le passage de la chaleur
du corps chaud au corps froid. La chaleur, par conséquent,
est quelque chose qui peut être transporté d'un corps à un
autre, de manière à diminuer la quantité de chaleur dans
le premier, et à l'augmenter dans le second d'une manière
équivalente. Quand de la chaleur est communiquée à un
corps, la température du corps généralement s'accroît,
mais quelquefois il se produit d'autres effets, tels que des
changements d'état. Quand la chaleur abandonne un corps,
il y a, soit un abaissement de température, soit un changement d'état. Si un corps ne perd ou ne gagne de chaleur,
et s'il ne produit dans le corps aucun changement d'état,
ou action mécanique, la température du corps restera constante.

La chaleur peut, par conséquent, passer d'un corps à un
autre, de même que l'eau peut être versée d'un récipient
dans un autre. La chaleur peut être retenue dans un corps
pendant un temps quelconque, comme l'eau peut être contenue dans un vase. Nous avons par conséquent le droit de
parler de la chaleur comme d'une *quantité mesurable* (1) et
de la traiter mathématiquement comme les autres quantités, tant qu'elle ne cesse pas d'exister comme chaleur. Nous
verrons cependant que nous n'avons aucun droit de la traiter
comme une *substance*, car elle peut être transformée en quelque chose qui n'est pas de la chaleur, et qui n'est certainement pas une substance, à savoir le travail mécanique.

Nous devons nous rappeler par conséquent, quoique
nous mettions la chaleur au rang des quantités mesurables,
que nous ne devons pas la classer parmi les substances, mais

_____

(1) Maxwell fait ici une pétition de principe. — *Trad.*

bien suspendre notre jugement jusqu'à ce que nous ayons d'autres données quant à la nature de la chaleur.

De telles données sont fournies par les expériences sur le frottement, phénomène dans lequel le travail mécanique, au lieu de se transmettre d'une partie de la machine à une autre, se perd, en apparence, tandis qu'au même moment et au même point, de la chaleur est créée, la quantité de chaleur créée étant dans une exacte proportion avec la quantité de travail disparu. Nous avons par conséquent des raisons de croire que la chaleur est de même nature que que le travail mécanique, c'est-à-dire qu'elle est une des formes de l'énergie.

Au XVIIIe siècle, alors qu'abondaient les découvertes relatives à l'action de la chaleur sur les corps, et alors que concurremment de grands progrès s'accomplissaient dans la connaissance des propriétés chimiques des corps, on introduisit le mot *calorique* pour signifier la chaleur en tant que quantité mesurable. Aussi longtemps que le mot ne dénota rien de plus que cela, on put l'employer utilement, mais la forme du mot favorisait la tendance des chimistes du temps à chercher de nouvelles *substances impondérables* de telle sorte que le mot calorique finit par *connoter* (1) non pas purement et simplement la chaleur, mais la chaleur considérée comme un fluide impondérable et indestructible, s'insinuant dans les pores des corps, les dilatant et les dissolvant, et finalement les vaporisant — se combinant aussi avec les corps en proportions définies et devenant ainsi latente, puis réapparaissant quand l'état de ces corps se modifie. En fait, le mot calorique, une fois introduit dans la langue, en vint bientôt à impliquer l'existence de quelque

(1) «Un terme connotatif est un terme qui désigne un sujet et implique un attribut » Mill: *Système de logique*, livre I, chapitre II, § 5, page 30 de la traduction Louis Peisse.

chose matériel, quoique probablement d'une nature plus subtile que les gaz alors nouvellement découverts. Le calorique ressemblait à ces gaz, par son invisibilité et sa propriété de se fixer dans les corps solides. Il en différait par l'impossibilité où l'on était de découvrir son poids avec les balances les plus sensibles. mais il n'y avait aucun doute dans l'esprit de beaucoup d'hommes éminents de l'époque que le calorique était un fluide pénétrant tous les corps, probablement la cause de toutes les répulsions,.et peut-être même de l'expansibilité des corps dans l'espace.

Depuis, les idées de cette sorte ont toujours été associées avec le mot calorique, et le mot lui-même a servi dans une grande mesure, à donner un corps à ces idées et à les propager ; aussi puisque maintenant l'inexactitude de toutes ces notions a été reconnue, nous éviterons autant que possible, en traitant de la chaleur. l'emploi du mot calorique. Il sera cependant utile lorsque nous voudrons nous reporter à la théorie erronée qui considère la chaleur comme une substance, d'appeler cette théorie « *la théorie calorique de la chaleur* ».

Le mot chaleur, quoiqu'il soit un mot vulgaire et non un terme scientifique est suffisamment dégagé de toute ambiguité, quand nous l'employons pour exprimer une quantité mesurable, parce qu'il peut être associé avec des qualificatifs indiquant de combien de chaleur (1) il est question.

Nous n'emploierons jamais le mot chaleur pour désigner la sensation de chaleur. En fait, il n'est jamais employé en ce sens dans le langage ordinaire, qui n'a aucun nom pour les sensations à moins que la sensation elle-même ne nous

(1) En France on emploie généralement l'expression : quantité de chaleur. — *Trad.*

soit d'une plus grande importance que sa cause physique,
comme dans le cas de la douleur, etc. Le seul nom que nous
possédions pour cette sensation est l'expression « *sensation
de chaleur* ».

Quand nous aurons à indiquer par un adjectif qu'un
phénomène a trait à la chaleur, nous le désignerons sous
le nom de phénomène thermique (1) ; par exemple nous
parlerons de la conductibilité thermique d'une substance ou
du rayonnement thermique (2) pour distinguer la conduction et le rayonnement de la chaleur de la conduction de
l'électricité ou du rayonnement de la lumière. La science
de la chaleur a été appelée, par le Dr Whewell (3) et d'autres, *Thermotique* et la théorie de la chaleur comme forme
d'énergie est appelée *Thermodynamique*. On pourrait, de
même appeler *Thermostatique* la théorie de l'équilibre de la
chaleur, et *Thermocinématique* celle du déplacement de la
chaleur.

L'instrument qui sert à enregistrer la température des
corps est appelé un *Thermomètre*, ou mesureur du chaud, et
l'on peut appeler *Thermométrie*, l'art de construire et d'employer les thermomètres.

L'instrument qui sert à mesurer les quantités de chaleur
est appelé un *Calorimètre*, probablement parce qu'il a été
inventé à l'époque où la chaleur prenait le nom de calorique. Le nom, cependant, est maintenant bien établi ; d'ailleurs il est commode, car sa forme est suffisamment distincte de celle du mot thermomètre. Les méthodes de mesure de la chaleur constituent la *Calorimétrie*.

(1) On emploie plus généralement en France l'adjectif *calorifique*.
— *Trad.*
(2) Chaleur rayonnante. — *Trad.*
(3) Célèbre logicien anglais. — *Trad.*

Une certaine quantité de chaleur à laquelle se comparent toutes les autres quantités, est dite *unité de chaleur*. C'est la quantité nécessaire pour produire un effet déterminé, tel que la fusion d'un kilogramme de glace, ou pour élever un litre d'eau d'une température déterminée à une autre température déterminée. Une unité de chaleur particulière à été appelée *Calorie* par quelques auteurs.

Nous sommes en possession maintenant de deux des notions fondamentales de la science de la chaleur — la notion de la température, ou la propriété d'un corps, considérée comme sa capacité d'entraîner une modification de la température d'autres corps ; et la notion de la chaleur comme une quantité mesurable, qui peut passer des corps chauds aux corps froids. Nous examinerons le développement ultérieur de ces idées dans les chapitres sur la thermométrie et la calorimétrie, mais nous devons tout d'abord diriger notre attention sur le phénomène par lequel la chaleur passe d'un corps à un autre.

Ce phénomène est appelé la *Diffusion de la chaleur*. La diffusion de la chaleur consiste toujours dans le transfert de la chaleur d'un corps chaud à un corps froid, de telle sorte que le corps chaud se refroidisse, et le corps froid s'échauffe. Ce déplacement de chaleur continuerait jusqu'au moment où les corps auraient pris la même température, s'il n'existait pas d'autres phénomènes dans lesquels la température des corps se modifie, sans qu'il y ait échange de chaleur avec d'autres corps ; le fait se produit lors de la combustion ou de tout autre phénomène chimique — ou quand des changements ont lieu, dans la forme, la structure ou l'état physique des corps.

Nous traiterons des changements d'un corps autres que ceux provenant du transfert de la chaleur lorsque nous aurons à décrire les différents états physiques des corps.

A présent nous n'avons à nous occuper que de la transmission de la chaleur pure et simple, ce qui a toujours
lieu par diffusion, et intervient nécessairement entre un
corps chaud et un corps froid.

On reconnaît communément trois procédés de diffusion
— conduction, convection et rayonnement.

La conduction a lieu quand un courant de chaleur se
produit dans un corps inégalement chauffé, courant dirigé
des points de haute température vers les points de basse
température.

La convection consiste dans le mouvement du corps lui-
même, entraînant avec lui sa chaleur. S'il est amené, par
ce mouvement près de corps plus froids, il les échauffera
plus rapidement que s'il n'était resté à une plus grande
distance de ces corps. Le terme convection s'applique à ces
procédés qui activent la diffusion de la chaleur par le
mouvement d'un corps chaud d'un lieu à un autre, quoique le transfert final de la chaleur ait toujours lieu par
conduction.

Dans le rayonnement, le corps le plus chaud perd de la
chaleur, et le corps le plus froid reçoit de la chaleur, et
cela grâce à un certain milieu intermédiaire, sans que par
là ce milieu devienne lui-même plus chaud.

Dans chacun de ces trois phénomènes de diffusion de la
chaleur, les températures des corps entre lesquels la chaleur s'échange, tendent à devenir égales. Pour le moment,
nous ne discuterons pas la convection de la chaleur, parce
que ce n'est pas un phénomène purement calorifique, at-
tendu qu'il dépend du déplacement d'un corps chaud d'un
lieu à un autre, et que ce déplacement est effectué soit par
l'effort de l'homme, qui par exemple enlève du feu un fer
chaud pour le placer dans l'eau, soit grâce à quelque propriété naturelle de la substance chauffée, comme cela a

lieu pour une bouillote placée sur le feu ; l'eau chauffée par le contact avec le fond de la bouillotte se dilate, en s'échauffant, et forme un courant ascendant, tandis que l'eau, plus froide et par conséquent plus dense, descend et prend la place de l'eau échauffée. Dans ces cas de convection, le transfert final et direct de la chaleur est dû à la conduction, et le seul effet de l'agitation de la substance échauffée est de rapprocher les unes des autres les parties inégalement chauffées de manière à faciliter l'échange de chaleur. Nous admettrons la conduction de la chaleur comme un fait, sans tenter à présent d'établir une théorie quelconque des détails du phénomène en lui-même. Nous n'affirmerons même pas que dans la diffusion de la chaleur par conduction le transfert de chaleur se fasse uniquement du corps le plus chaud au corps le plus froid. Tout ce que nous affirmons, c'est que la quantité de chaleur qui passe du corps chaud au corps froid, est invariablement plus grande que la quantité, si elle n'est pas nulle, qui passe du corps froid au corps chaud.

CONDUCTION.

Dans les expériences que nous avons décrites, la chaleur passe d'un corps à un autre par une substance intermédiaire ; par exemple elle passe de l'eau contenue dans un vase au mercure contenu dans le réservoir du thermomètre par l'intermédiaire du verre qui forme cet instrument.

Ce phénomène, dans lequel la chaleur passe des portions chaudes aux portions froides d'un corps est appelé conduction de la chaleur. Quand la chaleur passe à travers un corps par conduction, la température du corps doit être plus grande dans les parties d'où émane la chaleur que dans les parties. vers lesquelles elle se dirige, et la quantité de chaleur qui passe par une tranche mince quelconque de la substance dépend de la différence de la température des deux faces de la tranche. Par exemple, si nous plaçons une cuillère d'argent dans une tasse de thé chaud, la partie de la cuillère située dans le liquide ne tarde pas à s'échauffer, tandis que la partie extérieure reste comparativement froide. Par suite de cette inégalité dans les températures, la chaleur commence immédiatement à s'écouler le long du métal de A à B. La chaleur échauffe un peu la région B, et la rend plus chaude que la région C, et alors elle s'écoule de B à C. De cette manière l'extrémité même de la cuillère, s'échauffe au bout d'un certain temps comme on peut le constater au toucher. La condition essentielle pour la conduction consiste en ce que la chaleur, dans chaque partie de son cours, doit passer des parties chaudes aux parties froides du corps. Aucune chaleur ne peut arriver en E avant que A ne soit devenu plus chaud que B, B plus chaud que C, et C plus chaud que D, et D plus chaud que E. Pour cela il faut qu'une certaine quantité de chaleur soit dépensée à échauffer successivement toutes ces parties intermédiaires de la cuillère, de telle sorte que lorsque la cuillère a été placée dans la tasse, il se passe un certain temps avant que l'on puisse percevoir un changement de température à l'extrémité de la cuillère.

Ainsi nous pouvons définir la conduction comme le passage de la chaleur à travers un corps par suite de l'inégalité de température des parties contigues du corps.

Quand une partie quelconque d'un corps s'échauffe par

Fig. 1.

conduction, les régions du corps par lesquelles passe la chaleur avant d'arriver à la région considérée sont plus chaudes que celle-ci, et les régions qui précèdent sont encore plus chaudes.

Si maintenant nous essayons l'expérience précédente, avec une cuillère en maillechort placée à côté de la cuillère en argent, nous trouverons que l'extrémité de celle-ci s'échauffe longtemps avant la cuillère en maillechort — et si nous faisons usage d'une cuillère en os ou en corne, nous ne pourrons sentir aucune chaleur à l'extrémité, quelque temps que nous attendions.

Cela montre que l'argent conduit la chaleur plus vite que le maillechort et le maillechort plus vite que l'os ou la corne. La raison pour laquelle l'extrémité de la cuillère ne devient jamais aussi chaude que le thé, consiste en ce que les parties intermédiaires de la cuillère se refroidissent, partie en abandonnant leur chaleur à l'air en contact avec elle, partie par rayonnement dans l'espace.

Pour montrer que le premier effet de la chaleur sur le thermomètre est d'échauffer la matière dont le réservoir est fait, et que la chaleur ne peut atteindre le fluide contenu dans le réservoir avant que ce réservoir ne se soit échauffé, il suffit de prendre un thermomètre à grand réservoir, de noter le niveau du fluide dans le tube, et de projeter un peu d'eau chaude sur le réservoir. Le fluide s'abaissera dans le tube avant de commencer à s'élever, ce qui montre que le réservoir se dilate avant le fluide.

RAYONNEMENT.

Par un jour calme, en hiver, nous sentons que les rayons du soleil sont chauds, alors même que l'eau gèle et que la glace est dure et sèche.

Si nous avons recours au thermomètre, nous trouvons que s'il reçoit les rayons du soleil, il indique une température au-dessus de la glace, tandis que l'air environnant l'instrument est à une température au-dessous de la glace. La chaleur, par conséquent, que nous sentons, et qui agit aussi sur le thermomètre, n'est pas transportée par conduction à travers l'air, car l'air est froid, et un corps froid ne peut pas, par conduction, rendre un corps plus chaud que lui-même. Le mode suivant lequel la chaleur atteint le corps qu'elle échauffe, est appelé rayonnement. Les substances qui laissent passer la chaleur rayonnante sont dites *diathermanes*. Celles qui ne se laissent pas traverser par la chaleur sans s'échauffer elles-mêmes, sont appelées *athermanes*. Ce qui passe à travers le milieu environ, dans ce phénomène, est appelé *Chaleur rayonnante*, bien que, tant que la chaleur est rayonnante, elle ne possède aucune des propriétés qui distingue la chaleur des autres formes d'énergie ; en effet, la température du corps à travers lequel elle passe, et les autres propriétés physiques du corps ne sont aucunement influencées par le passage du rayon calorifique, pourvu que le corps soit parfaitement diathermane. Si le corps n'est pas parfaitement diathermane, il arrête plus ou moins de chaleur rayonnante, et s'échauffe lui-même au lieu de transmettre la totalité de la chaleur aux corps situés au-delà.

Le caractère distinctif de la chaleur rayonnante est cette propriété de suivre un *rayon* comme la lumière, d'où le nom de rayonnement. Ces rayons ont toutes les propriétés physiques des rayons de lumière, et sont susceptibles de réflexion, de réfraction, d'interférence et de polarisation. Ils peuvent être séparés par le prisme en rayons de nature différente, de même que la lumière est décomposée en ses couleurs composantes ; quelques-uns des rayons de chaleur sont identiques avec les rayons de lumière, tandis que d'autres espèces de rayons calorifiques ne font aucune impression sur l'œil. Par exemple si nous prenons un verre lenticulaire convexe et si nous l'exposons aux rayons du soleil, un corps placé au foyer, là où se forme une petite image du soleil, s'échauffera énormément tandis que la lentille même et l'air que les rayons traversent resteront complètement froids. Si nous nous arrangeons pour que les rayons, avant d'atteindre le foyer rencontrent la surface de l'eau, de telle sorte que les rayons se concentrent en un foyer situé dans l'eau, alors si l'eau est tout à fait claire, elle restera calme, mais si nous faisons que le foyer coïncide avec une particule solide quelconque dans l'eau, les rayons seront arrêtés, la particule s'échauffera, et sera cause de la dilatation de l'eau adjacente ; c'est ainsi qu'il se produira un courant de bas en haut, et que la particule commencera à s'élever dans l'eau. Cela montre que le rayonnement ne produit un effet calorifique que quand il est *arrêté*.

Il est facile, à l'aide d'une pièce métallique régulièrement concave, telle que le plateau d'une balance, de faire une lentille de glace que l'on peut employer, les jours de soleil, en guise de verre lenticulaire.

Il suffit d'appliquer cette pièce, préalablement chauffée, sur une plaque de glace transparente, d'abord sur une des faces de la plaque puis sur l'autre. Mais cette expérience qui était jadis renommée est beaucoup moins intéressante que celle inventée par le professeur Tyndall, qui consiste à concentrer la chaleur dans la glace au lieu de la concentrer par la glace.

Que l'on prenne un bloc de glace transparente et que l'on y taille une surface plane, parallèle à la surface du lac, ou aux lits de bulles qui se rencontrent généralement dans les gros blocs ; qu'on laisse alors les rayons du soleil, rendus convergents par le passage à travers une lentille ordinaire tomber sur cette surface, le foyer étant à l'intérieur de la glace.

La glace, n'étant pas parfaitement diathermane s'échauffera sous l'influence des rayons solaires, mais beaucoup plus au foyer que partout ailleurs.

Alors elle commencera à fondre à l'intérieur, vers le foyer, et dans ce phénomène les parties qui fondent les premières sont des cristaux régulièrement formés. Nous versons ainsi sur le parcours du rayon un grand nombre d'étoiles hexagonales formées par des vides de la glace et contenant de l'eau. Cette eau, néanmoins ne les remplit pas tout à fait parce que l'eau occupe un volume moindre que la glace dont elle dérive, de telle sorte que partie des étoiles sont vides.

Les expériences sur les effets thermiques du rayonnement montrent que, non seulement le soleil, mais tous les corps chauds émettent des rayons calorifiques. Quand le corps est suffisamment chaud, ses rayons deviennent visibles et le corps est dit chauffé *au rouge*. Quand il est encore plus chaud, il envoie non seulement des rayons rouges, mais aussi des rayons de toutes les couleurs, et il est dit alors *chauffé au blanc*. Quand un corps est trop froid pour émettre des rayons visibles, il émet cependant des rayons calorifiques invisibles, qui peuvent être accusés par un thermomètre suffisamment délicat, et il ne paraît pas qu'un corps quelconque puisse être assez froid pour ne pas émettre de rayons. La raison pour laquelle tous les corps ne paraissent pas lumineux est que nos yeux ne sont sensibles qu'à des rayons d'espèces particulières, et nous ne voyons qu'au moyen de ces rayons spéciaux, émanant de quelque corps très chaud, soit directement, soit après réflexion et dispersion à la surface des autres corps.

Nous verrons que les expressions « *rayonnement de la chaleur* » et « *chaleur rayonnante* » ne sont pas scientifiquement correctes et qu'elles doivent être employées avec précaution.

La chaleur se communique certainement d'un corps à l'autre et ce phénomène que nous appelons rayonnement, se produit dans la région comprise entre les deux corps. Nous n'avons pas le droit, cependant, de parler de ce phénomène de rayonnement comme d'un phénomène calorifique. Nous avons défini la chaleur en tant qu'elle existe dans les corps chauds, et nous avons vu que la chaleur est toujours de même nature. Mais le rayonnement entre les corps diffère de la chaleur, comme nous l'avons exposé ; 1° — en n'échauffant pas les corps traversés par les rayons ; 2° — en se séparant en plusieurs espèces. — Par conséquent nous parlerons du rayonnement d'une manière générale, et quand nous parlerons de la chaleur rayonnante, nous ne prétendons pas affirmer l'existence d'une nouvelle espèce de chaleur, mais considérer le rayonnement sous son aspect thermique.

DES DIFFÉRENTS ÉTATS PHYSIQUES DES CORPS.

On a reconnu que les corps, sous l'action de diverses forces se comportent de différentes manières. Faisons agir sur un corps une pression dans un certain sens à l'aide d'une vis de pression, et supposons que le corps puisse se déformer dans tous les autres sens. Nous constaterons, que, si le corps est une pièce de fer, la pression ne produit que très peu d'effet, à moins qu'elle ne soit très grande. Si le corps est un morceau de caoutchouc, il se comprimera dans la direction de sa longueur, et se dilatera sur les côtés puis il parviendra à un état d'équilibre, sous lequel il continuera à résister à la pression ; mais si nous substituons de l'eau au caoutchouc, nous ne pourrons pas exécuter l'expérience, car l'eau s'échappera latéralement, et les deux faces de l'instrument servant à exercer la compression arriveront au contact sans exercer de pression appréciable.

Les corps qui peuvent résister à une pression longitudinale, quelque petite qu'elle soit, sans être maintenus par des pressions latérales, sont dits *corps solides*. Ceux qui ne satisfont pas à cette condition sont appelés *corps fluides*. Nous verrons que dans un fluide en repos, les pressions en un point quelconque doivent être égales dans toutes les directions ; cette pression unique est appelée la *pression du fluide*.

Il y a deux grandes classes de fluides : si nous plaçons dans un vase fermé une petite quantité de fluide de la première classe, tels que l'eau, ce fluide remplira en partie le vase, et le reste pourra être vide ou contenir un fluide différent. Les fluides qui jouissent de cette propriété sont appelés *liquides*. L'eau est un liquide, et si nous plaçons un peu d'eau dans une bouteille, l'eau restera au fond de la bouteille et sera séparée par une surface nette de l'air ou de la substance gazeuse environnante.

Si, au contraire, le fluide que nous introduisons dans le vase fermé est un fluide de la seconde classe, quelque petite que soit la portion introduite, elle se dilatera et remplira le vase, tout au moins la portion qui n'est pas occupée par un liquide.

Les fluides possédant cette propriété sont appelés *gaz*. L'air est un gaz, et si d'abord nous épuisons l'air contenu dans un récipient pour y introduire ensuite la plus petite quantité d'air possible, cet air se dilatera immédiatement et exercera en tous points une pression sur les parois, tan-

dis qu'un liquide ne se dilàterait que d'une très petite fraction de son volume, alors même que la pression serait
réduite à zéro. Quelques liquides peuvent même résister à
une tension hydrostatique, ou pression négative sans se
sectionner.

Les trois états principaux sous lesquels on observe les
corps, sont, par conséquent, l'état solide, l'état liquide et
l'état gazeux.

La plupart des substances peuvent exister sous ces trois
états ; l'eau, par exemple, existe sous la forme de glace,
d'eau et de vapeur. Un petit nombre de corps solides, tels
que le carbone, n'ont pas encore été liquéfiés ; et un petit
nombre de gaz, tels que l'oxygène, l'hydrogène, et l'azote,
n'ont pas encore été liquéfiés ou solidifiés, mais ce sont là
des cas exceptionnels, provenant des limites restreintes des
températures et pressions que nous pouvons réaliser dans
nos expériences (1).

On peut définir comme il suit l'état physique des corps.
Prenons l'eau à titre d'exemple familier. Nous exposerons,
quand cela sera nécessaire, les phénomènes différents pré-
sentés par d'autres corps.

A la plus basse température que l'on ait observée pour
l'eau, celle-ci se présente sous forme solide, et est appelée
glace.

Quand on échauffe un corps très froid ou un corps solide
quelconque, à température inférieure à la température de
fusion, on observe les phénomènes suivants :

1º La température s'élève ;

2º Généralement le corps se dilate, (la seule exception
parmi les corps solides, autant qu'il est à ma connaissance,

----

(1) Depuis l'époque où écrivait Maxwell, on a pu parvenir à liquéfier les gaz en question. *Trad.*

est l'iodure d'argent qui, d'après les expériences de M. Fizeau, se contracte quand la température s'élève) ;

3° La rigidité du corps, c'est-à-dire sa résistance aux déformations, généralement diminue. Ce phénomène est plus apparent dans certains corps que dans d'autres. Il est très saillant dans le fer, qui chauffé, mais non jusqu'à la température de fusion, devient moins dur, et se forge aisément. La consistance du verre, des résines, des graisses, et des huiles figées, se modifie beaucoup avec la température. D'un autre côté on croit que le fil d'acier est moins flexible à 100° qu'à 0°, et Joule et Thomson ont montré que l'élasticité longitudinale du caoutchouc augmente avec la température, entre certaines limites de température. Quand la glace est sur le point de fondre, elle devient molle ;

4° Un grand nombre de corps solides manifestent constamment le phénomène d'évaporation, ou de transformation à l'état gazeux, par leur surface libre. Le camphre, l'iode, et le carbonate d'ammoniaque en sont des exemples bien connus. Si ces corps solides ne sont pas renfermés dans des bouteilles bouchées, ils disparaissent graduellement par évaporation, et la vapeur qui s'en échappe peut être reconnue à son odeur et à son action chimique. La glace aussi, se vaporise continuellement à sa surface, et dans un climat sec, pendant les longs froids, de grands blocs de glace diminuent peu à peu de volume, et enfin disparaissent.

Il y a d'autres corps solides qui ne paraissent pas perdre une partie quelconque de leur matière, par évaporation ; tout au moins nous ne pouvons constater aucune perte. Il est probable cependant que ces corps solides, qui peuvent être reconnus à leur odeur, s'évaporent avec une lenteur extrême. Ainsi le fer et le cuivre ont chacun une odeur bien connue. Elle peut cependant provenir d'une action

chimique à la surface, action qui met en liberté l'hydrogène, ou quelqu'autre gaz combiné avec une très petite
quantité du métal.

FUSION

Quand la température d'un corps solide est élevée à un
degré suffisant, le corps commence à fondre et à devenir
liquide. Supposons qu'une très petite portion du corps soit
fondue, et que l'on cesse de fournir de la chaleur au corps
jusqu'à ce que les températures du solide restant et du liquide deviennent égales. Si l'on fait agir alors pendant un
moment la chaleur, puis qu'on attende encore que l'équilibre
de température se rétablisse, il y aura plus du matière liquide et moins de matière solide ; mais puisque le liquide
et le solide sont à la même température, cette température
sera toujours la température de fusion.

Ainsi, si la masse partiellement fondue est bien mélangée,
de telle sorte que les parties solides et liquides soient à la
même température, cette température doit être la température de fusion du corps, et aucune élévation de la température ne se produira pas l'addition de la chaleur jusqu'à ce que tout le solide soit converti en liquide.

La chaleur nécessaire pour fondre une certaine quantité
d'un solide, au point de fusion, dans un liquide à la même
température, est appelée la *chaleur latente de fusion.*

Elle est appelée chaleur *latente*, parce qu'appliquée au
corps elle n'élève pas sa température, elle ne l'échauffe
pas.

Les physiciens, par conséquent, qui prétendaient que la
chaleur est une substance supposaient qu'elle existait dans
le fluide mais dissimulée, ou à l'état latent, et ils la distin-

guaient ainsi de la chaleur,qui appliquée à un corps,le rend plus chaud, ou élève sa température. Celle-ci était appelée chaleur sensible. On disait donc qu'un corps possédait tant de chaleur. Partie de cette chaleur était appelée chaleur sensible, et on lui attribuait comme effet produit la température du corps. L'autre partie était appelée chaleur latente et on lui attribuait comme effet la forme liquide ou gazeuse du corps.

Le fait qu'une certaine quantité de chaleur doit être appliquée à un kilogramme de glace pour la convertir en eau est tout ce que nous prétendons affirmer dans ce traité quand nous parlons de cette quantité de chaleur comme chaleur latente de fusion d'un kilogramme d'eau.

Nous n'affirmons rien quant à l'état sous lequel la chaleur existe dans l'eau.

Nous n'affirmons même pas que la chaleur communiquée à la glace existe encore en tant que chaleur.

Outre le changement de l'état solide à l'état liquide, il y a généralement, dans le phénomène de la fusion, un changement de volume. L'eau provenant de la glace a un plus petit volume que la glace, comme on le voit par la glace flottant dans l'eau ; à mesure que la fusion s'opère, par conséquent, le volume total de la glace et de l'eau diminue.

D'un autre côté beaucoup de substance se dilatent par la fusion, de telle sorte que les parties solides s'enfoncent dans le fluide. Dans ce cas, pendant la fusion de la masse, le volume augmente.

Le professeur J.Thomson (1) a montré,d'après les principes de la théorie dynamique de la chaleur,que si l'on exerce une pression sur un mélange d'eau et de glace, non seule-

(1) Transactions de la Société Royale d'Edimbourg, 1849.

ment l'eau et la glace se comprimeront mais une partie de la glace se fondra en même temps, de sorte que la compression totale sera augmentée de la contraction de volume due à la fusion. La chaleur requise pour fondre cette glace sera empruntée au reste de la masse et la température du tout diminuera.

Ainsi le point de fusion est abaissé par la pression, dans le cas de la glace.

Cette déduction théorique a été vérifiée expérimentalement par Sir W. Thomson.

Si la substance était de celles qui se dilatent par la fusion, l'effet de la pression serait de solidifier quelque partie du mélange, et d'élever la température de fusion. La plupart des substances dont la croûte terrestre est composée se dilatent par la fusion.

Leur point de fusion s'élèvera donc sous une grande pression. Si la terre était entièrement à l'état de fusion, quand les parties extérieures commencèrent à se solidifier, celles-ci devaient s'enfoncer dans la masse fondue, et parvenues à une certaine profondeur, elles devaient rester solides sous une pression énorme, même à une température bien au-dessus du point de fusion de la même roche à la surface. Il ne s'ensuit pas par conséquent, que dans l'intérieur de la terre, la matière soit à l'état liquide, même si la température est bien supérieure à celle de la fusion de la roche dans nos fourneaux.

Sir W. Thomson a montré que si la terre, dans son ensemble, n'était pas plus rigide qu'une sphère de verre d'égale grandeur, l'attraction de la lune et du soleil suffiraient pour en modifier la forme et former des marées à la surface, de telle sorte que la croûte solide s'élèverait et s'abaisserait comme la mer, mais à un degré moindre. Il est vrai que ce mouvement serait si doux et si régulier que

nous ne pourrions pas le constater directement, mais son
effet serait de diminuer la hauteur apparente des marées
de l'Océan de manière à les rendre plus petites qu'elles ne
le sont actuellement.

Il résulterait donc de ce que nous connaissons de
l'Océan, que la terre, dans son ensemble, est plus rigide
que le verre et, par conséquent, qu'il ne peut exister
à l'intérieur de très grandes portions à l'état liquide.
L'effet de la pression sur le point de fusion des corps nous
met à même de concilier cette conclusion avec l'accroissement de température que l'on constate à mesure que l'on
descend dans la croûte terrestre, et les déductions relatives à la température intérieure sont basées sur ce fait, en
faisant intervenir en outre la théorie de la conduction
de la chaleur.

EFFET DE LA CHALEUR SUR LES LIQUIDES.

Quand la chaleur est appliquée à un liquide, ses effets
sont les suivants :

1º Le liquide s'échauffe. La quantité de chaleur nécessaire pour élever le liquide d'un degré, est généralement
plus grande que celle nécessaire pour élever d'un degré la
même substance à l'état solide. En général il faut, pour
élever la température d'un liquide d'un degré, plus de
chaleur à haute qu'à basse température ;

2º Le volume se modifie. La plupart des liquides se dilatent quand leur température s'élève, mais l'eau se contracte de 0º à 4° ; puis elle se dilate, lentement d'abord,
mais ensuite plus rapidement ;

3º L'état physique change. Les liquides tels que l'huile,
le goudron, dont les déformations se font avec lenteur,

sont dits visqueux. Lorsqu'ils sont chauffés, leur viscosité généralement diminue et ils deviennent plus mobiles. C'est même le cas avec l'eau, ainsi qu'il résulte des expériences de M. O. E. Meyer.

Lorsqu'on chauffe le soufre, le soufre fondu subit plusieurs changements remarquables à mesure que sa température s'élève ; d'abord mobile au début de la fusion, il devient remarquablement visqueux à une plus haute température, puis redevient mobile quand il est chauffé à un degré supérieur ;

4° Le liquide ou le solide se convertit en gaz. Quand un liquide ou un corps solide est placé dans un récipient, dont une partie est vide, il abandonne une partie de sa substance sous forme de gaz. Ce phénomène est appelé évaporation et le gaz produit est appelé communément la vapeur de la substance solide ou liquide. Le phénomène d'évaporation se continue jusqu'à ce que la densité de la vapeur dans le récipient ait atteint une valeur qui dépend seulement de la température.

Si, d'une manière quelconque, par exemple par le mouvement d'un piston, on augmente le volume du récipient, il se formera alors de nouvelles quantités de vapeurs, jusqu'à ce que la densité soit la même qu'auparavant. Si l'on enfonce le piston, et que l'on diminue ainsi le volume du récipient, une partie de la vapeur se condensera, mais la densité de la chaleur restante ne changera pas.

Si le vide du récipient, au lieu de ne contenir que de la vapeur du liquide, contient une quantité quelconque d'air ou d'un autre gaz ne pouvant agir chimiquement sur le liquide, il se formera exactement la même quantité de vapeur, mais le temps nécessaire à la vapeur pour atteindre les parties les plus reculées du récipient sera plus grand, car la vapeur devra se diffuser à travers l'air par une sorte de filtration.

Ces lois de l'évaporation ont été découvertes par Dalton.

La transformation du liquide en vapeur exige une quantité de *chaleur latente* qui est généralement beaucoup plus grande que la chaleur latente de fusion de la même substance.

Dans tous les corps, la densité, la pression et la température sont liées de telle sorte que si nous connaissons deux quelconques de ces éléments, la valeur du troisième est déterminée. Dans le cas de vapeurs en contact avec leurs propres liquides ou solides, il y a pour chaque température une limite maxima de densité ; c'est la plus grande densité que la vapeur puisse avoir à cette température sans se condenser sous la forme solide ou liquide.

Il s'ensuit que pour chaque température il y a aussi une pression maximum parmi les pressions que la vapeur ne peut dépasser.

Une vapeur qui est à son maximum de densité et de pression correspondant à sa température est appelée vapeur *saturée*. Elle est alors exactement au point de condensation, et le plus faible accroissement de pression ou la plus faible diminution de température a pour effet de condenser une portion de la vapeur. Le Professeur Rankine restreint l'emploi du mot vapeur sans qualificatif au cas d'une vapeur saturée, et lorsque la vapeur n'est pas au point de condensation, il l'appelle vapeur surchauffée ou simplement gaz.

EBULLITION.

Lorsqu'un liquide, contenu dans un récipient ouvert, est chauffé à une température telle que la pression de sa vapeur à cette température soit plus grande que la pression hydrostatique en un point, le liquide commence à se

vaporiser en ce point, et une bulle de vapeur s'y forme. Ce
phénomène de formation de bulles de vapeur à l'intérieur
du liquide est appelé ébullition.

Lorsque l'eau est chauffée suivant le procédé ordinaire,
en faisant agir la chaleur sur le fond du récipient, la couche inférieure de l'eau s'échauffe la première, et par sa dilatation elle devient plus légère que l'eau froide qui la surmonte ; elle s'élève graduellement, de telle sorte, qu'il se
forme une circulation lente et régulière et toute l'eau du
récipient s'échauffe peu à peu ; mais la couche inférieure
reste toujours la plus chaude. Comme la température augmente, l'air absorbé, qui existe généralement dans l'eau
ordinaire, est chassé et s'élève sans bruit en petites bulles.
Enfin l'eau en contact avec le métal chauffé devient si
chaude que, malgré la pression de l'atmosphère sur la surface de l'eau, malgré la pression additionnelle due à l'eau
elle-même et malgré sa cohésion, une partie de l'eau, au
fond du récipient, se transforme en vapeur, formant une
bulle adhérant à la paroi. Aussitôt que la bulle est formée
l'évaporation s'active tout autour de cette bulle, si bien
qu'elle s'accroît et se sépare de la paroi. Si la partie supérieure de l'eau dans laquelle la bulle s'élève est encore
au-dessous de la température d'ébullition, la bulle se condense avec un bruit spécial (*simmering*). Mais le mouvement
des bulles agite l'eau beaucoup plus énergiquement que la
simple dilatation du liquide ; l'eau s'échauffe bientôt en
tous ses points et parvient à l'état d'ébullition. Alors les
bulles s'accroissent rapidement dans leur mouvement d'é-
lévation et éclatent dans l'air, dispersant l'eau, et donnant
naissance au son bien connu plus doux et plus continu qui
accompagne l'ébullition.

La vapeur, lorsqu'elle s'échappe par les bulles est un

gaz invisible, mais en venant au contact de l'air froid, elle
se refroidit au-dessous de son point de condensation, et
une partie passe à l'état de nuage, consistant en petites
gouttes d'eau qui flottent dans l'air. Cette buée se disperse
et se mélange avec l'air sec, la quantité d'eau par centimètre cube diminuant au fur et à mesure qu'augmente le volume d'une partie quelconque du nuage. Les petites gouttes d'eau commencent à s'évaporer dès qu'il y a assez d'espace pour que la vapeur puisse se former à la température
de l'atmosphère, et c'est ainsi que le nuage s'évanouit dans
l'air.

La température à laquelle l'eau doit être élevée pour donner naissance au phénomène d'ébullition dépend en premier lieu de la pression de l'atmosphère, de telle sorte que
plus la pression est grande, plus la température d'ébullition
est élevée. Mais cette température est plus grande que la
température à laquelle la pression de la vapeur est égale à
celle de l'atmosphère ; car pour former des bulles, la pression de la vapeur doit vaincre non seulement la pression
de l'atmosphère et celle due à la hauteur d'eau, mais encore la cohésion entre les différentes parties de l'eau. —
Les effets de cette cohésion se traduisent par la ténacité des
bulles et des gouttes d'eau. Aussi est-il possible de chauffer l'eau à 10° au-dessus de son point d'ébullition sans produire d'ébullition, mais si une petite quantité de limaille
métallique est jetée dans l'eau elle entraînera un peu d'air
dans ses vides ; le phénomène de l'évaporation se produira
alors, à la surface de séparation de cet air et de l'eau, si rapidement qu'il en résultera une ébullition violente équiva-
lant presque à une explosion.

Si un courant de vapeur provenant d'une chaudière passe
dans un récipient rempli d'eau froide, la vapeur se con-

dense avec ce bruit aigu et vibrant, déjà signalé, et l'eau s'échauffe rapidement. Quand l'eau a atteint une température suffisante, la vapeur ne se condense plus, mais s'échappe en bulles ; il y a ébullition.

A titre d'exemple d'une autre sorte, supposons que l'eau ne soit pas pure, mais contienne quelque sel, tel que le sel commun, le sulfate de soude, ou toute autre substance ayant une tendance à se combiner avec l'eau mais qui s'en sépare nécessairement avant l'évaporation. Pour amener à l'état d'ébullition l'eau contenant en dissolution une telle substance, il faut la porter à une température plus élevée que la température d'ébullition de l'eau pure. D'un autre côté, l'eau contenant de l'air ou de l'acide carbonique entrera en ébullition, jusqu'à ce que le gaz en soit chassé, à une température plus basse que celle de l'eau pure.

Si de la vapeur à 100° traverse un récipient contenant une solution concentrée de l'un des sels que nous avons signalés comme ayant une tendance à se combiner avec l'eau, la condensation de la vapeur sera favorisée par cette circonstance, et continuera même après que la solution aura été chauffée bien au-dessus du point ordinaire d'ébullition. Ainsi en faisant passer de la vapeur à 100° dans une solution concentrée d'azotate de soude, M. Peter Spence (1) a porté jusqu'à 121°,1 la température de cette solution.

Si l'eau à une température inférieure à 100°, est placée dans un récipient et si, au moyen d'une machine pneumatique, nous réduisons la pression de l'air à la surface de l'eau, l'évaporation se fait, et la surface de l'eau devient plus froide que le reste du liquide. Si nous continuons à faire le vide, la pression se réduit à celle de la vapeur correspondant à

(1) *Transactions of British Association*, 1869, p. 75.

la température de l'intérieur de la masse d'eau. L'eau commence alors à bouillir, exactement à la manière ordinaire, et pendant l'ébullition la température tombe rapidement, car de la chaleur est absorbée dans le phénomène d'évaporation.

On peut exécuter cette expérience, sans l'aide de la machine pneumatique, de la manière suivante :

Faites bouillir l'eau dans une fiole à l'aide d'une lampe à gaz, ou à alcool, et pendant qu'elle est en ébullition, bouchez vivement la fiole et éloignez-la de la flamme. L'ébullition cessera bientôt, mais si vous projetez alors un peu d'eau froide sur la fiole, une portion de la vapeur, à la partie supérieure, se condensera, la pression du reste diminuera et l'eau entrera de nouveau en ébullition. L'expérience est encore plus frappante si l'on plonge la fiole entièrement dans l'eau froide ; la vapeur se condensera comme précédemment, mais, bien que refroidi plus rapidement par ce procédé, le liquide retient sa chaleur plus longtemps que la vapeur, et continue à bouillir pendant quelque temps.

DE L'ÉTAT GAZEUX.

La propriété distinctive des gaz est leur pouvoir d'expansion indéfinie. Quand la pression diminue, le volume du gaz augmente, et de plus, avant que la pression ait été réduite à zéro, le volume du gaz peut devenir plus grand que celui d'un récipient quelconque, quelque grand qu'il soit.

C'est la propriété sans laquelle un corps ne peut être appelé un gaz, mais on a constaté, en outre, que les gaz tels que nous les connaissons satisfont plus ou moins exactement à certaines lois numériques communément désignées sous le nom de *Lois des gaz*.

LOI DE BOYLE.

La première de ces lois exprime la relation entre la pression et la densité d'un gaz, la température restant constante ; cette loi se formule ordinairement comme il suit : *Le volume d'une masse gazeuze varie en raison inverse de la pression.*

Cette loi a été découverte par Robert Boyle qui l'a fait connaître en 1662 dans un appendice à ses « *New Experiments Physicome chanical,* etc., *touching the Spring of the Air* ». (1)

Mariotte, vers 1676, dans son traité « *De la nature de l'air* » énonça la même loi, et la vérifia soigneusement. — Elle est généralement mentionnée, sur le continent, sous le nom de loi de Mariotte.

Cette loi peut être aussi formulée comme il suit : *La pression d'un gaz est proportionnelle à sa densité.*

Le professeur Rankine a proposé un autre énoncé qui place la loi sous un jour très clair.

Si nous prenons un récipient clos et vide, et si nous y introduisons un gramme d'air, cet air exercera, comme nous le savons, une certaine pression par centimètre carré sur les parois du récipient. Si maintenant nous introduisons un second gramme d'air, cette seconde masse exercera, sur les parois du récipient, *exactement la même pression qu'elle aurait exercée si la première masse n'y avait pas été introduite,* de telle sorte que la pression sera doublée. Ainsi nous pouvons établir, comme propriété d'un gaz parfait, qu'une portion quelconque du gaz exerce contre les parois d'un

---

(1) Nouvelles expériences physico-mécaniques, etc, relatives à l'é-lasticité de l'air.

récipient la même pression que si les autres portions du gaz n'existaient pas. Dalton a étendu cette loi aux mélanges de gaz de nature différente (1).

Nous venons de voir que, si les différentes parties de la même masse gazeuse sont introduites ensemble dans un récipient, la pression sur une partie quelconque des parois du récipient est la somme des pressions que chaque portion exercerait si elle était seule.

La loi de Dalton affirme que le même fait est vrai pour des portions de gaz différents, introduites dans le même récipient, et que la pression du mélange est la somme des pressions dues aux diverses masses gazeuses, supposées introduites isolément dans le récipient et amenées à la même température.

Cette loi de Dalton est énoncée quelquefois comme si des portions de gaz de différente nature se comportaient entre elles d'une manière différente de ce qui se passe quand les gaz sont de même nature ; et l'on dit que, quand des gaz de natures différentes sont placés dans le même récipient, chacun agit comme si les autres étaient anéantis.

Cette proposition, bien comprise, est exacte, mais elle semble entraîner l'impression que si les gaz avaient été de même nature, quelque autre loi serait applicable, tandis qu'il n'y a aucune différence dans les deux cas.

Une autre loi établie par Dalton a trait à la densité maximum d'une vapeur en contact avec son liquide : cette densité n'est pas modifiée par la présence d'autres gaz. M. Regnault a montré cependant que quand la vapeur de la

(1) On peut comparer ce principe de Dalton à la loi sur l'indépendance des effets des forces, en mécanique. Chaque masse gazeuse exerce une pression indépendante de la pression exercée par les autres masses. — *Trad.*

substance considérée a une tendance à se combiner avec le gaz, la densité maximum que peut atteindre la vapeur est quelque peu augmentée.

Avant l'époque où vivait Dalton, on supposait que la cause de l'évaporation était la tendance de l'eau à se combiner avec l'air, et que l'eau était dissoute dans l'air, de la même manière que le sel est dissous dans l'eau.

Dalton montra que la vapeur de l'eau est un gaz, qui, juste à la surface de l'eau, possède une certaine densité maximum, et qui se diffuse graduellement dans l'espace environnant, contenant ou non de l'air, jusqu'à ce que, si l'espace est limité, la densité de la vapeur soit un maximum en tout point, ou si l'espace est suffisamment étendu, jusqu'à ce que l'eau soit entièrement évaporée.

La présence de l'air est si peu essentielle à ce phénomène, que, plus il y a d'air, moins l'évaporation est rapide, parce qu'il faut que la vapeur pénètre dans l'air par la diffusion.

Le phénomène découvert par Regnault que la densité de vapeur est faiblement augmentée par la présence d'un gaz qui a une tendance à se combiner avec l'eau, est le seul exemple auquel puisse s'appliquer, en quelque mesure, l'ancienne théorie fondée sur la dissolution d'un liquide dans un gaz.

Aucun des gaz que nous connaissons ne satisfait exactement à la loi de Boyle. Cette loi est presque exacte, quant aux gaz difficiles à liquéfier ; en ce qui concerne les autres gaz elle est aussi presque exacte quand la température est de beaucoup supérieure au point de condensation.

Quand un gaz est près de son point de condensation, la densité augmente plus rapidement que la pression. Quant le gaz est effectivement au point de condensation, la plus légère augmentation de pression entraîne la condensation du

tout en un liquide. Sous la forme liquide, la densité s'accroît très lentement avec la pression.

LOI DE CHARLES.

La seconde loi relative aux gaz a été découverte par
Charles, (1) mais elle est plus généralement connue sous
le nom de Gay-Lussac ou de Dalton (2).

On peut l'énoncer comme suit :

*Le volume de gaz sous pression constante s'accroît, quand
la température s'élève du point de congélation de l'eau au point
d'ébullition, dans la même proportion, quelle que soit la nature du
gaz.*

Les expériences minutieuses de M. Regnault, de M. Rudberg, du Professeur B. Stewart et d'autres ont montré que
le volume de l'air, à pression constante, s'accroît de 1 à
1.3665 entre 0° et 100°. Ainsi 30 centimètres cubes d'air à
0° occuperont un volume de 41 centimètres cubes à 100°.

Si nous admettons l'exactitude la loi de Boyle à toutes
les températures, et si la loi de Charles est reconnue vraie
pour une pression particulière, soit pour la pression de
l'atmosphère, il est facile de montrer que cette loi de Charles doit être vraie pour toutes les autres pressions. Car si

(1) Professeur de physique au Conservatoire des Arts-et-Métiers de
Paris. Né en 1746, mort en 1823, célèbre pour avoir, le premier, employé l'hydrogène pour gonfler les ballons.

(2) Dalton, en 1801, fut le premier à faire connaître cette loi. Gay-
Lussac la fit connaître en 1802, indépendamment de Dalton. Dans
son mémoire, cependant (*Ann. de Chimie.* XLIII, p. 157, 1802), il
établit que le citoyen Charles avait remarqué, quinze ans avant la
date de son mémoire, l'égalité de la dilatation des principaux gaz ;
mais que, comme Charles ne publia jamais ses résultats, il en eut
connaissance simplement par hasard.

v est le volume et p la pression, vp sera le produit des valeurs numériques du volume et de la pression, et la loi de Boyle établit que ce produit est constant, pourvu que la température soit constante. Si ensuite nous savons que, quand p a une valeur donnée, v s'accroît de 1 à 1,3665 lorsque la température s'élève de 0 à 100°, nous en concluons que le produit vp sera augmenté dans la même proportion, sous cette pression particulière. Mais ce produit, nous le savons par la loi de Bayle, ne dépend pas de la pression, et reste le même pour toute les pressions, quand la température ne varie pas. Par conséquent, quelle que soit la pression, le produit vp sera augmenté dans la proportion de 1 à 1.3665 quand la température s'élève de 0° à 100°.

La loi de l'égalité de dilatation des gaz qui avait été établie à l'origine pour la variation de 0° à 100°, a été reconnue vraie pour tous les autres intervalles de température qui ont été expérimentés.

Il résulte de là que les gaz se distinguent des autres formes de la matière, non seulement par leur pouvoir d'expansion indéfinie, c'est-à-dire leur propriété de remplir un récipient quelque grand qu'il soit, et par l'importance des effets de dilatation sous l'action de la chaleur, mais encore par l'uniformité et la simplicité des lois qui règlent ces changements. Dans les solides et les liquides, le changement de volume, par la variation de la pression ou de la température, est différent pour chaque substance. D'un autre côté, si nous prenons des volumes égaux de deux gaz quelconques, mesurés à la même pression et à la même température, les volumes de ces deux gaz resteront égaux si nous les amenons tous les deux à une température et à une pression quelconques, et cela quoique les deux gaz diffèrent par leur nature chimique et par leur densité, mais pourvu qu'ils soient tous les deux à l'état de gaz parfaits.

C'est là seulement une des nombreuses propriétés remarquables qui prouvent que l'état gazeux de la matière est celui dans lequel ses propriétés sont le moins compliquées.

Dans notre exposé des propriétés physiques qui ont un rapport avec la chaleur, nous avons commencé par étudier les corps solides comme étant ceux que nous pouvons manier le plus facilement, puis nous avons passé aux liquides, corps que nous pouvons renfermer dans des récipients ouverts, et nous avons enfin abordé les gaz, corps qui s'échappent des récipients ouverts et qui sont généralement invisibles. C'est l'ordre le plus naturel pour une première étude de ces différents états. Mais dès que nous nous sommes rendu familiers leurs traits les plus caractéristiques, la marche la plus logique, dans une étude scientifique, consiste à suivre l'ordre inverse et à commencer avec les gaz à cause de la plus grande simplicité de leurs lois ; puis à passer aux liquides dont les lois, plus complexes, sont beaucoup plus imparfaitement connues, et à terminer avec le peu qui a été, jusqu'ici, découvert relativement à la constitution des corps solides.

CHAPITRE II.

THERMOMÉTRIE, OU MESURE DE LA TEMPÉRATURE.

Définition de la température. — *La température d'un corps est son état thermique, considéré quant à son pouvoir de communiquer de la chaleur aux autres corps.*

Définition d'une température plus haute ou plus basse. — *Quand deux corps sont placés en communication thermique, si l'un des corps perd de la chaleur, et si l'autre en gagne, le corps qui abandonne de la chaleur est dit posséder une température plus haute que celle du corps qui reçoit de la chaleur.*

Corollaire. — *Quand deux corps sont placés en communication thermique, si ni l'un, ni l'autre ne perdent ou ne gagnent de chaleur, on dit que les deux corps ont des températures égales ou la même température. Les deux corps sont dits alors en équilibre thermique.* Nous avons là un moyen de comparer la température de deux corps quelconques, et de reconnaître le corps qui a la température la plus haute, moyen qui est indépendant de la nature des corps expérimentés. Mais nous n'avons aucun moyen d'estimer numériquement la différence entre deux températures, et nous ne sommes pas en état d'affirmer qu'une certaine température est exactement la moyenne entre deux autres températures.

Loi des températures égales. — Les corps dont les températures sont égales à celle d'un même corps ont eux-mêmes des températures égales. . Cette loi n'est pas une vérité banale, mais elle exprime le fait que, si une barre de fer plongée dans l'eau est en équilibre thermique avec l'eau, et si la même barre plongée dans l'huile, se trouve en équilibre thermique avec l'huile, l'eau et l'huile placées dans le même récipient, seront en équilibre thermique, et le même fait serait vrai de trois autres substances quelconques.

Cette loi exprime, par conséquent, beaucoup plus que l'axiome d'Euclide « *Les choses qui sont égales à la même chose sont égales entr'elles* » ; et elle est la base de la thermométrie. Car si nous prenons un thermomètre tel que celui que nous avons déjà décrit, et que nous le mettions en contact intime avec différents corps, en le plongeant dans les liquides, ou en l'introduisant dans des trous faits dans des corps solides, nous trouvons que le mercure du tube s'élève ou s'abaisse jusqu'à ce qu'il ait atteint un certain point, puis qu'il reste stationnaire. Nous savons alors que le thermomètre n'est ni plus chaud, ni plus froid que le corps mais qu'il est en équilibre thermique avec ce corps.

Il s'ensuit que, par la loi des températures égales, la température du corps est la même que celle du thermomètre, et la température du thermomètre elle-même est connue par la hauteur à laquelle se tient le mercure dans le tube.

Par conséquent, ce qu'on appelle la lecture du thermomètre, c'est-à-dire le nombre de degrés indiqué par le sommet de la colonne mercurielle, nous fait connaître la température des corps environnants aussi bien que celle du mercure du thermomètre. On peut employer de cette

manière le thermomètre pour comparer la température de
deux corps quelconques, au même moment, ou à des
moments différents, et l'on peut vérifier si la température
de l'un d'eux est plus haute ou plus basse que celle de
l'autre. Nous pouvons ainsi comparer la température de
l'air à différents jours ; nous pouvons vérifier si l'eau
bout à une température plus basse, au sommet d'une
montagne que sur le rivage de la mer, et si la glace fond
à la même température dans toutes les partie du monde.

Dans ce but, il serait nécessaire d'emporter le thermomètre en différents lieux, et de le conserver avec grand
soin car s'il était détruit et que l'on en construisit un nouveau, on ne serait nullement assuré que la même température correspondrait à la même lecture dans les deux thermomètres.

Ainsi les observations de températures faites pendant
seize ans par Rinieri (1) à Florence perdirent leur valeur
scientifique après la suppression de l'*Accademia del Ci-
mento* et la destruction supposée des thermomètres avec
lesquels les observations furent faites. Mais quand Antinori,
en 1829, découvrit un certain nombre de ces thermomètres
employés dans les anciennes observations, Libri (2) fut à
même de les comparer avec l'échelle Réaumur, et de montrer ainsi que le climat de Florence n'a pas été rendu sensiblement plus froid en hiver par le déboisement des Apen-
nins.

Dans la construction d'étalons pour la mesure des quantités d'une nature quelconque, il est désirable de se ména-
ger le moyen de comparer les étalons ensemble, soit direc-

(1) Elève de Galilée ; il mourut en 1647.
(2) *Annales de Chimie et de Physique*, XLV, 1838.

tement, soit par le moyen de quelque objet ou phénomène naturel, facilement accessible ou réalisable, et non sujet à changement. Ces deux méthodes sont appliquées dans la préparation des thermomètres.

Nous avons déjà appelé l'attention sur deux phénomènes naturels qui se produisent à des températures définies — la fusion de la glace, et l'ébullition de l'eau. L'avantage d'employer ces deux températures pour déterminer deux points sur l'échelle du thermomètre a été signalé par Sir Isaac Newton (*Scala Graduum Caloris, Philosoph. Trans.* 1701).

Le premier de ces points de repère est appelé communément le point de congélation. Pour le déterminer, on place le thermomètre dans un vase rempli de glace pilée ou de neige complètement imbibée d'eau. Si la température atmosphérique est au-dessus du point de congélation, la fusion de la glace assurera la présence de l'eau dans le vase. Tant que chaque partie du vase contient un mélange d'eau et de glace, la température est uniforme, car si la chaleur pénètre à l'intérieur de la masse, elle ne peut que fondre une partie de la glace, et si la chaleur s'en échappe, une partie de l'eau se congélera, mais le mélange ne peut devenir ni plus chaud ni plus froid, jusqu'à ce que toute la glace soit fondue, ou toute l'eau congelée.

Le thermomètre est complétement plongé dans le mélange d'eau et de glace pendant un temps suffisant pour que le mercure puisse atteindre son point stationnaire. La position du sommet de la colonne de mercure est alors marquée par un trait sur le tube de verre. Nous appellerons cette marque le point de congélation. On peut, de cette manière, le déterminer avec une grande exactitude, car, comme nous le verrons plus loin, la température de

fig. 2

la glace fondante est presque la même sous différentes pressions.

L'autre point de repère est appelé le point d'ébullition. La température à laquelle l'eau bout dépend de la pression de l'atmosphère. Plus la pression de l'air sur la surface de l'eau est grande, plus la température d'ébullition est élevée.

Pour déterminer le point d'ébullition la tige du thermomètre est introduite par une petite ouverture, pratiquée dans le couvercle d'un vaste récipient. Dans la partie inférieure de ce récipient se trouve de l'eau que l'on fait bouillir vivement, et dont la vapeur remplit le reste du récipient. C'est dans la vapeur que plonge le thermomètre. Lorsqu'il a acquis la température du courant de vapeur, la tige est soulevée un peu en dehors jusqu'à ce que le sommet de la colonne de mercure devienne visible. On fait alors un trait sur le verre pour indiquer le point d'ébullition.

Dans les déterminations du point d'ébullition faites avec soin, le thermomètre ne doit jamais plonger dans l'eau bouillante, parce que Gay-Lussac a trouvé que la température de l'eau n'est pas toujours la même, et qu'elle bout à différentes températures suivant la nature des récipients. Mais Rudberg a montré que la température de la vapeur qui s'échappe de l'eau bouillante est la même quel que soit le récipient, et ne dépend que de la pression à la surface de l'eau. C'est pourquoi le thermomètre n'est pas plongé dans l'eau, mais suspendu dans la vapeur qui s'en dégage.

Pour être sûr que la température de la vapeur soit la même quand elle atteint le thermomètre que quand elle s'échappe de l'eau bouillante, on fait en sorte que les parois du récipient soient protégées par ce qu'on appelle une chemise de vapeur.

fig. 3

Un courant de vapeur contourne alors l'extérieur de ces parois qui sont ainsi portées à la même température que la vapeur elle-même ; de cette manière la vapeur ne peut se refroidir pendant son déplacement depuis l'eau bouillante jusqu'au thermomètre.

Prenons, par exemple, un grand récipient quelconque mais étroit, comme une cafetière, et plaçons-le à l'intérieur d'un autre récipient plus grand et renversé, en ayant soin de livrer un passage suffisant à la vapeur qui s'échappe. Si alors nous faisons bouillir une petite quantité d'eau dans la cafetière, un thermomètre placé dans la vapeur au-dessus sera porté à la température exacte du point d'ébullition de l'eau correspondant à la hauteur du baromètre à ce moment.

Pour marquer le niveau du mercure dans le tube, sans refroidir le thermomètre. il faut le faire glisser à travers un bouchon de liège ou de caoutchouc, jusqu'à ce que l'on puisse voir le sommet de la colonne de mercure. On fait alors un trait pour marquer le point d'ébullition.

Cette expérience, qui consiste à exposer un thermomètre à la vapeur de l'eau bouillante est importante, car non seulement elle fournit un moyen de graduer les thermomètres, et de les vérifier quand ils ont été gradués mais elle nous permet aussi de déterminer la pression de l'air par l'eau bouillante, quand nous ne pouvons la mesurer avec l'instrument spécial, le baromètre. La température à laquelle l'eau bout dépend, en effet, de la pression de l'air.

Nous avons obtenu maintenant deux points de repère, marqués par des traits sur le tube du thermomètre le point de congélation, et le point d'ébullition. Nous supposerons, pour le présent, que quand le point d'ébullition a été tracé, le baromètre marquait la pression normale, de 760 milli-mètres de mercure, à 0° au niveau de la mer. Dans ce cas le point d'ébullition est le véritable point de repère ; dans les autres cas il doit être corrigé.

Notre thermomètre sera alors, à ces deux températures, en concordance avec un thermomètre quelconque mais convenablement construit.

Afin de pouvoir mesurer d'autres températures, nous devons construire une échelle, c'est-à-dire tracer une série de traits, soit sur le tube lui-même, soit sur une partie convenable de l'appareil, voisine et bien solidaire du tube.

Dans ce but, après avoir choisi les valeurs que nous attribuerons aux points de congélation et d'ébullition, nous diviserons l'espace entre ces points en autant de parties égales qu'il y a de degrés entr'eux, et nous continuerons la série des divisions égales, en haut et en bas de l'échelle, aussi loin que s'étend le tube du thermomètre.

Il y a trois manières usuelles différentes d'établir la gra-duation des températures, et comme nous trouvons sou-vent des températures indiquées avec une graduation dif-férente de celle que nous adoptons nous-même, il est né-cessaire de connaître les principes qui servent de base à ces graduations (1).

---

(1) Dans le cours de l'ouvrage, toutes les températures sont indi-quées en degrés centigrades. — *Trad.*

La graduation centigrade a été introduite par Celsius (1). Dans cette graduation, le point de congélation est marqué zéro, et appelé 0°.

Le point d'ébullition est marqué 100°.

L'espace compris entre les deux points de repères est divisé en 100 parties égales appelées *degrés*. Toutes les températures sont donc comptées en degrés à partir du point de congélation.

La simplicité évidente de ce mode de graduation l'a généralement fait adopter, surtout sur le continent, par les savants, en même temps que le système métrique français. Il est vrai que l'avantage du système décimal n'est pas aussi grand en ce qui concerne la mesure des températures que dans les autres cas ; il permet seulement de se rappeler facilement les températures des points de congélation et d'ébullition, mais la graduation n'est pas trop serrée pour les usages ordinaires, et pour les mesures exactes, les degrés peuvent être divisés en dixième et en centièmes.

Les deux autres graduations portent les noms de ceux qui les ont introduites.

Farenheit, de Dantzig, le premier, construisit vers 1714, des thermomètres comparables l'un avec l'autre. Dans la graduation de Farenheit, le point de congélation est marqué 32° et le point d'ébullition 212° ; l'espace entre ces deux points est divisé en 180 parties égales, et la graduation s'étend au-delà des points de repère. Le point placé à 32° au-dessous du point de congélation est appelé le zéro, ou 0° et les températures inférieures à celle-ci sont indiquées par le nombre de degrés au-dessous de 0°.

Cette graduation est généralement employée dans les con-

(1) Professeur d'astronomie à l'université d'Upsale.

trées de langue anglaise pour les besoins de la vie ordinaire, et aussi pour ceux de la science, bien que la graduation centigrade soit employée maintenant par ceux qui dé-
sirent que les résultats de leurs études se répandent facilement à l'étranger.

Les seuls avantages que l'on puisse attribuer à la graduation de Fahrenheit, outre sa priorité et son usage
actuel par tant de nos compatriotes, consistent en ce que
le mercure se dilate presque exactement de 1/10000 de
son volume à 142° Fahrenheit, pour chaque degré de la
graduation Farenheit, et que la plus basse température
que nous puissions obtenir par le mélange de neige et de sel
est voisine du zéro de la graduation.

Pour comparer les températures en degrés Fahrenheit,
avec celles en degrés centigrades, nous n'avons qu'à nous
rappeler que 0° centigrade correspond à 32° Fahrenheit,
et que 4° centigrades sont égaux à 9 degrés Fahrenheit.

La troisième graduation thermométrique est celle de
Réaumur. Dans cette graduation, le point de congélation
est marqué 0°, et le point d'ébullition est marqué 80°. Je
ne saisis pas les avantages de cette graduation. On en fait
usage, jusqu'à un certain point, sur le continent d'Europe,
pour les besoins domestiques et médicaux. Quatre degrés
de Réaumur correspondent à 5 degrés centigrades et à 9
degrés de Fahrenheit.

L'existence de ces trois graduations thermométriques
fournit un exemple des inconvénients du manque d'uniformité dans les systèmes de mesure. Nous aurions pu omettre tout ce que nous venons de dire sur la comparaison des
différentes graduations, si l'une quelconque de ces échelles
avait été adoptée par tous ceux qui font usage des thermomètres. Au lieu de passer notre temps à décrire les pro-

positions arbitraires de différents auteurs, nous aurions commencé à étudier de suite les lois de la chaleur et les propriétés des corps.

Nous aurons plus tard l'occasion d'employer une graduation différant, dans son point zéro, de celles considérées jusqu'ici, mais quand nous le ferons, nous apporterons des raisons pour son adoption, raisons basées sur la nature des choses, et non pas sur les préférences des hommes.

Si deux thermomètres construits avec des verres de même nature, et des tubes d'un calibre uniforme, sont remplis du même liquide et chauffés de la même manière, on peut les considérer, pour les usages ordinaires, comme des instruments comparables ; de telle sorte que, bien qu'ils n'aient jamais été effectivement comparés l'un à l'autre, en cherchant qu'elle est la température d'un corps quelconque, il n'y aura que très peu de différence entre les indications de l'un ou de l'autre thermomètre..

Mais si nous désirons une grande exactitude dans la mesure de la température, afin que les observations faites par différents observateurs avec des instruments différents, puissent être strictement comparables, la seule méthode satisfaisante consiste à prendre un thermomètre comme étalon et à lui comparer tous les autres.

Tous les thermomètres doivent être faits avec des tubes d'un calibre aussi uniforme que possible ; mais pour un thermomètre étalon, le tube doit, en outre, être calibré, c'est-à-dire que sa dimension doit être mesurée à de courts intervalles, sur sa longueur.

Dans ce but, avant que le réservoir soit soufflé, on introduit une petite quantité de mercure dans le tube, et on fait mouvoir le mercure le long du tube, en soufflant de l'air dans le tube, derrière le mercure. Cela se fait en pressant une poire en caoutchouc, fixée à l'une des extrémités du tube.

Si la longueur de la colonne de mercure reste exactement la même, en passant le long du tube, le calibre du tube est nécessairement uniforme ; mais, même dans les meilleurs tubes, l'uniformité fait toujours un peu défaut.

Mais si nous introduisons, comme nous venons de l'indiquer, une courte colonne de mercure dans le tube, que nous marquions alors les deux extrémités de la colonne, puis que nous fassions mouvoir la colonne longitudinalement jusqu'à ce que l'une des extrémités coïncide avec la marque qui correspondait à l'autre extrémité, nous aurons, sur le tube, une série de marques telles que la capacité du tube entre deux marques consécutives quelconques, reste toujours la même, étant égale à celle de la colonne de mercure.

A l'aide de cette méthode, qui a été inventée par Gay-Lussac, on peut marquer, sur le tube, un certain nombre de divisions comprenant chacune le même volume ; quoiqu'elles ne correspondront probablement pas aux degrés du thermomètre fait avec ce tube, il sera aisé de convertir la lecture de l'instrument en degrés, en la multipliant par un coefficient convenable ; dans l'emploi d'un étalon, on peut facilement, en vue de l'exactitude, admettre cette sujétion.

Ayant préparé le tube, comme il vient d'être dit, on chauffe, jusqu'à la fusion du verre, l'une des extrémités, et on en forme le réservoir en soufflant de l'air par l'autre extrémité du tube. Pour éviter d'introduire de l'humidité dans le tube, on fait cette opération, non avec la bouche, mais au moyen d'une poire creuse en caoutchouc, fixée à l'une des extrémités du tube.

Le tube d'un thermomètre est généralement si étroit
que le mercure ne pourrait y entrer, pour une raison que
nous expliquerons quand nous en viendrons aux propriétés des liquides. C'est pourquoi on adopte la méthode suivante, afin de remplir le thermomètre. Au moyen d'un
morceau de papier enroulé autour de l'extrémité ouverte
du tube et constituant un cylindre qui se prolonge un peu
au-delà du tube de verre, on forme une cavité dans laquelle on verse un peu de mercure. Le mercure néanmoins
ne descendra pas dans le tube du thermomètre, en partie
parce que le réservoir et le tube sont déjà remplis d'air, et
en partie parce que le mercure doit être soumis à une certaine pression extérieure pour entrer dans un tube si
étroit. Le réservoir est en conséquence chauffé doucement
afin que l'air puisse se dilater, et une partie de l'air s'é-
chappe à travers le mercure. Quand le réservoir se refroidit, la pression de l'air dans le réservoir devient moindre
que la pression de l'air extérieur, et la différence de ces
pressions est suffisante pour que le mercure entre dans le
tube; il descend alors et remplit partiellement le réservoir.

Afin de se débarrasser du reste de l'air, et d'une humidité quelconque dans le thermomètre, on chauffe graduellement le réservoir jusqu'à provoquer l'ébullition du
mercure. L'air et la vapeur d'eau s'échappent avec la vapeur de mercure, et si l'ébullition continue, les dernières bulles d'air sont chassées à travers le mercure jusqu'au sommet du tube. Quand l'ébullition cesse, le mercure retourne
dans le tube qui se remplit ainsi complètement de mercure.

Tandis que le thermomètre est encore à une température plus élevée qu'une quelconque des températures à
la mesure desquelles il sera employé, et tandis que le

mercure ou sa vapeur le remplit complètement, on pro-
jette la flamme du chalumeau sur l'extrémité du tube; qui
fond, et que l'on ferme. Le tube
fermé avec sa propre substance est
dit : *scellé hermétiquement* (1).

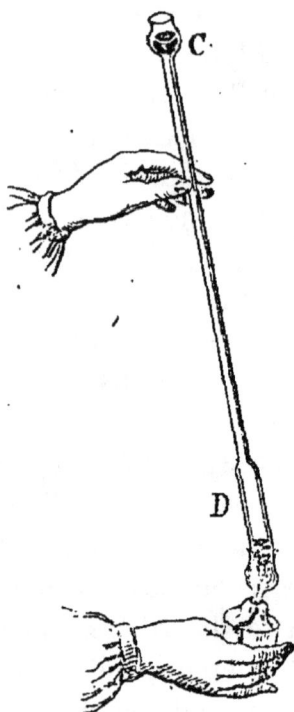

Il n'y a maintenant dans le tube
rien autre chose que du mercure et,
quand le mercure se contracte et
laisse un espace au-dessus, cet espace est, ou vide de toute matière,
ou contient seulement de la vapeur
de mercure. Si, en dépit de toutes
les précautions, il y a encore un
peu d'air dans le tube, on peut
s'en assurer facilement en retournant le thermomètre, et faisant glisser un peu de mercure vers l'extrémité du tube. Si l'instrument est
parfait ; le mercure atteindra
cette extrémité qu'il occupera
complètement. S'il y a de l'air
dans le tube, l'air formera un coussin élastique, qui empêchera le mercure d'atteindre l'extrémité du tube, et l'on
verra l'air sous forme d'une petite bulle.

Figure 4

Il faut ensuite déterminer le point de congélation, et
celui d'ébullition, suivant le mode qui a déjà été décrit,
mais il y a encore à observer certaines précautions. En premier lieu le verre est une substance dans laquelle des changements internes ont lieu pendant quelque temps encore
après que la substance a été fortement chauffée ou soumise

(1) De Hermes. ou Mercure, l'inventeur supposé de la chimie.
Johnson's Dictionnary.

à des forces intenses. En fait, le verre est, jusqu'à un certain degré, un corps plastique. On a reconnu qu'après qu'un thermomètre a été rempli et scellé, la capacité du réservoir diminue faiblement, et que ce changement comparativement rapide d'abord devient graduellement insensible à mesure que le réservoir se rapproche de son état définitif. Il en résulte que le point de congélation s'élève dans le tube jusqu'à 0°3 ou 0°5. Si après le déplacement du zéro, le mercure est de nouveau exposé à l'ébullition, le zéro revient à son point primitif, puis s'élève graduellement.

Ce déplacement du point zéro a été reconnu par M. Flaugergues(1). On peut le considérer comme terminé dans l'intervalle de quatre à six mois (2). Pour éviter l'erreur que ce déplacement entraînerait dans la graduation, on doit, autant que possible, ne déterminer le point zéro de l'instrument que quelque mois après qu'il a été rempli. Et même puisque la détermination du point d'ébullition de l'eau produit un faible abaissement du point de congélation (par la dilation du réservoir), ce point doit être déterminé plutôt avant qu'après le point d'ébullition.

Quand on détermine le point d'ébullition, le baromètre n'est généralement pas à la hauteur normale. Il faut considérer la marque faite sur le thermomètre, lorsqu'on le gradue, comme représentant, non le point normal d'ébullition, mais le point d'ébullition correspondant à la hauteur barométrique observée, point qui peut être trouvé dans les tables.

---

(1) *Ann. de chimie et de physique*, XXX, p. 333 (1822).
(2) Le Dr. Joule, cependant, a reconnu que l'élévation du point zéro d'un thermomètre délicat s'est continuée pendant vingt-six ans, quoique les changements fussent devenus excessivement faibles. *Phil. Soc. Manchester*, 22 février 1870.

Ce n'est point une tâche aisée que de construire un thermomètre par des méthodes aussi minutieuses, et même lorsque deux thermomètres ont été construits avec le plus grand soin, les lectures entre le point de congélation et le point d'ébullition peuvent ne pas concorder, par suite de différences dans les lois de dilatation du verre des deux thermomètres. Néanmoins les différences sont faibles, car tous les thermomètres sont faits avec du verre de même nature.

Mais puisque le principal objet de la thermométrie est que tous les thermomètres soient exactement comparables, et puisque les thermomètres peuvent être déplacés facilement, la meilleure méthode pour atteindre le but en question consiste à comparer tous les thermomètres, soit directement, soit indirectement, avec un seul thermomètre étalon.

Dans ce but, après avoir gradué convenablement les thermomètres, on les place, avec le thermomètre étalon, dans une étuve dont on puisse maintenir la température uniforme pendant une longue durée. Chaque thermomètre est alors comparé au thermomètre étalon. On dresse pour chacun une table de correction. Cette table a pour entrée la lecture du thermomètre, à côté de laquelle on indique la correction qu'il faut y faire subir pour obtenir la lecture du thermomètre étalon. C'est ce qu'on appelle la correction particulière à cette lecture. Si la correction est positive, elle doit être ajoutée à la lecture, et si elle est négative, elle doit en être soustraite.

En amenant l'intérieur de l'étuve à différentes températures, on peut connaître la correction correspondant à ces températures pour chaque thermomètre, et la série des corrections pour un même thermomètre est ainsi établie et annexée au thermomètre.

On peut envoyer un thermomètre quelconque à l'observatoire de Kew et il sera retourné avec la liste des corrections qui permettront, en les appliquant aux lectures, de
rendre les observations faites avec ce thermomètre exactement comparables avec celles faites par le thermomètre
étalon de Kew, ou avec un thermomètre quelconque corrigé de la même manière. La dépense que nécessite la comparaison avec l'étalon est très petite, comparée à la dépense qu'entraîne la construction d'un thermomètre étalon
et la valeur scientifique des observations faites avec un
thermomètre ainsi comparé, est plus grande que celle des
observations faites avec un thermomètre très soigneusement construit, mais qui n'aurait pas été comparé avec
quelque thermomètre étalon connu et existant.

J'ai décrit avec grand détail les procédés de graduation
et de comparaison des thermomètres parce que la détermination pratique d'une graduation est un très bon exemple
de la méthode que nous devons suivre dans l'observation
d'un phénomène scientifique tel que la température ; car
pour le présent, nous regardons plutôt celle-ci comme une
qualité susceptible d'une intensité plus ou moins grande,
que comme une *quantité* pouvant être ajoutée ou soustraite
d'autres quantités de la même espèce.

On ne peut en effet considérer une température, au point
où nous en sommes parvenus, comme susceptible d'être
ajoutée à une autre température pour former une température qui soit la somme des deux premières. Lorsque
nous pourrons attacher une signification distincte à une
telle opération, notre conception de température sera élevée au rang des conceptions de quantité. Pour le moment,
cependant, nous nous contenterons de considérer la température comme une qualité des corps, et il nous suffira

de savoir que les températures de tous les corps peuvent être rapportées à la même graduation.

Par exemple, nous avons le droit de dire que les températures des points de congélation et d'ébullition diffèrent de 180° Fahrenheit ; mais nous n'avons pas encore le droit de dire que cette différence est la même que celle qui existe entre les températeures 300° et 480°, de la même graduation. Nous pouvons encore moins affirmer qu'une température de 244° = 32° + 212° (graduation de Fahrenheit) est égale à la *somme* des températures de congélation et d'ébullition. De même, si nous n'avions rien qui puisse nous servir à mesurer le temps, à part la succession de nos propres pensées, nous pourrions rapporter chaque évènement perçu par nous à sa place chronologique dans la série de nos pensées, mais nous n'aurions aucun moyen de comparer l'intervalle de temps entre deux événements avec l'intervalle compris entre deux autres évènements. Si toutefois l'un des groupes se trouvait compris dans l'autre, nous saurions que l'intervalle correspondant à ce groupe serait le plus petit. C'est seulement par l'observation des mouvements uniformes et périodiques des corps, et en étudiant les conditions des mouvements accomplis dans le même temps que nous sommes à même de mesurer le temps, d'abord en jours et en années, d'après les mouvements des corps célestes, puis par heures, minutes et secondes, intervalles produits par les pendules de nos horloges et enfin maintenant nous pouvons, non seulement calculer la durée de la vibration des différentes espèces de rayons lumineux, mais encore comparer la durée de la vibration d'une molécule d'hydrogène mise en mouvement par une décharge électrique à travers un tube de verre, avec la durée de la vibration d'une autre molécule d'hydro-

gène dans le soleil, appartenant à quelque grande éruption
de nuages rosés, et avec la durée de la vibration d'une
autre molécule dans Sirius, vibration qui ne s'est pas
transmise à notre terre, mais qui a simplement empêché
des vibrations se produisant dans le corps de cette étoile
de nous atteindre.

Dans un des chapitres suivants nous verrons comment
une connaissance plus approfondie de la température nous
amènera à la considérer comme une quantité.

DU THERMOMÈTRE A AIR

Le thermomètre primitif inventé par Galilée était un thermomètre à air. Il consistait en un récipient en verre muni
d'un long col. On chauffait l'air dans le récipient, puis on
plongeait le col dans un liquide coloré. L'air se refroidissant dans le récipient, le liquide s'élevait dans le col,
et plus le liquide s'élevait, plus la température de l'air
dans le récipient était basse. En plaçant le récipient dans
la bouche d'un malade, et notant le point jusqu'où s'élevait
le liquide, le médecin pouvait en déduire si la maladie
avait le caractère de fièvre ou non. Un thermomètre de ce
genre présente plusieurs avantages. On peut le construire
facilement et il donne, pour le même changement de
température, des indications plus différentes qu'un thermomètre contenant un liquide quelconque.

En outre l'air n'exige pas autant de chaleur qu'un liquide
pour s'échauffer, de telle sorte que le thermomètre à air
est très rapide dans ses indications.

Le grand inconvénient de cet instrument, dans la mesure
des températures, est que la hauteur du liquide dans le tube
dépend de la pression de l'atmosphère, aussi bien que de

la température de l'air dans le récipient. Le thermomètre à air ne peut pas, par lui-même, faire connaître la température. Il faut consulter le baromètre en même temps, pour corriger la lecture du thermomètre à air. Par conséquent, pour que le thermomètre à air acquière une valeur scientifique, il faut qu'il soit employé conjointement avec le baromètre, et ses lectures ne sont d'aucun usage tant qu'on n'a pas procédé à un certain calcul.

C'est là un grand désavantage, en comparaison du thermomètre à mercure. Mais si les recherches que l'on fait sont d'une telle importance que l'on consente à supporter la peine de doubles observations, et de nombreux calculs numériques, alors l'avantage du thermomètre à air peut devenir prépondérant.

Nous avons vu qu'en établissant une graduation, après avoir marqué sur le thermomètre les deux points de repère, et divisé l'intervalle en parties égales, deux thermomètres contenant des liquides différents ne concorderont pas en général excepté aux points de repère.

Si, d'un autre côté, nous pouvons maintenir une pression constante sur le thermomètre à gaz, et si nous remplaçons l'air par un gaz quelconque, toutes les lectures seront exactement les mêmes pourvu qu'il en soit ainsi à l'une des températures servant de repère. On voit donc que la graduation de température du thermomètre à air a, sur la graduation des thermomètres à mercure, ou des thermomètres construits avec d'autres substances liquides ou solides, cet avantage que tous les gaz concordent dans leurs dilatations tandis que deux liquides ou solides suivent des lois de dilatation différentes. En l'absence de meilleures raisons pour choisir une graduation, la concordance entre tant de substances différentes est une raison pour consi-

dérér comme d'une grande valeur scientifique la graduation. fondée sur la dilatation des gaz. Dans le courant de
notre étude, nous trouverons qu'il y a des raisons scientifiques d'un ordre beaucoup plus élevé qui nous mettent à
même de choisir une graduation, basée non pas sur une
probabilité de cette sorte, mais sur une connaissance plus
approfondie des propriétés de la chaleur, Cette graduation,
avec quelque exactitude qu'on l'ait établie, a toujours été
d'ailleurs en accord très précis avec la graduation du thermomètre à air.

Il y a une autre raison, d'un caractère pratique, en
faveur de l'emploi de l'air comme substance thermométrique. C'est que l'air reste à l'état gazeux aux plus basses
comme aux plus hautes températures que nous puissions
réaliser, et rien n'indique dans les deux cas, de l'approche
d'un changement d'état; ainsi l'air ou l'un des gaz perma-
nants (1), est de la plus grande utilité pour mesurer les
températures s'écartant beaucoup des points de repères,
telles, par exemple, que le point de congélation du mercure ou le point de fusion de l'argent.

Quand nous traiterons des gaz, nous examinerons les
méthodes pratiques d'emploi de l'air comme substance
thermométrique. En attendant, considérons le thermomètre à air sous sa forme la plus simple, celle d'un long
tube d'un calibre uniforme, fermé à une extrémité, et contenant de l'air ou quelque autre gaz, séparé de l'air extérieur
par une courte colonne de mercure. d'huile ou de quelque
autre liquide susceptible de se déplacer librement le long
du tube, en même temps que d'intercepter toute communication entre l'air intérieur et l'atmosphère. Nous
supposerons aussi que la pression agissant sur l'air confiné

(1) Il n'existe plus de gaz permanents. — *Trad.*

est, par un moyen quelconque, maintenue constante pendant la durée des expériences que nous allons décrire.

Le thermomètre à air est d'abord entouré de glace et d'eau à zéro degré. Supposons que la surface supérieure de l'air se tienne maintenant au point marqué *congélation*. On entoure ensuite le thermomètre de vapeur émanant d'eau bouillante sous la pression atmosphérique de 760^{mm} de mercure. La surface de l'air intérieur atteindra le point marqué *ébullition*. De cette manière on aura marqué les deux points de repère sur le tube.

Pour compléter l'échelle du thermomètre nous devons diviser la distance entre les points de congélation et d'ébullition en un nombre déterminé de parties égales et prolonger cette graduation au delà des points de repère, en adoptant des degrés de même longueur. Naturellement, si nous prolongeons cette graduation suffisamment loin vers le bas, nous parviendrons à l'extrémité inférieure du tube. Quelle sera donc la lecture en ce point, et que signifie-t-elle ?

Il est facile de calculer cette lecture. Nous savons que la distance entre le point de congélation et l'extrémité inférieure du tube est à la distance entre le point d'ébullition et la même extrémité comme 1 est à 1.3665 puisque ce rapport est la dilatation de l'air entre les températures de congélation et d'ébullition. Il s'ensuit, par un calcul arithmétique aisé, que si, comme à l'échelle Fahrenheit, le point de congéla-

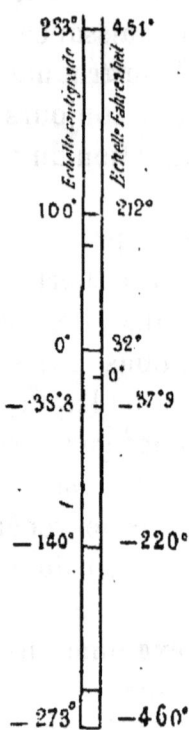

fig. 5

tion est marqué 32°, et le point d'ébullition 212°, l'extrémité du tube doit être marquée — 459°,15. Si, comme
dans la graduation centigrade, le point de congélation est
marqué 100°, l'extrémité inférieure du tube sera marquée
272°,85. Telle sera la lecture à l'extrémité du tube.

L'autre question, que signifie cette lecture? est plus
délicate. Nous avons commencé par définir la mesure de
la température, comme la lecture de la graduation du
thermomètre quand il est exposé à cette température. Si
l'on faisait une lecture à l'extrémité du tube, cela prou-
verait que le volume de l'air a été réduit à zéro. Il est à
peine nécessaire de dire que nous ne pouvons espérer
faire une telle lecture. S'il était possible d'enlever à une
substance toute la chaleur qu'elle contient, elle ne cesserait très probablement pas d'occuper un certain espace.
Mais une telle opération n'a jamais été faite, de sorte qu'il
nous est impossible de rien savoir sur la température qui
serait indiquée par un thermomètre à air au contact d'un
corps absolument dépourvu de chaleur. Nous sommes bien
sûr cependant que la lecture sera supérieure à — 272°,85.

Il est extrêmement commode, surtout en traitant des
questions relatives aux gaz, de compter les températures
à partir, non du point de congélation, ou du zéro de
Fahrenheit, mais de l'extrémité du tube du thermomètre
à air.

Ce point est appelé le *zéro absolu* du thermomètre à air,
et les températures comptées à partir de ce point sont
dites *températures absolues*. Il est probable que la dilatation d'un gaz parfait est un peu inférieure à 1,3665 —
Si nous supposons qu'elle soit de 1.366, le zéro absolu sera
alors — 460° à l'échelle Fahrenheit, et — 273°$\frac{1}{3}$ en degrés
centigrades.

Si nous ajoutons 460° aux lectures ordinaires d'une graduation Fahrenheit, nous obtiendrons la température absolue, mesurée suivant cette graduation.

Si nous ajoutons $273^\circ \frac{1}{3}$ aux lectures centigrades, nous obtiendrons la température absolue en degrés centigrades.

Nous aurons souvent l'occasion de mentionner la température absolue, mesurée sur le thermomètre à air. Mais en employant l'expression température absolue nous n'y attacherons pas d'autre sens que celui qui a été déjà indiqué, à savoir : la température mesurée à partir de l'extrémité inférieure du tube thermométrique. Et nous n'affirmerons rien en ce qui concerne l'état d'un corps dépouillé de toute sa chaleur, état dont nous n'avons aucune connaissance expérimentale.

· L'un des avantages les plus importants de l'emploi de la température absolue est de simplifier l'expression des deux lois découvertes respectivement par Boyle et par Charles. Ces lois peuvent être combinées en une seule, ainsi formulée : *le produit du volume par la pression, pour un gaz quelconque, est proportionnel à la température absolue.*

Par exemple, si nous avons à mesurer certaines masses gazeuses par leur volume, dans des conditions variées de température et de pression, nous pouvons réduire ces volumes à ce qu'ils seraient sous une pression et à une température normale donnée.

Ainsi soient v, p, t le volume, la pression et la température absolue, et v_0 le volume sous la pression normale p_0, à la température normale t_0.

On a donc

$$\frac{vp}{t} = \frac{v_0 p_0}{t_0}$$

ou

$$v_0 = v \frac{p \, t_0}{p_0 \, t}$$

Si nous ne devons comparer que les quantités relatives de gaz, dans la même série d'expérience, nous pouvons supposer que p_0 et t_0 soient égaux à l'unité, et faire usage uniquement de l'expression $\frac{vp}{t}$ sans la multiplier par $\frac{t_0}{p_0}$ qui est une quantité constante (1).

La grande importance scientifique de la graduation déterminée au moyen du thermomètre à gaz provient de ce fait, établi par les expériences de Joule et de Thomson, que la graduation basée sur la dilatation des gaz permanents est presque exactement la même que celle basée sur des considérations d'ordre purement thermodynamique, lesquelles sont indépendantes des propriétés particulières du corps thermométrique. Cet accord n'a été vérifié expérimentalement que dans l'intervalle compris entre 0° et 100° ; si, néanmoins, nous admettons la théorie moléculaire des gaz, le volume d'un gaz parfait doit être exactement proportionnel à la température absolue, mesurée sur l'échelle thermodynamique. Et il est probable que, quand la température s'élève, les propriétés des gaz réels se rapprochent de celle des gaz théoriquement parfaits.

Tous les thermomètres que nous avons considérés sont basés sur le principe de la mesure des températures par la dilatation. Dans certains cas cependant, il est commode de mesurer la température d'une substance par la chaleur qu'elle abandonne en se refroidissant jusqu'à une température normale (2) donnée.

Ainsi, lorsqu'une barre de platine, chauffée dans un four-

---

(1). Voir pour plus de détails sur les méthodes de mesure des gaz la « *Gazométrie* » de Bunsen, traduite en anglais par Roscoe.

(2) Normale, c'est-à-dire fixe et déterminée (*Standard*) — *Trad.*

neau de laboratoire.est jetée dans l'eau,nous pouvons nous
rendre compte de la température du fourneau par la quantité de chaleur transmise à l'eau. Quelques auteurs ont
supposé que cette méthode d'estimation de la température
est plus scientifique que celle fondée sur la dilatation. Il
en serait ainsi si la même quantité de chaleur causait toujours la même élévation de température quelle que soit la
température primitive du corps. Mais la chaleur spécifique de la plupart des substances s'accroît quand la température s'élève, et s'accroît en proportions différentes suivant chaque substance ; cette méthode ne peut donc pas
fournir une échelle absolue pour la mesure des températures. C'est seulement dans le cas des gaz que la chaleur
spécifique d'une masse donnée de gaz reste la même à
toutes les températures.

Il y a, pour estimer la température, deux méthodes fon-
dées sur les propriétés électriques des corps. Nous ne pouvons pas, sans sortir des limites de ce traité, entrer dans
l'exposé détaillé de ces méthodes, et le lecteur devra se
reporter aux ouvrages sur l'électricité. L'une de ces méthodes repose sur ce fait que dans un circuit formé de deux
métaux différents, si l'une des soudures est plus chaude
que l'autre, il se développe une force électro-motrice qui
produit un courant que l'on peut mesurer avec le galvanomètre. On peut découvrir de cette manière des différences très faibles de température entre les extrémités
d'une même pièce métallique. Si, par exemple, l'on soude
un fragment de fil de fer, à ses deux extrémités à un fil de
cuivre, et si l'une des soudures occupe une position telle
que l'on ne puisse introduire un thermomètre ordinaire au
même endroit, nous pouvons cependant connaître sa température, en plaçant l'autre soudure dans l'eau, dont on
fera varier la température jusqu'à ce qu'il ne passe plus de

courant. La température de l'eau sera alors égale à celle de la soudure inaccessible.

Les courants électriques produits par des différences de température dans les différentes parties d'un circuit sont appelés courants thermo-électriques. L'appareil qui permet de cumuler des forces électromotrices émanant d'un certain nombre de soudures s'appelle une pile thermo-électrique. Cet appareil s'emploie dans les expériences sur les effets calorifiques du rayonnement parce qu'il est plus sensible qu'un instrument quelconque aux changements de températures causés par de faibles quantités de chaleur.

Le profeseur Tait (1) a trouvé que si t_1 et t_2 indiquent les températures des soudures froide et chaude de deux métaux, la force électromotrice du circuit formé par ces deux métaux est égale à :

$$A (t_1 - t) \left[T - \frac{1}{2} (t_1 + t_2) \right]$$

où A est une constante dépendant de la nature des deux métaux, et T une température qui dépend aussi des deux métaux et telle qu'aucun courant ne se produise quand l'excès de la température d'une des soudures sur la température T est égal à l'excès de cette température T sur la température de l'autre soudure. La température T peut être appelée la température neutre. Pour le cuivre et le fer, la valeur de T est d'environ 204°.

L'autre manière d'évaluer les températures en un point où l'on ne peut placer un thermomètre est fondé sur l'accroissement de la résistance électrique des métaux correspondant à une élévation de température. Cette méthode

---

(1) *Proceedings of the Royal Society of Edinburgh*, 1870-1871.

a été employée avec succès par M. Siemens (1). Deux rouleaux de fil de platine fin sont préparés de manière à présenter une résistance égale. Leurs extrémités sont reliées à de longs et gros fils de cuivre, afin de permettre de placer les rouleaux un peu loin du galvanomètre, s'il est utile.

On prépare également ces fils de cuivre de manière à leur donner la même résistance, qui devra d'ailleurs être faible comparée à celle des rouleaux. On plonge alors l'un des rouleaux, par exemple, au fond de la mer et l'on plonge l'autre dans l'eau dont on fait varier la température jusqu'à ce que la résistance des deux rouleaux soit la même. En mesurant avec un thermomètre la température de l'eau, on en déduit celle du fond de la mer.

M. Siemens a trouvé que la résistance des métaux peut être exprimée par une relation de la forme suivante :

$$R = \alpha \sqrt{T} + \beta\, T + \gamma$$

où R est la résistance, T la température absolue, et α, β, γ, des coefficients. Parmi ceux-ci, α est le plus grand et la résistance qui en dépend s'accroît comme la racine carrée de la température absolue; la résistance augmente donc plus lentement que la température. Le second terme, $\beta \sqrt{T}$, est proportionnel à la température; on peut l'attribuer à la dilatation de la substance. Le troisième terme est constant.

(1) *Proceedings of the Royal Society*, april, 27, 1871.

CHAPITRE III

CALORIMÉTRIE

Après avoir exposé les principes de la thermométrie, c'est-à-dire les méthodes de mesure des températures, nous sommes en état de faire comprendre ce que l'on appelle la *calorimétrie* ou science de la mesure des quantités de chaleur.

Lorsque l'on fait agir la chaleur sur un corps, il se produit des effets variés. Dans la plupart des cas, la température du corps s'élève. Généralement le volume et la pression varient, et dans certains cas l'état des corps se modifie et le corps passe de l'état solide à l'état liquide ou de l'état liquide à l'état gazeux.

On peut, pour mesurer les quantités de chaleur, avoir recours à l'un quelconque de ces effets de la chaleur. On applique alors ce principe que, quand deux portions égales de la même substance sous le même état sont soumises à l'action de la chaleur et que le même effet est produit, les quantités de chaleur sont égales.

Il faut commencer par choisir un corps déterminé et définir un effet spécial et déterminé de la chaleur agissant sur ce corps.

Ainsi nous pouvons choisir un kilogramme de glace au

point de fusion, et prendre comme unité de chaleur la quantité de chaleur qui doit être appliquée à cette masse de glace pour la convertir en un kilogramme d'eau au point de congélation. Cette unité de chaleur a été effectivement employée dans les expériences de Lavoisier et de Laplace.

Dans ce système on mesure les quantités de chaleur par le nombre de kilogrammes (ou de grammes) de glace fondante que la chaleur convertirait en eau à la température du point de congélation.

Nous pourrions aussi employer un autre système de mesure en définissant la quantité de chaleur par le nombre de kilogrammes d'eau, au point d'ébullition, que cette quantité de chaleur convertirait en vapeur à la même température.

On emploie fréquemment cette méthode pour déterminer la quantité de chaleur engendrée par la combustion.

Ni l'une ni l'autre de ces méthodes n'exigent l'usage du thermomètre.

Une troisième méthode, qui dépend de l'emploi du thermomètre, consiste à prendre pour unité de chaleur la quantité de chaleur qui, agissant sur l'unité de masse (un kilogramme, ou un gramme) de l'eau à une température déterminée (1), élèverait de 1° Fahrenheit, ou 1° centigrade, la température de l'eau.

La seule chose que supposent ces méthodes de mesure, c'est que la quantité de chaleur nécessaire pour produire un certain effet sur un kilogramme d'eau produira le même effet sur un autre kilogramme d'eau de telle sorte

_____

(1) Celle qui correspond à la densité maximum, 39° Farenheit, ou 4° centigrades, ou parfois quelque température plus facile à réaliser dans les travaux de laboratoire, telle que 62° Fahrenheit, ou 15° centigrades.

que le double de ces quantités est nécessaire pour produire
le même effet sur deux kilogrammes d'eau, le triple sur
trois kilogrammes, et ainsi de suite.

Nous n'avons pas le droit de supposer que, parce qu'une
unité de chaleur élève de 1° la température d'un kilogramme d'eau à 5°, deux unités de chaleur élèveront de 2°
la température de ce même corps ; car la quantité de
chaleur nécessaire pour élever la température de l'eau de
6° à 7° peut être différente de celle nécessaire pour l'élever
de 5° à 6°. En fait, il a été trouvé expérimentalement qu'il
faut plus de chaleur pour élever d'un degré la température
d'un kilogramme d'eau quand cette eau est à haute température que quand elle est à basse température.

Mais si nous mesurons la chaleur par une des méthodes
précédemment décrites, c'est-à-dire par la quantité d'un
certain corps changeant d'état sans changer de température ou passant d'une température déterminée à une autre
température déterminée, nous pouvons traiter la chaleur
comme une quantité mathématique, et l'ajouter ou la soustraire à volonté.

Mais il faut établir, tout d'abord, que la chaleur qui, en pénétrant dans un corps ou en le quittant d'une manière quelconque, produit un changement déterminé dans ce corps est
une quantité strictement comparable à celle qui fond un
kilogramme de glace, et n'en diffère que parce qu'elle est
un certain nombre de fois plus grande ou plus petite.

En d'autres termes, il faut montrer que, quelles que soient
les sources de la chaleur, que la chaleur provienne de la
main, de l'eau chaude, de la vapeur, d'un fer rouge, d'une
flamme, du soleil, ou de toute autre source, cette chaleur
peut toujours être mesurée de la même manière, et la quantité de chaleur, nécessaire pour produire un effet donné,

fondre un kilogramme de glace, faire bouillir un kilogramme d'eau, ou élever de 1° la température de l'eau,
est la même, quelle que soit la source d'où elle émane.

Pour trouver si ces effets dépendent d'un élément quelconque en plus de la quantité de chaleur reçue, par exemple pour reconnaître s'ils dépendent, suivant un loi quelconque, de la température de la source de chaleur, procé-
dons à deux expériences. Dans la première nous emploierons une certaine quantité de chaleur (par exemple la
chaleur produite par une bougie pendant qu'un centimètre
de bougie se consume) à fondre la glace. Dans la seconde
expérience, nous appliquerons la même quantité de chaleur à une barre de fer à 0°, dont la température s'élèvera
en conséquence ; puis nous mettrons ce fer ainsi chauffé
en contact avec la glace de manière à fondre une certaine
quantité de glace, tandis que le fer lui-même se refroidira
et reviendra à sa température primitive.

Si la quantité de la glace fondue dépend de la température de la source de chaleur, ou de toute circonstance autre
que la quantité de chaleur mise en œuvre, les quantités
fondues ne seront pas les mêmes dans chaque cas ; car dans
le premier cas la chaleur provient d'une flamme extrêmement chaude, et dans le second cas la même quantité de
chaleur provient d'un objet comparativement froid.

On trouve, par expérience, que les quantités fondues
sont les mêmes ; en conséquence, la chaleur, en tant
que cause d'échauffement des corps et de changement de
leur état physique, est une quantité exactement susceptible de mesure ; elle n'est sujette à aucune variation en
qualité ou en nature.

Un autre principe dont l'exactitude a été établie par des
expériences calorimétriques consiste en ceci : si l'on chauffe

un corps à un état donné, et que ce corps passe par une
série d'états définis par sa température et son volume
dans chaque état, puis si on laisse le corps se refroidir et passer, dans un ordre inverse, exactement par la
même série d'états, alors la quantité de chaleur absorbée
pendant l'échauffement est égale à la quantité de chaleur
dégagée pendant le refroidissement. Ce principe était
évident pour ceux qui considéraient la chaleur comme une
substance et lui donnaient le nom de calorique, et en conséquence, il était admis implicitement. Nous montrerons
cependant, que quoique cette loi soit exacte, telle que
nous venons de l'établir, si la série des états pendant
la période de l'échauffement est différente de celle qui
accompagne le refroidissement, les quantités de chaleur
absorbée et dégagée peuvent être différentes. En fait, il est
possible, par certains procédés, d'engendrer ou de détruire
de la chaleur, ce qui montre que la chaleur n'est pas une
substance. En recherchant ce qui engendre la chaleur et
ce qu'elle devient quand elle est détruite, on peut espérer
déterminer la nature de la chaleur.

Dans la plupart des cas dans lesquels nous mesurons
des quantités de chaleur, la chaleur que nous mesurons
passe d'un corps dans un autre, l'un de ces corps étant le
calorimètre lui-même. Nous admettons que la quantité
de chaleur qui se dégage d'un corps est égale à celle que
l'autre reçoit pourvu que : 1° ni l'un ni l'autre ne communiquent de la chaleur à un troisième corps ou n'en reçoivent;
2° qu'aucun autre phénomène n'ait lieu entre les corps
excepté le dégagement et l'absorption de chaleur.

L'exactitude de ces supposition peut s'établir expérimentalement, en prenant un certain nombre de corps à différentes températures, et déterminant d'abord la quantité

de chaleur nécessaire pour les amener à une température déterminée. Si les corps sont ensuite ramenés à leurs températures primitives, et qu'ils puissent échanger entr'eux de la chaleur d'une manière quelconque, la quantité de chaleur nécessaire pour ramener ce système à la température déterminée sera la même que celle nécessaire pour ramener à la température en question les différents corps ayant les températures primitives.

Nous allons décrire maintenant les méthodes expérimentales employées pour la vérification de ces résultats et pour la mesure des quantités de chaleur..

Dans quelques-unes des premières expériences de Black sur la quantité de chaleur nécessaire pour fondre la glace, et vaporiser l'eau, la source de chaleur était une flamme, et comme le dégagement de chaleur était supposé uniforme, on en déduisait que les quantités de chaleur dégagées étaient proportionnelles au temps pendant lequel le dégagement s'effectuait. Une méthode de ce genre est évidemment très imparfaite, et pour la rendre précise, il faudrait prendre de nombreuses précautions ; il faudrait aussi procéder à des recherches auxiliaires sur les lois de la production de chaleur dans la flamme, et de l'application de la chaleur au corps chauffé. Une autre méthode qui fait aussi intervenir la durée mérite plus de confiance. Nous la décrirons sous le nom de *méthode du refroidissement*.

CALORIMÈTRES A GLACE.

Wilcke, un Suédois, fut le premier qui eut recours à la fusion de la neige pour mesurer la chaleur abandonnée par les corps qui se refroidissent. Dans cette méthode, la principale difficulté est de faire en sorte que toute la chaleur abandonnée par le corps soit employée à fondre la glace, et que celle-ci ne soit soumise à aucune autre cause d'é-chauffement ou de refroidissement. Cette condition a été la première fois remplie par le calorimètre de Laplace et Lavoisier. La description de cet appareil se trouve dans les Mémoires de l'Académie des Sciences, année 1700. L'appareil lui-même est conservé au Conservatoire des Arts et Métiers à Paris.

Cet appareil, qui reçut ensuite le nom de calorimètre, se compose de trois récipients contenus les uns dans les autres.

Le premier récipient, qui est à l'intérieur et que nous pouvons appeler le récepteur, contient le corps qui dégage la chaleur dont on veut mesurer la quantité. Il est fait avec une feuille de cuivre mince, de telle sorte que la chaleur puisse passer facilement dans le second récipient. Celui-ci, ou calorimètre proprement dit, entoure entièrement le premier. La partie inférieure de l'espace compris entre les deux récipients est rempli avec de la glace fondante. Le premier ré-cipient est recouvert par un couvercle qui est lui-même rempli de glace. Quant la glace fond dans le récipient, soit à la par-tie inférieure, soit sur le

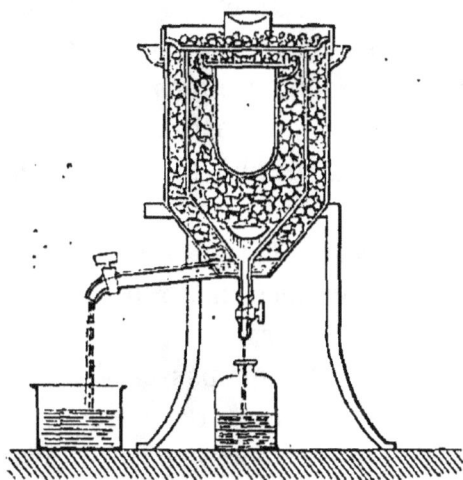

Fig. 6.

couvercle, l'eau s'écoule vers le bas, passe à travers une sorte de filtre qui empêche la glace de s'échapper, et se rassemble dans une fiole. Le troisième récipient que nous pouvons appeler chemise de glace, entoure complètement le second et est muni, comme le premier, d'un couvercle supérieur qui protège le second récipient. Ce récipient et son couvercle sont remplis de glace concassée à la température 0⁰, mais l'eau formée par la fusion de cette glace s'écoule dans un récipient distinct de celui qui contient l'eau venant du calorimètre proprement dit.

Supposons maintenant qu'il n'y ait rien dans le récepteur et que la température de l'air soit au-dessus de 0⁰. Toute quantité de chaleur qui pénètre dans le récipient extérieur fondra un peu de glace dans la chemise de glace et ne s'échappera pas; aucune glace ne sera fondue dans le calorimètre. Tant qu'il y aura de la glace dans la chemise et dans le calorimètre, la température de ces deux récipients sera la même, c'est-à-dire 0⁰, et en conséquence et par suite de la loi d'équilibre de la chaleur, il ne passera aucune chaleur à travers le second récipient, soit dans un sens, soit dans l'autre. Donc si une portion de la glace se fond dans le calorimètre, la chaleur qu'elle aura empruntée viendra du récepteur.

Supposons ensuite que le récepteur soit à 0⁰ et soulevant pour un instant les deux couvercles, introduisons dans le récepteur un corps à haute température, puis refermons les couvercles rapidement. La chaleur passera du corps au calorimètre par les parois du récepteur ; une certaine quantité de glace sera fondue et le corps se refroidira. Ces phénomènes se continueront jusqu'à ce que le corps soit à zéro, après quoi il n'y aura plus fusion de la glace.

Si nous mesurons la quantité d'eau produite par la fusion de la glace, nous pouvons évaluer la quantité de chaleur

qui s'échappe du corps pendant qu'il se refroidit depuis
sa température primitive jusqu'à zéro. Le récepteur est à
zéro au commencement et à la fin de l'opération, de telle
sorte que le réchauffement et le refroidissement subsé-
quents du récepteur n'ont pas d'influence sur le résultat.

Il n'y a rien d'aussi parfait que la théorie et la disposition générale de cet appareil. Il est digne de Laplace et de
Lavoisier, et dans leurs mains, il a fourni de bons résultats.

Il y a cependant un inconvénient qui est que l'eau adhère
à la glace au lieu de s'écouler complètement, de sorte qu'il
est impossible d'évaluer exactement la quantité de glace
réellement fondue.

Pour éviter cette source d'incertitude, Sir John Herschel
a proposé de remplir les interstices de la glace avec de
l'eau à zéro, et d'estimer la quantité de glace fondue par
la contraction que le volume subit ; comme nous le verrons
plus tard l'eau occupe un volume inférieur à celui de la
glace dont elle provient. Je ne sache pas que cette sugges-
tion ait été réalisée dans la pratique.

Bunsen (1) a imaginé un calorimètre fondé sur le même
principe, mais dans lequel les sources d'erreur sont éliminées et les constantes physiques déterminées avec un
degré de précision rarement atteint dans les recherches de
cette nature.

Le calorimètre de Bunsen, tel qu'il a été projeté par son
auteur, est un appareil de petites dimensions. Le corps
qui abandonne la chaleur à mesurer est chauffée dans un
tube d'essai placé dans un courant de vapeur à une température connue. On l'introduit ensuite, aussi rapidement
que possible, dans le tube d'essai T du calorimètre, tube
rempli d'eau à 0°. Le corps s'enfonce et abandonne de la

(1) Pogg, *Ann. sept.* 1870, et *Phil. Mag* 1871.

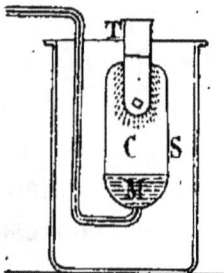

Fig. 7.

chaleur à l'eau. La portion d'eau chauffée ne s'élève pas dans le tube, car l'effet de la chaleur entre 0º et 4º est d'augmenmenter la densité de l'eau. Elle continue par conséquent à entourer le corps au fond du tube et la chaleur ne peut s'échapper que par conduction soit vers la partie supérieure à travers l'eau, soit à travers les parois du tube ; celles-ci sont très minces et offrent par conséquent une issue plus facile. Le tube est entourée par de la glace à 0º dans le calorimètre C. Aussitôt donc qu'une portion quelconque de l'eau dans le tube est élevée à une température plus haute, la conduction se fait par les parois et une partie de la glace se fond. Cela continue jusqu'à ce que la température du tube soit revenue à 0º, et alors toute la quantité de glace fondue par la chaleur de *l'intérieur* fournit une mesure exacte de la quantité de chaleur que le corps chauffé dégage en se refroidissant jusqu'à 0º.

Pour empêcher tout échange de chaleur entre le calorimètre C et les corps environnants, on le place dans un récipient rempli de neige fraîchement recueillie, et pure de toute fumée. Cette substance, à moins que la température de la chambre ne soit plus basse que 0º, acquiert bientôt, et conserve longtemps, la température de 0º.

On prépare le calorimètre en le remplissant avec de l'eau distillée, que l'on a débarrassée de toute trace d'air par une ébullition prolongée, faite avec soin. Quand il y a de l'air, il est chassé par la congélation, et il se produit des bulles dont le volume introduit une cause d'erreur dans les mesures. La partie inférieure du calorimètre contient du mercure et communique avec un tube contenant aussi du mercure.

La partie supérieure du tube est recourbée horizontalement et soigneusement calibrée et graduée. Comme le mercure et le récipient sont toujours à la température 0°, le volume du mercure est constant et un changement quelconque dans la position du mercure dans le tube gradué ne peut provenir que de la fusion de la glace dans le calorimètre et de la diminution du volume de la masse d'eau et de glace.

Les déplacements de l'extrémité de la colonne de mercure étant proportionnels aux quantités de chaleur abandonnées par le tube d'essai dans le calorimètre, il est aisé de voir comment on peut comparer les quantités de chaleurs. En fait, Bunsen a effectué d'une manière satisfaisante plusieurs déterminations des chaleurs spécifiques de ces métaux rares, tels que l'iridium, dont on ne peut obtenir qu'un petit nombre de grammes.

Pour mettre le calorimètre en état de fonctionner, il faut produire de la glace autour du tube d'essai. Dans ce but, Bunsen fait passer dans le tube un courant d'alcool refroidi au-dessous de 0° par un mélange réfrigérant. Ce courant est dirigé vers le fond du tube et s'échappe latéralement. On peut, de cette manière, congeler la plus grande partie de l'eau du calorimètre. Lorsque l'appareil a été laissé pendant un temps suffisant dans le récipient contenant de la neige, la température de la glace s'élève à 0° et l'appareil est prêt à fonctionner. On peut faire un grand nombre d'expérience une fois que l'eau a été congelée (1).

MÉTHODE DES MÉLANGES.

La seconde méthode calorimétrique est communément

(1) Voyez *Pogg. Ann.* sept. 1870, ou *Phil. Mag.* 1871.

appelée *méthode des mélanges*. C'est le nom donné à tous les procédés qui consistent à mesurer la quantité de chaleur que dégage un corps par l'accroissement de température du corps qui absorbe cette chaleur. Le moyen le plus sûr d'empêcher que la chaleur qui s'échappe d'un des corps ne passe ailleurs que dans l'autre consiste à mélanger les deux corps, mais on ne peut le faire dans beaucoup des cas auxquels maintenant la méthode est cependant applicable.

Nous éclaircirons cette méthode par quelques expériences que peut faire le lecteur sans appareil spécial. Des expériences grossières de ce genre font prendre un plus grand intérêt dans le sujet, et donnent, en ce qui concerne la précision et l'uniformité des phénomènes naturels comparés à l'inexactitude et l'incertitude de nos observations, une foi plus active que celle inspirée par la lecture des livres ou même par la vue des expériences de laboratoire soigneusement préparées.

Je supposerai que le lecteur possède un thermomètre; il en plongera le réservoir dans les liquides dont la température doit être évaluée. Je supposerai aussi que le thermomètre est gradué en degrés Fahrenheit.

Pour comparer les effets de la chaleur sur l'eau et le plomb, il faut prendre une bande de feuille de plomb, pesant par exemple 500 grammes, et la rouler en forme de spiral lâche de manière que, si elle est plongée dans l'eau, l'eau puisse circuler librement tout autour.

On se munit d'un récipient d'une forme convenable, et telle que le rouleau de plomb, placé dans le récipient, puisse être recouvert avec un demi litre d'eau.

On suspend le plomb à une corde fine et on le plonge dans une casserole remplie d'eau bouillante, dont on prolonge l'ébullition jusqu'à ce que le morceau de plomb soit porté à la température de l'eau. Pendant qu'on procède à cette opération, on pèse 500 grammes d'eau froide dont on prend la température avec le thermomètre. On retire alors le rouleau de plomb de l'eau bouillante, en le maintenant dans la vapeur jusqu'à ce que l'eau soit drainée, puis on l'immerge aussi rapidement que possible dans l'eau froide du récipient. Au moyen de la corde qui sert à le soutenir, on peut l'agiter dans l'eau de manière à le mettre en contact avec des portions différentes de l'eau et à l'empêcher d'échauffer directement les parois du récipient.

De temps en temps, au moyen du thermomètre, on observe la température de l'eau. Après quelques minutes, la température de l'eau cesse de s'accroître ; on peut alors arrêter l'expérience et procéder aux calculs.

Je suppose, pour fixer les idées, que la température de l'eau, avant d'y plonger le plomb, était de 57° F et que la température finale, quand le plomb n'a plus dégagé de chaleur, était de 62° F. Si nous adoptons pour unité de chaleur la quantité de chaleur qui élèverait de 1° la température de l'eau à 60°F, la quantité de chaleur cédée par le plomb à l'eau sera de cinq unités.

Puisque le plomb a été plongé pendant quelque temps dans l'eau bouillante, puis dans la vapeur, on doit penser que sa température primitive était de 212°F (on le vérifiera du reste avec le thermomètre). Pendant l'expérience le plomb s'est refroidi de 150° F. et a abandonné à l'eau 5 unités de chaleur. Ainsi la différence entre les quantités de chaleurs possédée par le plomb à 212° et à 62° est de 5 unités; c'est-à-dire que la même quantité de chaleur qui portera la température de 500 grammes d'eau de 57° à 62° élèvera de 62° à 212° la température de 500 grammes de plomb. Si nous admettons, ce qui est presque, quoique pas tout à fait exact, que la quantité de chaleur nécessaire pour échauffer le plomb est la même pour chaque degré d'élévation de la température, nous pouvons alors dire que la quantité de chaleur nécessaire pour élever de 5° la température du plomb, est la trentième partie de la quantité de chaleur nécessaire pour élever de 5° la température de l'eau.

Nous avons par là établi une comparaison entre les effets de chaleur sur le plomb et l'eau. Nous avons trouvé que la même quantité de chaleur élèvera la température du plomb d'un nombre de degrés 30 fois plus grand que le nombre de degrés dont elle éleverait la température de l'eau, et nous en avons déduit que pour produire un changement modéré de la température du plomb, il faut 1/30 de la chaleur nécessaire pour produire le même changement sur un poids égal d'eau.

On exprime la comparaison d'une manière scientifique en disant que la capacité du plomb pour la chaleur est le 1/30 de celle d'un poids égal d'eau.

L'eau étant généralement prise comme terme de comparaison, le fait que nous avons établi plus haut s'exprime d'une manière plus concise en disant que la chaleur spécifique du plomb est de 1/30.

Ce fait que, quand des poids égaux de mercure et d'eau sont mélangés ensemble, la température résultante n'est pas la moyenne des températures des deux corps, ce fait était déjà connu de Boerhaave et de Fahrenheit. Le Dr. Black, cependant, a été le premier à donner l'explication de ce phénomène, et de beaucoup d'autres. Il a montré que l'effet de la même quantité de chaleur, en ce qui concerne l'élévation de la température, dépend non seulement de la quantité de matière du corps, mais aussi de la nature de ce corps. Le Dr. Irvine, l'élève et le collaborateur de Black, donna à cette propriété le nom de *capacité pour la chaleur*. L'expression de *chaleur spécifique* fut ensuite introduite par Gadolin, d'Abo, en 1784.

Je crois que tout en nous conformant à l'usage, nous pouvons définir ces termes d'une manière très précise comme il suit :

DÉFINITION DE LA CAPACITÉ CALORIFIQUE

La capacité calorifique d'un corps est le nombre d'unités de chaleur nécessaires pour élever de 1 degré la température de ce corps.

Nous pouvons appliquer l'expression capacité calorifique à un corps particulier tel qu'un récipient en cuivre ; la capacité calorifique dépend alors du poids aussi bien que de la nature de la substance. On exprime souvent la capacité d'un corps particulier par la quantité d'eau qui possède la même capacité.

Nous pouvons aussi appliquer l'expression en question à une substance, telle que le cuivre. Dans ce cas nous supposons qu'il s'agit de l'unité de masse de la substance.

DÉFINITION DE LA CHALEUR SPÉCIFIQUE

La chaleur spécifique d'un corps est le rapport de la quantité de chaleur nécessaire pour élever de 1° la température de ce corps à la quantité de chaleur nécessaire pour élever de 1° la température d'un poids égal d'eau.

La chaleur spécifique est donc le rapport de deux quantités et elle s'exprime par le même nombre quelle que soit l'unité employée par l'observateur et quelle que soit l'échelle thermométrique adoptée.

Il est important de bien se pénétrer de l'idée que les expressions capacité calorifique et chaleur spécifique n'ont

pas d'autre signification que celle contenue dans les définitions précédentes.

Irvine a contribué, dans une grande mesure, à établir ce
fait que la quantité de chaleur qu'absorbe ou qu'abandonne un corps dépend du produit de sa capacité calorifique par le nombre de degrés dont sa température s'élève
ou s'abaisse. Il est allé jusqu'à dire que toute la quantité
de chaleur contenue dans un corps est égale à sa capacité
multipliée par la température totale du corps comptée à
partir d'un point qu'il appela le zéro absolu. Cela revient
à dire que la capacité calorifique ne change pas depuis
la température donnée du corps jusqu'au zéro absolu.
L'exactitude de cette assertion n'a jamais pu être prouvée
par l'expérience, et l'on établit aisément son inexactitude,
en montrant que les chaleurs spécifiques de la plupart des
liquides et des solides sont différentes à différentes températures.

Les résultats qu'Irvine, et que d'autres longtemps après
lui ont déduit de calculs fondés sur cette hypothèse, non
seulement ne possèdent aucune valeur, mais encore sont
contradictoires entr'eux.

Revenons maintenant à l'expérience faite sur le plomb
et l'eau et montrons comment on peut procéder plus exactement en tenant compte de toutes les circonstances. J'ai
d'abord évité cette complication, mon but étant d'éclaircir
tout d'abord la notion de la *Chaleur spécifique.*

Dans l'essai que nous avons décrit, nous admettions,
non seulement que toute la chaleur qui s'échappait du
plomb était absorbée par l'eau, mais que l'eau n'en aban-
donnait aucune part jusqu'à la fin de l'expérience, alors
que les températures de l'eau et du plomb étaient devenues
égales.

Cette dernière supposition ne peut être complètement

exacte parce que l'eau contenue dans un récipient d'une
certaine nature, communique une partie de sa chaleur
à ce récipient, parce qu'elle doit perdre une autre partie de sa chaleur par l'évaporation à sa surface libre,
etc.

Si nous pouvions trouver un récipient formé d'un
corps absolument non conducteur de la chaleur, cette
perte de chaleur ne se produirait pas. Mais aucun des
corps qui servent à faire des récipients ne peut être
considéré, même approximativement, comme non conducteur de la chaleur. Et si nous faisons usage d'un récipient qui soit simplement un mauvais conducteur de la
chaleur, il est très difficile, même par les calculs les plus
laborieux, de déterminer la quantité de chaleur absorbée
par le récipient pendant l'expérience.

Il vaut mieux employer un récipient bon conducteur de
la chaleur, mais dont la capacité calorifique soit faible,
par exemple un récipient très mince en cuivre ou en argent ; on empêche cet appareil de perdre rapidement sa
chaleur, en polissant la surface extérieure, et en évitant
qu'elle ne touche une masse métallique importante ; on
donne à cet effet des supports grêles au récipient et on le
place dans un récipient métallique dont la surface intérieure est polie.

On peut ainsi obtenir que la chaleur soit rapidement distribuée entre l'eau et le récipient, qui prennent
alors des températures presque égales, tandis que la perte
de chaleur, par le récipient, se fait lentement. Au reste sa
vitesse peut être calculée, quand on connaît la température
du récipient et celle de l'air extérieur.

Dans ce but, et si nous avons l'intention de procéder à
une expérience très précise, nous devons en premier lieu
déterminer par une expérience spéciale la capacité calorifique du récipient. Nous introduirons, pour cela, dans le ré-

cipient un litre d'eau chaude dont nous déterminerons la
température de minute en minute, en même temps que
nous observerons, avec un autre thermomètre, la température de l'air dans la pièce. Nous obtiendrons ainsi une
série d'observations d'où nous pourrons déduire la *vitesse
de refroidissement* à différentes températures et évaluer la
vitesse de refroidissement quand la température du récipient est de 1°, 2°, 3°, etc., plus élevée que celle de l'air ;
alors connaissant la température du récipient à diverses
phases de l'expérience, nous serons en mesure de calculer
la perte de chaleur supportée par le récipient et due au
refroidissement pendant la durée de l'expérience.

Mais il y a une méthode beaucoup plus simple, pour se
débarrasser de toutes ces difficultés. Cette méthode consiste à faire deux expériences : la première avec le
plomb, c'est celle que nous avons décrite ; la seconde avec
l'eau chaude. Dans cette seconde expérience il faut faire
en sorte que les circonstances dont dépend la perte de chaleur soient aussi semblables que possible à celles qui se
présentent lorsqu'on opère sur le plomb.

Par exemple, supposons que le poids spécifique du
plomb soit égal à onze fois celui de l'eau. Si, au lieu de
500 grammes de plomb nous employons un poids d'eau
onze fois plus faible, le volume de l'eau sera le même que
celui du plomb, et la profondeur d'eau dans le récipient
sera également augmentée par l'adjonction de l'eau ou
celle du plomb.

Si nous supposons aussi que la chaleur spécifique du
plomb est 1/30 de celle de l'eau, il en résultera que la
chaleur dégagée par 500 grammes de plomb se refroidissant de 150° F., sera égale à la chaleur dégagée par un
poids d'eau onze fois plus faible, se refroidissant de
55° F.

Il s'ensuit que si nous prenons ce poids d'eau à une température surpassant de 55° la température finale 62° F,. c'est-à-dire à une température de 117°, et si nous versons cette eau dans le récipient, contenant, comme précédemment, de l'eau à 57° F., nous savons que le niveau de l'eau s'élèvera de la même quantité que quand l'on introduit le plomb dans le récipient, et nous savons de plus que la température s'élèvera à peu près au même point. La seule différence entre ces deux expériences, en ce qui intéresse la perte de chaleur, est que l'eau chaude élèvera la température de l'eau froide, dans un délai beaucoup plus court que ne le faisait le plomb ; c'est-à-dire que si nous observions la température au même moment, après le mélange, dans les deux cas la perte par le refroidissement serait plus grande avec l'eau chaude, qu'avec le plomb chaud.

Par cette méthode nous évitons la principale des difficultés que présentent le grand nombre d'expériences comparatives nécessaires. Au lieu de faire une seule expérience dans laquelle le refroidissement du plomb est comparé avec l'échauffement de l'eau et du récipient, y compris une perte de chaleur inconnue à l'extérieur du récipient, nous faisons deux expériences ; l'échauffement du récipient et la perte totale de chaleur restent à peu près les mêmes, mais la chaleur est fournie, dans un cas par le plomb chaud, et dans l'autre cas, par l'eau chaude. Le lecteur peut comparer cette méthode avec la double pesée inventée par le Père Amiot, mais communément connue sous le nom de méthode de Borda. Dans cette méthode le corps que l'on veut peser, puis le poids sont successivement placés sur le même plateau, tandis que la charge de l'autre plateau ne sert qu'à équilibrer.

Nous éclaircirons cette méthode en comparant les phénomènes d'échauffement de l'eau sous l'action de la vapeur et sous l'action de l'eau chaude. Prenons une bouillote remplie d'eau et rendons le couvercle étanche avec un peu de farine mélangée avec de l'eau. Adaptons un tube de caoutchouc assez court au bec de la bouillote, ce tube étant terminé par un bout en fer blanc ou en verre. Faisons ensuite bouillir l'eau, et lorsque la vapeur s'échappe librement par l'extrémité du tube, plongeons cette extrémité dans l'eau froide : nous constaterons alors que la vapeur se condense rapidement, et que chaque bulle de vapeur, en s'évacuant, disparaît avec un bruit aiguë et vibrant.

Après nous être familiarisé avec le caractère général de cette expérience sur la condensation de la vapeur, nous pouvons alors procéder à la mesure de la chaleur abandonnée à l'eau. Dans ce but, plaçons un peu d'eau froide, soit environ 5000 grains, dans le récipient. Pesons-le ainsi rempli, et observons la température de l'eau. Puis, tandis que la vapeur s'échappe librement par l'extrémité du tube, plongeons cette extrémité dans l'eau pour condenser la vapeur, et, au bout d'un certain temps retirons le tube. Observons de nouveau la température et pesons le récipient. Prenons note aussi de la durée de l'expérience.

Soit le poids primitif égal à 5000 *grains* (1)
Le poids après la condensation égal à 5100 *grains*
D'où le poids de vapeur condensée
est égal à 100 *grains*
Température primitive de l'eau 55° F.
Température à la fin de l'expérience 77° F.
Elévation de température 22° F.

Faisons maintenant une seconde expérience analogue à la première, mais au lieu de faire agir la vapeur, em-

(1) Environ 300 grammes.

ployons l'eau chaude pour produire l'élévation de température.

En pratique, il est impossible de faire en sorte que les mêmes conditions restent exactement remplies, mais après quelques essais, nous pouvons parvenir à réaliser presque, sinon tout-à-fait, les conditions en question.

Ainsi, il est aisé d'obtenir le même poids d'eau, soit 5000 grains; mais nous supposerons que la température est de 56° au lieu de 55°. Nous verserons alors de l'eau à une température de 176° (1), graduellement, de manière à faire durer l'expérience aussi longtemps que la précédente, et nous trouverons que la température s'élève alors à 76° et le poids à 6000 *grains*. Par conséquent 1000 gr. d'eau refroidie de 100° élèveront la température de l'eau et du récipient de 20° F.

En admettant que la chaleur spécifique de l'eau soit la même à toutes les températures, ce qui est presque mais non complètement exact, la quantité de chaleur abandonnée par l'eau dans la seconde expérience est égale à celle qui élèverait de 1° la température de 100,000 *grains*.

Dans l'expérience faite sur la vapeur, les températures étaient presque égales, quoique pas exactement, mais l'élévation de température était plus grande, dans la proportion de 22° à 20°. Par conséquent nous pouvons en conclure que la quantité de chaleur dégagée dans le cas de la vapeur, est plus grande, dans la proportion de 22 à 20, que la quantité de chaleur dégagée dans le second cas.

Par suite la quantité de chaleur abandonnée par la vapeur est égale à celle qui élèverait de 1° la température de 110.000 *grains* d'eau.

(1) Environ 80° centigrades.

Mais cela comprend la condensation de la vapeur et le
refroidissement subséquent. Tenons compte d'abord de la
chaleur abandonnée par les 100 *grains* d'eau à 212° F. Le
refroidissement est de 135°, ce qui correspond à une quantité de chaleur qui élèverait de 1° la température de 13500
grains d'eau. Mais l'effet total est de 110.000 gr. de telle
sorte que la condensation à elle seule élèverait de 1° la température de 96.500 (110.000 — 13.500) *grains* d'eau. Ainsi
chaque *grain* de vapeur donne assez de chaleur pour élever de 1° F, 965 grains d'eau, ou de 1° centigrade la température de 536 grains d'eau.

C'est Black qui en 1757, a été le premier à établir clairement ce fait que la vapeur à la température d'ébullition
abandonne une grande quantité de chaleur quand elle se
condense dans l'eau à la même température, et ce fait correspondant que pour convertir en vapeur de l'eau à la température d'ébullition, il faut lui communiquer une grande
quantité de chaleur.

Black a exprimé ces faits en disant que la *chaleur latente*
de la vapeur est de 965° F. Cette expression est encore
en usage, et elle ne signifie ni plus ni moins que ce qui
vient d'être défini.

Cependant Black et beaucoup de ses successeurs supposaient que la chaleur est une substance qui, lorsqu'un
corps s'échauffe, devient sensible, et qui, alors même
qu'elle n'est pas sentie par la main ou constatée par le
thermomètre, existe cependant dans le corps à l'état latent
ou caché. Black supposait que la différence entre l'eau
chaude et la vapeur consiste en ce que la vapeur contient
beaucoup plus de calorique que l'eau chaude, de telle sorte
qu'on peut la considérer comme un mélange d'eau et de
calorique ; mais puisque ce calorique additionnel ne produit aucun effet sur la température, mais se tient caché

dans la vapeur, prêt à apparaître, quand elle se condense,
il appela chaleur latente cette partie de la chaleur.

En appréciant la valeur scientifique de la découverte de
Black sur la chaleur latente et sa manière de l'exprimer,
nous devons nous rappeler que Black lui-même découvrit
en 1754 que les bulles qui se forment quand le mar-
bre est placé dans un acide sont composées d'une réelle
substance,différente de l'air. Cette substance,à l'état libre,
est semblable en apparence à l'air ; quand elle est fixée,
elle peut exister dans les liquides et dans les solides. A cette
substance que nous appelons maintenant l'acide carbonique, Black donna le nom d'air fixé (fixed air). C'est là
le premier corps gazeux distinctement reconnu comme tel.
D'autres airs ou gaz ont été ensuite découverts et l'impulsion donnée à la chimie par l'extension de cette science à
des corps d'une matière très ténue a été si grande que la
plupart des savants de l'époque crurent que la chaleur, la
lumière, l'électricité et le magnétisme, sinon la force vitale
elle-même seraient tôt ou tard ajoutés à la liste de ces
corps. Mais, observant néanmoins que les gaz sont pesants,
tandis que la présence de ces agents ne peut être accusée
par la balance, ceux qui les considéraient comme des substances les appelèrent substances impondérables, et quelquefois, par suite de leur mobilité, fluides impondérables.

L'emploi de ces expressions matérialistes, en tant qu'appliquées à la chaleur,fut développé et encouragé par l'ana-
logie entre les états libre et fixé de l'acide carbonique d'une
part, et les états sensible et latent de la chaleur d'autre
part. Et il est évident qu'un même mode de concevoir ces
phénomènes conduisit les électriciens à la notion d'électricité déguisée ou dissimulée, notion qui même survit actuellement, et qu'il n'est pas aussi facile de débarrasser

de sa connotation (1) erronée, que l'expression *chaleur latente*.

Il est digne de remarque que Cavendish, quoique (2) l'un des plus grands chimistes inventeurs de son temps, ne voulût pas admettre l'expression *chaleur latente*. Il préféra parler de la production (*generation*) de la chaleur lorsque la vapeur se condense. C'est là une expression qui ne s'accorde pas avec la notion que la chaleur est une matière. Il objecta au terme employé par Black que ce terme se rapporte « à une hypothèse reposant sur la « supposition que la chaleur des corps est due à ce qu'ils « contiennent une quantité plus ou moins grande d'une « substance appelée la matière de la chaleur ; et, ajoute « Cavendish, comme je crois plus probable cette opinion « de Sir Isaac Newton que la chaleur consiste dans le mou-« vement intérieur des particules des corps, je préfère em-« ployer l'expression : la chaleur est engendrée ».

Nous n'aurons pas à redouter de tomber dans une erreur quelconque si nous considérons l'expression *chaleur latente* comme ne signifiant ni plus ni moins que ceci :

Définition. — *La chaleur latente est la quantité de chaleur qui doit être communiquée à un corps à un état donné, pour le faire passer à un autre état sans changer sa température.*

Nous reconnaissons par là ce fait que, quand la chaleur est appliquée à un corps, elle peut agir de deux manières : soit en changeant son état, soit en élevant sa température

---

(1) Connotation : sens général attaché au mot. — C'est un terme employé par J. Stuart Mill. — *Trad.*

(2) Maxwell vient en effet d'exposer que ce sont les découvertes chimiques qui ont consolidé la notion de la chaleur considérée comme substance. — *Trad.*

et que, dans certains cas, elle peut agir en changeant l'état du corps sans changer sa température.

Les cas les plus importants dans lesquels la chaleur agit ainsi sont les suivants :

1° — Le changement des corps solides en liquides. — C'est la fonte, fusion ou liquéfaction. Dans le phénomène inverse de congélation ou solidification, il se dégage une égale quantité de chaleur.

2° — Le changement des liquides (ou solides) en gaz. — C'est le phénomène d'évaporation, et le phénomène inverse est appelé condensation.

3° — Quand un gaz se dilate, la température ne reste constante, que si on lui communique de la chaleur. — Et celle-ci, rationnellement définie, peut recevoir le nom de chaleur latente d'expansion.

4° — Il y a beaucoup de changements chimiques accompagnés de production ou de disparition de chaleur.

Dans tous les cas précédents, la quantité de chaleur qu'absorbe ou qu'abandonne le corps peut être mesurée, et pour exprimer le résultat de cette opération sous une forme convenable, nous pouvons employer l'expression : chaleur latente nécessaire pour effectuer un changement donné dans le corps.

Nous devons soigneusement nous rappeler que tout ce que nous savons sur la chaleur n'est pas autre chose que ce qui se passe quand elle se transmet d'un corps à un autre. Nous ne devons pas supposer que la chaleur, après avoir été absorbée par une substance, existe sous la forme de chaleur dans cette substance. Que nous n'ayons aucun droit de faire une telle supposition, cela sera prouvé amplement quand nous démontrerons que la chaleur peut être transformée en *quelque chose* qui n'est pas la chaleur, aussi bien qu'elle peut être engendrée par ce *quelque chose*.

La méthode de Regnault, qui consiste à faire passer par
le calorimètre de grandes quantités de chaleur, sera décrite en traitant des propriétés des gaz. La méthode du
Refroidissement sera examinée dans le chapitre sur le
Rayonnement.

CHAPITRE IV.

PRINCIPES ÉLÉMENTAIRES DE DYNAMIQUE.

Dans la première partie de ce traité, nous nous sommes borné à expliquer les méthodes de mesure des températures des corps, c'est-à-dire la thermométrie, et les méthodes de mesure des quantités de chaleur absorbées ou dégagées par un corps, c'est-à-dire la calorimétrie. Ces deux parties de la science forment le fondement de l'étude des phénomènes calorifiques ; mais nous ne pouvons procéder à cette étude complètement sans avoir recours aux notions étudiées en mécanique, parce que la chaleur et la force mécanique peuvent agir à la fois sur le même corps, et que le résultat total dépend de ces deux actions. Je me propose, par conséquent, de rappeler à la mémoire du lecteur quelques-uns des principes de Dynamique qu'il est indispensable de connaître avant d'aborder l'étude de la science de la chaleur, principes qui interviennent forcément quand on passe de l'étude de phénomènes d'ordre purement thermiques, tels que ceux que nous avons considérés jusqu'à présent, à l'étude des phénomènes impliquant des pressions et des dilatations. Ces principes permettront au lecteur de procéder à l'étude de la thermodynamique pure, dans laquelle on déduit de principes purement dynamiques les relations des phénomènes thermiques entr'eux.

L'étape la plus importante dans le progrès de chaque science, est la mesure des quantités. Ceux dont la curiosité est satisfaite par l'observation pure et simple de ce qui se produit, ont parfois rendu service en. dirigeant l'attention des autres sur les phénomènes qu'eux-mêmes avaient vus ; mais nous devons les plus grands progrès dans nos connaissances à ceux qui essayent de trouver les lois numériques des phénomènes.

Ainsi dans chaque science, il y a un instrument de précision, qui peut servir de symbole matériel à cette science ; chaque science doit ses progrès à l'instrument qui permet aux observateurs de chiffrer les résultats auxquels ils sont conduits. En astronomie, il y a le cercle divisé, en chimie la balance, dans la science de la chaleur, le thermomètre, tandis que le système entier de la vie civilisée peut être convenablement symbolisé par un mètre, une série de poids, et une horloge. Il convient donc de présenter quelques observations préliminaires sur la mesure des quantités.

Chaque quantité s'exprime par une expression composée de deux éléments, l'un étant le nom d'un nombre, et l'autre le nom d'une chose de la même espèce que la quantité à mesurer, mais ayant une certaine grandeur prise comme terme de comparaison ; c'est l'unité.

C'est ainsi que nous parlons de deux jours, de quarante huit heures.

Chacune de ces expressions comprend une partie numérique et une partie dénominative, la partie numérique étant un nombre, entier ou fractionnaire, et la partie dénominative étant le nom d'une chose, qui doit être prise autant de fois que le nombre l'indique.

Si la partie numérique est le nombre *un*, alors la quantité est la quantité même qui sert de comparaison ; c'est le cas quand nous parlons d'une livre, d'un centimètre, ou d'un jour. Une quantité dont la partie numérique est le nombre un (*unity*) est appelée une unité (*unit*) (1). Quand la partie numérique est quelque autre nombre, on dit que la quantité est rapportée à cette quantité dénotée par le nombre *un* et qui est appelée l'unité.

Dans tous les cas l'unité est de même espèce que la quantité qui s'exprime au moyen de ladite unité.

Dans beaucoup de cas, on emploie plusieurs unités de la même espèce, telles que kilomètre, mètre, décimètre, et centimètre parmi les mesures de longueur ; mètre cube, litre, centimètre cube, parmi les mesures de capacité ; il y a en outre les variétés innombrables d'unités adoptées par les différentes nations, par les différentes provinces et dans les différents métiers d'une même nation.

Quand une quantité rapportée à une unité, doit être rapportée à une autre unité, il faut rechercher combien de fois la seconde unité est contenue dans la première, et multiplier ce nombre de fois par le nombre donné.

Ainsi la partie numérique de l'expression de la même quantité varie en raison inverse de l'unité à laquelle elle est rapportée, comme dans l'exemple cité plus haut : deux jours et quarante-huit heures ; ces deux expressions signifient la même chose.

Il y a beaucoup de quantités qui peuvent être définies à l'aide de quantités d'une autre espèce. Procéder ainsi, c'est faire usage d'unités dérivées. Par exemple, aussitôt que nous avons fixé l'unité de longueur, nous pouvons définir, grâce à cette unité, non seulement les longueurs mais

(1) *Unit* en anglais est le terme concret, *unity* est le terme abstrait. *Trad.*

aussi l'aire d'une surface quelconque et le contenu d'un volume. Dans ce but, si le mètre est l'unité de longueur, nous construisons (Euclide, livre I, prop. 46) un carré dont le côté est égal à un mètre, et nous exprimons toutes les aires à l'aide de ce mètre carré. En construisant un cube dont l'arête est égale à un mètre, nous avons défini le mètre cube comme mesure de capacité.

Nous exprimons aussi la vitesse en kilomètres à l'heure, ou en mètres à la seconde, etc.

En fait, toutes les quantités qui nous intéressent, dans la dynamique, peuvent être exprimées à l'aide d'unités dérivées des trois unités fondamentales, la longueur, la masse et le temps.

ÉTALON DE LONGUEUR.

Il est si important pour les hommes, de bien déterminer ces trois unités, que c'est l'Etat lui-même qui s'est chargé de cette détermination au moyen d'étalons matériels, conservés avec le plus grand soin. Par exemple, en Angleterre, il a été érigé en loi par le Parlement (1) que « le yard-« étalon authentique, serait, à une température de 62º Fahr. « la ligne droite ou distance entre les points milieux de « deux lignes transversales tracées sur deux chevilles d'or « fixées dans une barre en bronze, celle-ci étant déposée « au ministère des finances et en cas de perte devant être « refaite au moyen de ses copies ».

Les copies officielles auxquelles il est fait allusion ici sont celles conservées à la Monnaie Royale, à la Société

(1) 18 et 19 Vict. c. 72, 30 juillet 1855.

Royale de Londres, à l'Observatoire Royal de Greenwich, et au Nouveau Palais, à Westminster. D'autres copies ont été faites avec le plus grand soin, et toutes les mesures de longueur doivent être comparées avec celles-ci.

La longueur de l'étalon parlementaire a été choisie de manière à être égale, aussi exactement que possible, à celle des meilleurs yards-étalons autrefois en usage en Angleterre.

L'État a par conséquent cherché à maintenir l'étalon avec sa longueur primitive, et en vertu de son autorité, il a déterminé la grandeur actuelle de cet étalon avec toute la précision dont la science moderne est capable.

Le mètre dérive son autorité, commé longueur étalon, d'une loi de la République française de 1795.

Il est déterminé par la distance entre les extrémités d'une verge de platine, faite par Borda, la verge étant à la température de la glace fondante. Cette distance a été adoptée sans rapport avec l'une quelconque des anciennes mesures usitées en France. Le mètre a été projeté à titre de mesure universelle et non pas nationale, et il a été tiré des mesures faites par Delambre et Méchain pour établir la grandeur de la terre. La distance du pôle à l'équateur, mesuré sur la surface terrestre est à peu de chose près égale à dix millions de mètres. Si, néanmoins, par les progrès de la géodésie, on obtenait plus tard un résultat différent de celui de Delambre, le mètre ne serait pas modifié, mais on exprimerait en mètres le nouveau résultat. L'étalon officiel de la longueur, n'est donc pas basé sur le globe terrestre, mais sur la verge de platine de Borda, qui est certainement plus susceptible d'un mesurage exact.

(1) Mètre conforme à la loi du 18 germinal, an III. Présenté le messidor, an VII.

La valeur du système des mesures françaises ne dépend pas tant de la grandeur absolue des unités adoptées que du fait que toutes les unités de même nature sont liées entr'elles par un système décimal de multiplication et de division. Aussi ce système, sous le nom de système métrique, prend beaucoup d'extension et l'on y a recours même dans des contrées où l'ancien système national de de mesure avait été soigneusement défini.

Le mètre est égal à 39 pouces anglais, 37043.

UNITÉ DE MASSE.

Conformément à l'acte cité plus haut, un poids de platine, marqué : « P. S. 1844, 1 lb. » et déposé au Bureau de l'Echiquier (Ministère des finances) « sera la mesure de poids « légale et authentique, et sera dénommé la livre étalon « impériale avoirdupois et sera tenue pour la seule « unité de mesure des poids devant servir à déterminer, « évaluer et vérifier tous les autres poids et autres mesures « se rattachant au poids, et un grain sera égal à la 7000e « partie d'une telle livre avoir du pois, et 5760 grains « feront une livre troy. Si à une époque postérieure quel- « conque la dite livre étalon impériale avoirdupois (*Im- « perial-Standard Pound Avoirdupois*) est perdue, ou d'une « manière quelconque, détruite, mutilée, ou autrement en- « dommagée, les membres de la commission des finances « de Sa Majesté (*Commissioners of Her Majesty's Treasury*) « pourront refaire l'étalon en prenant pour base ou adop- « tant l'une quelconque des copies déjà mentionnées, ou cel- « les d'entr'elles qui pourront rester utilisables pour ce « dessein ».

La construction de cet étalon a été confiée au professeur W. H. Miller qui a donné un compte rendu des méthodes employées, dans un mémoire (1) qui peut être cité comme un modèle de précision scientifique.

L'étalon français pour la masse est le kilogramme des archives, fait de platine par Borda, et devant représenter la masse d'un décimètre cube d'eau distillée à la température de 4°.

La détermination réelle de la densité de l'eau est une opération qui demande un grand soin; les différences entre les résultats obtenus par les observateurs les plus habiles, quoique faibles, sont mille fois plus grandes que les différences des résultats d'une comparaison d'étalons, comparaison faite au moyen de pesées. Les différences des valeurs de la densité de l'eau, trouvées par des observateurs soigneux, atteignent jusqu'à la millième partie de la valeur totale tandis que la méthode employée dans les pesées n'admet par une erreur suppérieure à 1/5.000.000.

Ainsi donc les unités françaises, bien que destinées primitivement à représenter certaines quantités naturelles, ne peuvent être considérées maintenant que comme des unités arbitraires, dont les copies doivent être obtenues par voie de comparaison directe. Le système français, ou système métrique, a l'avantage d'une application uniforme de la subdivision décimale. Il est aussi commode, en beaucoup de cas, de se rappeler qu'un mètre cube d'eau pèse une tonne, un décimètre cube, un kilogramme, un centimètre cube un gramme, et un millimètre cube, un milligramme, l'eau étant à son maximum de densité, ou environ à 4°.

En 1826, l'unité anglaise de masse a été définie en disant qu'un pouce cube d'eau à 62° F. contient 252.458 grains. Bien que ce ne soit plus une définition légale, nous

(1) *Phil. Trans.* 1856, p. 753.

pouvons admettre approximativement, que le pouce cube d'eau pèse *environ* 252.5 grains, qu'un pied cube *environ* pèse 1000 onces avoirdupois, et qu'un mètre cube pèse *environ* trois quarts de tonne. Parmi ces estimations. la seconde est la plus éloignée de l'exactitude.

Le professeur Miller a comparé les unités françaises et anglaises, et trouvée que le kilogramme des Archives est égal à 15432.34874 grains.

D'après ces définitions légales, on voit que ce qui est généralement appelé un étalon de poids, est une certaine pièce de platine, c'est-à-dire un corps particulier et la quantité de matière qu'il contient est une livre ou un kilogramme, ainsi défini par l'Etat.

Le poids proprement dit, c'est-à-dire la tendance d'un corps à se mouvoir vers le bas, n'est pas invariable, car il dépend de la région où se trouve le corps. Le poids est plus grand aux pôles qu'à l'équateur et plus grand au niveau de la mer qu'au sommet d'une montagne.

Ce qui est réellement invariable, c'est la quantité de matière du corps, ou ce qui est appelé, en langage scientifique, la masse du corps. Même dans les opérations commerciales, ce que l'on cherche à connaître en pesant les marchandises, c'est la quantité de matière, et non pas la force qui sollicite le corps à tomber.

En fait, les seuls cas de la vie ordinaire où il soit utile de connaître les poids considéré comme force, se présentent quand nous cherchons à évaluer la force nécessaire pour enlever ou transporter certains corps ou quand nous avons à édifier une construction devant supporter certaines charges. Dans tous les autres cas le mot poids, doit être pris dans le sens de « *quantité de matière mesurée par une pesée, faite avec les poids étalons ;* ».

Il existe sur ce sujet, une grande confusion dans le langage ordinaire, et une confusion encore plus grande s'est introduite en mécanique où l'on définit le poids par une certaine force, au lieu de le définir, comme nous l'avons expliqué, par un certain corps de platine, ou de toute autre espèce de substance de masse égale à celle du corps en platine. Aussi ai-je pensé qu'il valait la peine de consacrer quelques pages à définir exactement ce que signifient les expressions : livre et kilogramme.

UNITÉ DE TEMPS

Toutes les nations ont emprunté leur mesure du temps au mouvement des corps célestes. Le mouvement de rotation de la terre autour de son axe est sensiblement uniforme ; aussi les astronomes emploient sous le nom de *temps sidéral*, le système de mesure du temps dans lequel un jour est égal à la durée de la révolution de la terre autour de son axe, ou plus exactement à l'intervalle entre deux passages successifs au méridien de la première étoile du Bélier.

Le temps solaire est basé sur les indications du cadran solaire et n'est pas uniforme. On appelle temps solaire moyen une mesure uniforme de temps qui concorde avec la durée annuelle de la révolution de la terre autour du soleil ; c'est ce temps qu'indique une horloge exacte. Un jour solaire est plus long qu'un jour sidéral. Dans toutes les recherches physiques on emploie le temps solaire moyen, et l'on prend généralement la seconde pour unité de temps. Ceux-là seulement qui se sont rendus maîtres des méthodes de raisonnements de la mécanique peuvent bien comprendre quel est le fondement de l'égalité de deux durées. Je me bornerai ici à rappeler que la comparaison, par exemple, de la longueur d'un jour actuel avec la longueur d'un jour, il y a trois mille ans, nécessite un étude qui a réellement un objet, et que la durée relative de ces deux jours peut être déterminée à une petite fraction de seconde près. Cela montre que le temps, bien que nous le considérions comme la succession de nos états de conscience, est susceptible de mesure indépendamment, non-seulement de nos états mentaux, mais aussi d'un phénomène particulier quelconque.

DES MESURES FONDÉES SUR LES TROIS UNITÉS FONDAMENTALES

Dans la mesure des quantités d'une nature différente de celle des trois unités fondamentales, nous pouvons, soit adopter une nouvelle unité indépendante pour chaque nouvelle quantité, soit essayer de définir une unité de nature convenable basée sur les unités fondamentales. Dans le dernier cas, c'est employer, comme l'on dit, un système d'unités. Par exemple si nous avons adopté le pied comme unité de longueur, l'unité systématique de capacité est le pied cube.

Le *gallon* qui est une mesure légale en Angleterre, n'est pas une mesure systématique, car il contient le nombre incommode de 277, 274 pieds cubes. Le gallon d'ailleurs n'est pas défini par la mesure directe de son volume, mais par la condition qu'il contienne dix livres d'eau à 62° Fahr.

DÉFINITION DE LA DENSITÉ. — *La densité d'un corps est mesurée par le nombre d'unité de masse dans l'unité de volume de la substance.*

Par exemple si le pied et la livre sont pris comme unités

fondamentales, la densité est le nombre de livres contenues dans un pied cube. La densité de l'eau est environ 62.5 livres au pied cube. Dans le système métrique, elle est d'une d'une tonne par mètre cube, d'un kilogramme par litre, d'un gramme par centimètre cube, et d'un milligramme par millimètre cube.

Nous aurons quelquefois à employer le mot *raréfaction* (rarity) pour signifier l'inverse de la densité, c'est-à-dire le volume de l'unité de masse d'une substance (1).

DÉFINITION DU POIDS SPÉCIFIQUE. — *Le poids spécifique d'un corps est le rapport de sa densité à celle de quelque substance, généralement l'eau, prise comme terme de comparaison.*

Puisque le poids spécifique d'un corps est le rapport de de deux quatités de même nature, c'est une quantité numérique, et sa valeur reste la même quelles que soient les unités particulières employées. Ainsi, quand nous disons que le poids spécifique du mercure est d'environ 13.5, nous voulons dire que le mercure est environ treize fois et demie plus lourd qu'un égal volume d'eau, et ce fait est indépendant de la manière dont nous mesurons la masse ou le volume des deux liquides.

DÉFINITION DE LA VITESSE UNIFORME. — *La vitesse d'un corps animé d'un mouvement uniforme, est mesurée par le nombre d'unités de longueur parcourues dans l'unité de temps.*

Aussi nous parlons d'une vitesse de tant de pieds ou de tant de mètres à la seconde.

DÉFINITION DU MOMENT. — *Le moment (2) d'un corps est mesuré par le produit de la vitesse du corps par le nombre d'unités de masse de ce corps.*

DÉFINITION DE LA FORCE. — *La force est tout ce qui change*

---

(1) Mot peu usité en français dans ce sens. — *Trad.*

(2) Le moment est aussi appelé: quantité de mouvement. — *Trad.*

où tend à changer le mouvement d'un corps en modifiant soit sa direction soit sa vitesse ; et une force agissant sur un corps est mesurée par le moment qu'elle produit (1), suivant sa propre direction, dans l'unité de temps.

L'unité de force est la force qui, agissant sur l'unité de masse pendant l'unité de temps, lui communiquerait une vitesse égale à l'unité.

Le professeur James Thomson a proposé d'employer le mot *poundal* (1) pour désigner l'unité de force anglaise. C'est la force qui, si elle agissait pendant une seconde sur une masse d'une livre lui communiquerait une vitesse d'un pied par seconde.

Dans le système du centimètre-gramme-seconde, adopté par la commission des unités de l'Association Britannique, l'unité de force est le dyne. Un dyne agissant pendant une seconde sur une masse d'un gramme lui communiquerait une vitesse d'un centimètre par seconde.

La force de la pesanteur à Londres, agissant sur un corps quelconque pendant une seconde, lui communiquerait une vitesse de 32.1889 pieds par seconde. Par conséquent le poids d'une livre à Londres est égal à 32.1889 poundals.

A Paris, la vitesse de chute d'un corps, au bout d'une seconde, est de 980.868 centimètres par seconde. Par conséquent le poids d'un gramme à Paris est égal à 980.868 dynes.

Il est si commode, surtout quand toutes nos expériences sont faites au même lieu, d'exprimer les forces en poids d'une livre ou d'un gramme, que dans toutes les contrées les premières mesures des forces furent faites de cette

---

(1) C'est-à-dire par l'accroissement du moment, dans l'unité de de temps, $m \cdot \dfrac{dv}{dt}$. — *Trad.*

(2) Adjectif dérivé de *pound*, livre — *Trad.*

manière, et qu'une force fut définie comme la force exercée par tant de livres, ou tant de grammes. C'est seulement lorsqu'il fallut comparer les mesures faites en différents points de la terre que l'on découvrit que le poids d'une livre ou d'un gramme diffère dans les différents lieux et dépend de l'intensité de la pesanteur, ou attraction de la terre ; de telle sorte que pour obtenir des mesures comparables, toutes les forces doivent être ramenées à une mesure absolue, ou dynamique, telle que celle qui vient d'être exposée. Nous distinguerons les mesures des forces basées sur la considération des poids sous le nom de mesures évaluées en poids (*gravitation measures*). Pour réduire en mesures absolues les forces exprimées en poids, il faut multiplier le nombre indiquant la force en poids par l'intensité de la pesanteur exprimée en mesure absolue. La valeur de l'intensité de la pesanteur est un nombre très important dans tous les calculs de la science et on la représente généralement par la lettre g. Le nombre g peut être défini de plusieurs manières différentes mais équivalentes, savoir :

g *est un nombre exprimant la vitesse de chute acquise par un corps dans l'unité de temps* (1).

g *est un nombre exprimant le double de la longueur de chute d'un corps dans l'unité de temps.*

g *est un nombre exprimant le poids de l'unité de masse en mesure absolue.*

On détermine généralement la valeur de g en un lieu quelconque au moyen du pendule. Ces expériences sont très délicates, et leur description est en dehors du sujet de ce livre. Dans l'état actuel de nos connaissance la valeur de g s'obtient au moyen de la formule suivante :

(1) Le nombre g est *l'accélération* due à la pesanteur, c'est-à-dire l'accroissement de vitesse dans l'unité de temps. — *Trad.*

$$g = G\,(1) - 0.0025659\cos 2\lambda)\left\{1 - \left(2 - \frac{3}{2}\frac{\rho'}{\rho}\right)\frac{z}{r}\right\}$$

Dans cette formule G est l'intensité de la pesanteur au niveau moyen de la mer, sous la latitude de 45° : G = 32.1703 poundals à la livre, ou 9.80533 dynes au gramme.

λ est la latitude du lieu. La formule montre que la pesanteur au niveau de la mer augmente de l'équateur aux pôles.

Le dernier facteur de la formule exprime, d'après les calculs de Poisson (1) l'effet de la hauteur du lieu au-dessus du niveau de la mer, d'où résulte une diminution de la pesanteur. Le symbole ρ représente la densité moyenne de toute la terre, qui est probablement d'environ 5 fois 1/2 celle de l'eau. ρ' représente la densité moyenne du sol, sous le lieu de l'observation, densité qui peut être évaluée à environ 2 fois 1/2 celle de l'eau, de telle sorte que nous pouvons écrire.

$$2 - \frac{3}{2}\frac{\rho'}{\rho} = 1.32 \text{ sensiblement}$$

z est la hauteur du lieu au-dessus du niveau de la mer, en pieds ou mètres, et r est le rayon de la terre :

$$r = 20.886.852 \text{ pieds ou } 6.366.198 \text{ mètres}$$

Il est suffisant de se rappeler, pour les usages ordinaires, que, en Angleterre l'intensité de la pesanteur est d'environ 32.2 poundals à la livre, et en France de 980 dynes au gramme.

Dans toutes les mesures précitées nous avons à tenir compte de la variation de l'intensité de la pesanteur en différents lieux, parce que la valeur absolue d'une force quelconque, telle que la pression de l'air d'une densité et à une température données, ne dépend que des propriétés

(1) *Traité de mécanique*, t. II, p. 659.

de l'air et non pas de l'intensité de la pesanteur au lieu de l'observation. Si par exemple cette pression a été mesurée en poids, c'est-à-dire en kilogrammes au centimètre carré, ou en centimètres de hauteur mercurielle, ou de n'importe quelle manière impliquant comme base le poids de quelque substance, les résultats ainsi obtenus seront exacts tant que la force de la pesanteur ne variera pas, mais ils cesseront d'être exacts, sauf correction, à un lieu ayant une latitude différente de celle du lieu de l'observation. De là l'usage de réduire toutes les mesures de force à une mesure absolue.

Dans les siècles d'ignorance, avant l'invention des moyens propres à diminuer le frottement, le poids des corps formait le principal obstacle à leur mise en mouvement. Ce fut seulement après avoir fait quelques progrès dans l'art de lancer les projectiles, et dans la construction des charriots et des bateaux que l'esprit des hommes a pu concevoir l'idée de masse, en tant que distincte de l'idée de poids. En conséquence, tandis que presque tous les métaphysiciens qui se sont occupés des qualités de la matière ont assigné une place prédominante au poids parmi les qualités primaires (1), un très petit nombre d'entr'eux, si tant est qu'il y en eut, sont parvenus à comprendre que la seule propriété constante de la matière est sa *masse*.

Lors du réveil de la science, cette propriété fut désignée sous le nom « *d'inertie de la matière* », mais pendant que les hommes de science comprirent par cette expression la tendance d'un corps à conserver son état de mouvement (ou de repos) et la considérèrent comme une *quantité mesurable*, les philosophes dépourvus de connaissances scienti-

(1) Primaire n'est pas pris ici dans le sens philosophique exact du mot. Le poids ou la masse sont des attributs secondo-primaires impliquant une action du sujet et une réaction de l'objet. — *Trad.*

fiques s'attachèrent seulement au sens littéral du mot inertie, et la considérèrent comme une qualité — un simple
manque d'activité, ou paresse.

Même encore maintenant, ceux qui ne se sont pas rendus familiers par la pratique, le mouvement des grosses
masses dépourvues de liaisons, bien qu'ils admettent la
vérité des principes de mécanique, n'ont cependant guère
de répugnance à accepter la théorie connue sous le nom de
théorie de Boscovich — à savoir que les substances sont
composées d'un système de points, simples centres de forces
d'attraction, s'attirant ou se repoussant les uns les autres.
Il est probable que cette supposition peut rendre compte
de la plupart des qualités des corps, mais aucun arrangement de centres de force, quelque compliqué qu'il soit, ne
peut expliquer ce fait qu'un corps doit être soumis à l'action d'une certaine force pour éprouver un changement
dans son état de mouvement, fait que nous exprimons en
disant que le corps a une certaine masse mesurable. Aucune partie de cette masse ne peut être due évidemment à
l'existence de centres de forces supposés.

Je recommande donc au lecteur de bien s'imprimer dans
l'esprit l'idée de masse, en faisant quelques expériences
telles que celles de mettre en mouvement une meule ou une
roue bien équilibrée, puis d'essayer d'arrêter le mouvement,
de faire tourner un long bâton, etc. C'est le meilleur moyen
d'associer une série d'actes et de sensations avec les principes scientifiques de la mécanique. Le lecteur ne sera jamais ensuite exposé à perdre les idées qu'il aura acquises
sur ce sujet. Il devra lire aussi l'essai de Faraday sur l'I-
nertie mentale (1) ce qui lui fera bien saisir l'usage méta-
phorique de cette expression pour signifier non pas la
paresse, mais l'habitude.

(1) *Life*, by Dr. Bence Jones, vol. I, p. 268,

DU TRAVAIL ET DE L'ÉNERGIE.

Un travail est produit quand une résistance est vaincue et la quantité de travail accompli est mesurée par le produit de la force de résistance par la distance sur laquelle cette force est vaincue.

Ainsi, lorsqu'on élève un poids d'un kilogramme à un mètre de hauteur, en agissant contre la force de la pesanteur, on effectue une certaine quantité de travail, et cette quantité est désignée par les ingénieurs et mécaniciens sous le nom de kilogrammètre.

Pour élever de dix mètres un corps dont la masse est de vingt kilogrammes, on peut élever chaque kilogramme du corps d'un mètre, puis d'un autre mètre, et ainsi de suite jusqu'à ce que ce kilogramme ait été élevé de dix mètres. Puis on fait de même avec chacun des kilogrammes restants, de telle sorte que en élevant de dix mètres un poids de vingt kilogrammes on effectue deux cent fois une quantité de travail d'un kilogrammètre. Ainsi l'on obtient le travail effectué par un corps en multipliant le poids du corps par la hauteur en mètre. Le résultat est le travail en kilogrammètres (1).

Le kilogrammètre est une mesure exprimée en poids et dépend de l'intensité de la pesanteur au lieu de l'observation. Pour la réduire en mesure absolue, il faut multiplier le nombre de kilogrammètres par l'intensité de la pesanteur.

---

(1) A proprement parler, il n'y a pas là de démonstration mais une simple définition explicative, associée avec une idée de la fatigue musculaire que l'on éprouverait si l'on procédait aux opérations décrites par l'auteur.— *Trad.*   8

Le travail effectué en soulevant un corps pesant est accompli contre l'attraction terrestre. On effectue aussi du travail quand l'on sépare deux aimants qui s'attirent l'un l'autre, quand on tend une corde élastique, quand on comprime l'air, et en général quand on applique une force à quelque chose qui se déplace dans la direction de la force.

Il y a un cas important à considérer ; c'est celui où l'effet de la force sur un corps déjà en mouvement, est de changer la vitesse de ce corps.

Supposons qu'un corps dont la masse est M (M kilogrammes, ou M grammes), se meuve dans une certaine direction avec une vitesse que nous désignerons par v : supposons en outre qu'une force F agisse sur ce corps, dans la direction de son mouvement. Considérons maintenant l'effet de cette force sur le corps pendant un temps très petit T, durant lequel le corps se déplace de la longueur s, et à la fin duquel sa vitesse est v'.

Pour établir l'intensité de la force F, considérons le moment qu'elle produit dans le corps et le temps pendant lequel ce moment est produit.

Le moment au commencement était Mv, et à la fin il est Mv', de telle sorte que le moment produit par la force F agissant pendant le temps T est égal à Mv' — Mv.

Mais puisque ces forces sont mesurées par le moment produit dans l'unité de temps, le moment produit par F dans l'unité de temps est F, et le moment produit par F dans T unités de temps est FT. On a donc.

$$FT = M (v' - v)$$

C'est une des formes de l'équation fondamentale de la mécanique (1). Si nous définissons l'impulsion d'une force

_____

(1) Cette équation exprime la loi ou induction fondamentale de la mécanique. Cette loi reçoit un énoncé différent, suivant que l'on

par la valeur moyenne de la force multipliée par le temps pendant lequel elle agit, l'équation peut être exprimée verbalement en disant que l'impulsion d'une force est égale au moment que produit la force.

Il nous faut maintenant calculer s, l'espace parcouru par le corps pendant le temps T. Si la vitesse était uniforme, l'espace parcouru serait égal au produit du temps par la vitesse. Quand la vitesse n'est pas uniforme, le temps doit être multiplié par la vitesse moyenne, si l'on veut obtenir l'espace parcouru. Dans les deux cas où l'on fait intervenir soit la vitesse moyenne, soit la force moyenne, on suppose le temps divisé en un certain nombre de parties égales, et l'on prend la moyenne des forces ou vitesses correspondant à chacune des périodes de temps ainsi déterminées. Dans le cas actuel, la durée considérée est si faible, que le changement de vitesse est également très faible, et la vitesse moyenne peut être prise égale à la moyenne arithmétique des vitesses initiales et finales, ou $\frac{1}{2}(v+v')$.

On a, par suite :

$$s = \frac{1}{2}(v+v')\,T$$

définit la force par la masse ou la masse par la force. Dans le premier cas, la loi s'énonce ainsi : Pour que deux corps (tendant à prendre un certain mouvement dans des directions opposées) se fassent équilibre, il faut que leurs masses soient dans le rapport inverse de leurs accélérations. Dans le second cas, on dira : dans un même corps le rapport de la force à l'accélération produite est constant (loi qu'il ne faut pas confondre avec celle de l'indépendance des forces en tant que causes de mouvement).

L'équation citée dans le texte n'est exacte que pour un mouvement uniformément varié. Pour un mouvement quelconque, on doit la mettre sous la forme $F = mg$ ou $FdT = mdv$ — *Trad.*

Cette équation peut être considérée comme une formule de cinématique, puisqu'elle ne dépend que de la nature du mouvement, et non de la nature du corps en mouvement (1).

En multipliant membre à membre les deux équations, il vient :

$$FTs = \frac{1}{2} M (v'^2 - v^2) T$$

Et si nous divisons par T nous avons

$$Fs = \frac{1}{2} Mv'^2 - \frac{1}{2} Mv^2.$$

Or Fs est le travail effectué par la force F agissant sur le corps pendant qu'il parcourt l'espace s, dans la direction de la force F. Si nous désignons sous le nom *d'énergie cinétique du corps* la masse du corps multipliée par la moitié du carré de sa vitesse, soit $\frac{1}{2} Mv^2$, l'énergie cinétique du corps après l'effet produit par la force F, pendant le parcours s sera égale à $\frac{1}{2} Mv'^2$.

L'équation peut donc être traduite verbalement en disant que le travail effectué par la force F en mettant le corps en mouvement est mesuré par l'accroissement d'énergie pendant le temps que la force agit.

Nous avons prouvé que cela est vrai quand l'intervalle de temps pendant lequel la force agit est si faible, que nous pouvons considérer la vitesse moyenne, pendant ce temps comme égale à la moyenne arithmétique des vitesses initiales et finales. Cette proposition qui est absolument

(1) *Cinématique*, science du mouvement, abstraction faite de la masse des corps — *Mécanique, statique et dynamique*, science du mouvement, en tenant compte de la masse des corps, c'est-à-dire des phénomènes d'équilibre — *Trad*.

exacte quand la force est constante, n'est vraie qu'approximativement dans tous les cas, si le temps considéré est suffisamment faible.

Divisons la durée totale pendant laquelle la force agit, en petites parties. Pendant chacune de ces courtes périodes le travail affectué par la force est égal à l'accroissement d'énergie cinétique du corps. Ajoutons les différents travaux partiels et les différents accroissements partiels d'énergie. — Nous arriverons alors à ce résultat que le travail total fait par la force est égal à l'accroissement total de l'énergie cinétique (1).

Si la force agit sur le corps dans une direction opposée à celle du mouvement, l'énergie cinétique du corps diminuera au lieu d'augmenter ; la force au lieu d'effectuer du travail sur le corps sera une résistance que le corps surmonte dans son mouvement. Ainsi un corps peut effectuer du travail en surmontant une résistance, aussi longtemps

(1) Si les formules citées dans le texte sont exactes pour un mouvement uniformément varié, elles ne le sont pas pour un mouvement varié quelconque.

Toutes les fois que les relations qui lient deux quantités continues n'a pas une forme linéaire, il est impossible de donner des formules exactes sans s'appuyer sur les considérations de limites, c'est-à-dire sur les principes du calcul infinitésimal, ce qui conduit à faire usage des quelques symboles élémentaires employés dans ce calcul.

Les équations du texte, mises sous une forme exacte, sont les suivantes :

$$FdT = Mdv$$
$$ds = vdT$$
$$Fds = vdv$$
$$\int_0^s Fds = \frac{1}{2}(Mv'^2 - Mv^2)$$

Cette dernière formule repose uniquement sur l'induction fondamentale signalée dans la note précédente. — *Trad.*

qu'il est en mouvement, et le travail effectué par le corps en mouvement est égal à la diminution de son énergie cinétique, jusqu'à ce que le corps soit amené à l'état de repos. Le travail total qu'il a alors effectué est égal à l'énergie cinétique totale qu'il possédait au début.

Nous saisissons maintenant l'origine de l'expression *énergie cinétique*, que nous avons jusqu'alors employée pour désigner simplement le produit $\frac{1}{2}Mv^2$. Car l'énergie d'un corps peut être définie comme sa capacité d'effectuer du travail et est mesurée par le travail que ce corps peut effectuer. L'énergie cinétique d'un corps est l'énergie qu'il tient de son état de *mouvement* et nous avons justement montré qu'on obtient sa valeur en multipliant la masse du corps par la moitié du carré de la vitesse.

Nous avons, pour plus de simplicité, supposé dans nos recherches, que la force agit dans la direction du mouvement. Pour traiter la question dans toute sa généralité, nous n'avons qu'à décomposer la force totale en deux forces partielles, l'une dans la direction du mouvement, et l'autre à angle droit, et à observer que la force à angle droit sur la direction du mouvement ne peut, ni effectuer du travail sur le corps, ni changer la vitesse et par conséquent l'énergie cinétique; l'effet total, soit en travail, soit en changement d'énergie cinétique, ne dépend donc que de la force composante agissant dans la direction du mouvement.

Le lecteur qui n'est pas familier avec ce sujet devra se reporter à quelque traité de mécanique et comparer les considérations qui y sont exposées avec l'ébauche de raisonnement que nous venons d'esquisser. Notre objet n'est que de fixer dans l'esprit ce que signifient les expressions Travail et Energie.

Le grand intérêt qu'il y a à donner un nom à la quantité que nous appelons énergie cinétique a d'abord été reconnu par Leibnitz qui donna le nom de *force vive* au produit de la masse par le carré de la vitesse. C'est le double de l'énergie cinétique.

Newton, dans un scolie à sa troisième loi du mouvement, a établi la relation entre le travail et l'énergie sous une forme si rationnelle qu'elle ne peut être améliorée, mais en même temps avec si peu d'apparence de chercher à attirer l'attention sur ce sujet, que personne ne semble avoir été frappé de la grande importance de ce passage, jusqu'à ce qu'il fût signalé récemment par Thomson et Tait.

L'emploi du mot énergie, dans un sens scientifique, pour exprimer la quantité de travail que peut effectuer un corps a été introduit par Dr Young (*Lectures on natural Philosophy*, Lecture VIII) (1).

L'énergie d'un système de corps agissant les uns sur les autres par des forces qui dépendent de leurs positions relatives est due en partie à leur mouvement, en partie à leur position relative.

Cette partie de l'énergie due à leur mouvement a été nommée *Energie actuelle* (2) par Rankine, et *Energie cinétique* par Thomson et Tait.

La partie qui est due à leurs positions relatives dépend du travail que les diverses forces effectueraient si les corps obéissaient à l'action de ces forces. — Cette partie de l'énergie est appelée la *somme des Tensions*, par Helmholtz, dans son célèbre mémoire sur la « *conservation de la Force* ». (3).

---

(1) Leçons de physique. — *Trad.*

(2) Actuel est pris dans son sens propre, c'est-à-dire signifie effectif ou réel. — *Trad.*

(3) Berlin, 1847 — Traduit en anglais dans les « *Scientific mémoires* » de Taylor, Février 1855. *Note de l'aut.* Ce mémoire a été aussi traduit en français. — *Trad.*

Thomson l'appela *Energie statique*, et Rankine introduisit le terme d'*Energie potentielle*, nom très heureux, car il
ne signifie pas seulement l'énergie que le système, qui ne
la possède pas, a le pouvoir d'acquérir, mais il indique
aussi que cette énergie doit être déduite de ce qui est appelé (en d'autres matières) la fonction potentielle (1).

Ainsi quand un corps pesant a été élevé jusqu'à une certaine hauteur au-dessus de la surface de terre, le système
des deux corps, le corps pesant et la terre, a une énergie
potentielle égale au travail qui serait effectué si le corps
pesant tombait jusqu'au niveau de la surface de la
terre.

Si ce corps pouvait tomber librement il acquerrait de la
vitesse, et l'énergie cinétique acquise serait exactement
égale à l'énergie potentielle perdue dans le même temps.

On prouve, dans les traités de mécanique, que si, dans
un système quelconque de corps, la force qui agit entre
deux corps est dirigée suivant la ligne qui les joint, et ne
dépend que de leur distance, sans dépendre de la manière
dont ils se meuvent au même moment, et si aucune autre
force n'agit sur le système, alors la somme de l'énergie
potentielle et de l'énergie cinétique de tous les corps demeurera toujours la même.

Ce principe est appelé le principe de la conservation de
l'énergie ; il est d'une grande importance dans toutes les
branches de la science, et les récents progrès dans la
science de la chaleur, sont dus principalement à l'application de ce principe.

Nous ne pouvons pas, il est vrai, admettre sans une
preuve satisfaisante, que l'action mutuelle entre deux par-

_____

(1) Voir le mémoire de Clausius sur les fonctions potentielles, traduit par Folie. — Gauthier-Villars. *Trad.*

ties quelconques d'un corps réel doit toujours agir suivant
la ligne qui les joint, et ne dépendre que de leur distance.
Nous savons que c'est le cas quand il s'agit de l'attraction
à distance entre les corps, mais nous ne pouvons pas affirmer la même chose des forces intérieures des corps ; nous
ne connaissons rien de la constitution intérieure de ces
corps. Nous ne pouvons pas non plus affirmer que toute
l'énergie doit être ou potentielle ou cinétique, quoique
nous ne puissions pas concevoir une autre forme d'énergie.

Néanmoins l'exactitude absolue du principe a été démontrée par un raisonnement de mécanique, pour les systèmes remplissant certaines conditions ; et l'on a prouvé,
par l'expérience, que le principe est exact, dans les limites des erreurs d'observations, pour les cas où l'énergie
prend la forme de chaleur, de magnétisme, d'électricité,
etc., de telle sorte que l'énoncé suivant, s'il n'est pas établi
qu'il soit nécessairement vrai, mérite cependant d'être vérifié et poursuivi dans toutes les conclusions qu'il implique.

ÉNONCÉ GÉNÉRAL DE LA CONSERVATION DE L'ÉNERGIE :

*L'énergie totale d'un corps ou système de corps est une quan-
tité qui ne peut ni diminuer ni s'augmenter par l'action mutuelle
de ces corps, quoiqu'elle puisse se transformer en l'une quelconque des formes que l'énergie peut prendre.*

Si par l'application d'une force mécanique, de la chaleur
ou par toute autre espèce d'action, on fait passer un corps
ou système de corps par une série quelconque de changements, et que l'on fasse revenir ces corps ou ce système
de corps à son état primitif, l'énergie communiquée au système pendant le cycle des opérations doit être égale à l'é-

nergie que le système communique à d'autres corps, pendant qu'il accomplit le cycle.

Car le système est, sous tous les rapports, le même au commencement et à la fin du cycle, et en particulier, il possède la même quantité d'énergie; par conséquent, puisque aucune action interne ne peut produire ou détruire de l'énergie, la quantité qui entre dans le système doit être égale à celle qui le quitte dans la même période.

La raison qui nous fait croire que la chaleur n'est pas une substance consiste en ce que la chaleur peut être créée, de telle sorte que la quantité de chaleur peut être augmentée sans limite, et que la chaleur peut aussi être détruite, bien que cette opération, pour être réalisée, exige que certaines conditions soient remplies.

Nous sommes en outre portés à croire que la chaleur est une forme de l'énergie parce que la chaleur peut être engendrée par l'application du travail, et que pour chaque unité de chaleur engendrée, une certaine quantité d'énergie mécanique disparaît. De plus, du travail peut être effectué par l'action de la chaleur; et pour chaque unité de travail produit, une certaine quantité de chaleur est détruite.

Or quand la production d'une chose est étroitement en rapport avec la disparition d'une autre, de telle sorte que la quantité de la première chose dépend de la quantité de celle qui a disparu et peut se calculer sur cette base, nous concluons que l'une a été fournie aux dépens de l'autre, et qu'elles sont toutes deux des formes différentes d'une même chose.

C'est pourquoi nous disons que la chaleur est l'énergie sous une forme particulière. Il y a une raison pour croire que la chaleur, telle qu'elle existe dans un corps chaud, est sous la forme d'énergie cinétique, c'est-à-dire que les particules du corps chaud possèdent un mouvement réel bien qu'invisible ; cette raison sera discutée plus loin.

CHAPITRE V

MESURE DES PRESSIONS ET AUTRES FORCES INTÉRIEURES. — EFFETS QUE CES FORCES PRODUISENT

Toute force agit entre deux corps ou entre deux portions d'un corps. Si nous considérons un certain corps ou un certain système de corps, les forces qui agissent entre les corps appartenant à ce système et les corps n'appartenant pas à ce système sont dites forces extérieures. Celles qui agissent entre les différentes parties du système sont dites forces intérieures.

Si maintenant, par l'imagination, nous concevons le système divisé en deux parties, nous pouvons distinguer les forces extérieures qui agissent sur l'une des parties en deux groupes : celles qui agissent entre cette partie et les corps extérieurs au système, et celles qui agissent entre les deux parties du système. On connaît l'effet combiné de ces forces par le mouvement actuel ou l'état de repos de la partie à laquelle elles sont appliquées. Si donc nous connaissons la résultante des forces extérieures sur chaque partie, nous pouvons trouver la résultante des forces intérieures agissant entre les deux parties.

Ainsi, si nous considérons un socle supportant une statue, et si nous imaginons ce pilier subdivisé en deux parties par un plan horizontal, à une distance quelconque du sol, on peut obtenir la valeur de la force intérieure agissant entre les deux parties du pilier en ajoutant au poids de la statue le poids de la partie du pilier située au-dessus du plan de section. La partie inférieure du pilier presse sur la partie supérieure avec une force qui contrebalance exactement ce poids. Cette force est appelée une *pression*. Nous pouvons obtenir de la même manière la force intérieure agissant sur une section horizontale quelconque d'une corde qui supporte un corps pesant ; c'est une *tension* égale au poids du corps et de la partie de corde située au-dessous de la section imaginaire.

La force intérieure dans le pilier est dite *pression longitudinale* et la force intérieure dans la corde est dite *tension longitudinale*. Si cette pression ou tension est uniforme sur toute la section horizontale, on peut trouver l'intensité par centimètre carré en divisant l'intensité totale par le nombre de centimètres carrés contenus dans la section.

Les forces intérieures d'un corps sont dites *efforts* (stress) ; la pression longitudinale et la tension longitudinale sont des espèces particulières d'effort. Dans les traités sur l'élasticité, on montre que l'effort le plus général en un point quelconque d'un corps peut être représenté par trois pressions ou tensions longitudinales dont les directions sont à angle droit entr'elles.

Par exemple, une brique d'un mur peut supporter une pression verticale, dépendant de la hauteur du mur au-dessus de la brique, et aussi une pression horizontale dans la direction de la longueur du mur, pression due à la poussée d'un arc butant contre le mur, tandis que dans la direction perpendiculaire à la face du mur la pression est celle de l'atmosphère.

Dans les corps solides, tels que la brique, ces trois pressions peuvent être indépendantes l'une de l'autre et leur intensité n'est limitée que par la résistance du solide; il se briserait si la force qui lui est appliquée dépassait une certaine valeur.

Dans les fluides, les pressions dans toutes les directions doivent être égales, parce que la plus faible différence entre les pressions dans les trois directions est suffisante pour mettre le fluide en mouvement.

Les questions relatives à la pression dans les fluides sont si importantes pour ce qui va suivre, qu'il vaut la peine, au risque de répéter ce que le lecteur doit connaître, d'établir ce que nous entendons par le mot fluide et de montrer que d'après la définition, les pressions dans toutes les directions sont égales.

DÉFINITION D'UN FLUIDE. — *Un fluide est un corps dont les parties contiguës agissent l'une sur l'autre par une pression perpendiculaire à la surface qui sépare ces parties.*

Puisque la pression est absolument perpendiculaire à la surface, il ne peut y avoir de frottement entre les parties d'un fluide en contact.

Théorème. — Les pressions en un point d'un fluide, dans deux directions quelconques sont égales.

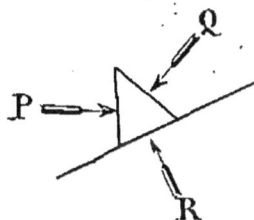

Supposons, en effet, les deux directions dans le plan de la figure, et construisons un triangle isocèle dont les côtés soient respectivement perpendiculaires aux deux directions.

Fig. 8.

Considérons les conditions d'équilibre d'un petit prisme triangulaire dont ce triangle est la base. Soient P et Q les pressions normales aux côtés, et R la pression normale à la base. Ces trois forces étant en équilibre, et R faisant des angles égaux avec P et Q, les forces P et Q doivent être égales. Mais les surfaces sur lesquelles agissent P et Q sont aussi égales ; donc les pressions rapportées à l'unité de surface sont égales, ce qu'il fallait démontrer.

Il existe un grand nombre de substances qui, lorsqu'elles sont en repos, satisfont parfaitement à cette définition d'un fluide ; elles sont par conséquent appelées fluides. Mais aucun des fluides connus ne satisfait à la condition précitée quand il est en mouvement. Dans un fluide en mouvement la pression en un point peut être plus grande suivant une direction que suivant l'autre, ou ce qui est la même chose, la force entre deux parties peut ne pas être normale à la surface qui sépare ces deux parties.

S'il existait un fluide qui satisfît à la définition, aussi bien à l'état de mouvement, qu'à l'état de repos, il serait appelé un *fluide parfait*. Tous les fluides connus sont imparfaits ; il s'y manifeste le phénomène connu sous le nom de frottement intérieur ou viscosité, duquel il résulte que le mouvement de ces fluides, agités dans un récipient, s'arrête graduellement, l'énergie du mouvement étant convertie en chaleur.

Le degré de viscosité varie de la viscosité du goudron, à la viscosité de l'eau, de l'éther ou de l'hydrogène, mais aucun fluide existant n'est parfait, dans le sens de la définition, quand il est en mouvement.

La pression *en un point quelconque* d'un fluide est le rapport de la pression totale sur une petite surface à l'aire de cette surface, cette aire étant supposée diminuer indéfiniment autour de son centre de gravité qui coïncide toujours avec le point donné (1).

(1) Pour parler exactement, le rapport en question est variable,

Cette pression est quelquefois dite *pression hydrostatique* pour la distinguer de la pression longitudinale. Ces deux espèces de pressions sont mesurées par le nombre d'unités de force contenues dans la pression par unité de surface, par exemple en kilogrammes par centimètre ou par mètre carré, ou en livres par pouce ou par pied carré. Ces deux mesures sont des mesures en poids et doivent être multipliées par l'intensité de la pesanteur, si l'on veut les réduire en mesures absolues.

Les pressions sont aussi mesurées par la hauteur d'une colonne d'eau ou de mercure qui, par son poids, produirait une égale pression. Ainsi une pression de seize pieds d'eau est presque égale à mille livres par pied carré, et une pression de 4 pouces d'eau est sensiblement égale à 101 grains par pouce carré.

Dans le système métrique, la pression de l'eau sur une surface à une profondeur quelconque s'exprime au moyen du produit de l'aire de la surface par la profondeur. Si nous employons le mètre comme unité de longueur, la pression sera exprimée en tonnes, mais si nous employons le décimètre, centimètre ou millimètre, la pression sera exprimée en kilogrammes, grammes ou milligrammes, mesures de poids.

La densité du mercure à 0° est 13,596 fois celle de l'air à 4°. Par conséquent la pression due à une profondeur donnée de mercure est environ 13 fois 6/10 celle d'une égale profondeur d'eau.

Le baromètre. — La pression de l'air se mesure généralement à l'aide du baromètre à mercure. Ce baromètre consiste en un tube de verre fermé à une extrémite et rem-

et là pression est égale à la limite de ce rapport, ce qu'on représente par le symbole $\dfrac{d\mathrm{P}}{d\mathrm{S}}$. P étant la pression totale, et S l'aire. — *Trad.*

pli de mercure, débarrassé par l'ébullition dans ce tube, de toute trace d'air et d'humidité. On plonge alors l'extrémité ouverte du tube dans un récipient rempli de mercure, l'extrémité fermée étant relevée, de manière que le tube soit vertical. Le mercure se tient alors à un certain niveau dans le tube, niveau dont la hauteur au-dessus du niveau du mercure dans le récipient ou réservoir est dite hauteur barométrique.

La surface du mercure dans le réservoir est exposée à la pression de l'air, tandis que la surface du mercure dans le tube n'est exposée qu'à la pression de ce qui se trouve au-dessus, à l'intérieur du tube. La seule substance connue qui puisse s'y trouver est la vapeur du mercure dont la pression, à la température ordinaire est si faible qu'on peut la négliger ; de telle sorte que la pression de l'air peut être mesurée par la différence de niveau du mercure dans le tube et dans le réservoir.

La pression de l'atmosphère est, nous le savons, très variable, et n'est pas la même dans les différents lieux ; mais en beaucoup de cas, il est commode d'employer, comme grande unité de pression, une pression qui ne diffère pas trop de la pression moyenne au niveau moyen de la mer. Cette unité de pression est appelée une *atmosphère* et est employée dans la mesure des pressions dans les machines à vapeurs et les chaudières (1). La valeur exacte, dans le système métrique, est celle de la pression due à une hauteur de 760 millimètres de de mercure à 0°, à Paris, où la pesanteur est égale à 9.80868 mètres, soit 1 k. 033 par centimètre carré. En mesure absolue une atmosphère

(1) En France, les pressions s'expriment dans ce cas, souvent en kilogrammes par centimètre carré. C'est l'unité adoptée par l'État dans ses opérations de surveillance des appareils à vapeur. — *Trad.*

est égale à 1.013.237 unités, le gramme, le centimètre et la seconde étant les unités fondamentales.

Dans le système anglais, on définit une atmosphère par la pression due à une hauteur de 29,905 pouces de mercure à 32°.F., à Londres, où la pesanteur est égale à 32,1889 pieds. L'atmosphère est donc égale environ à 14 livres 3/4 par pouce carré. Elle est égale à 0,999 68 de l'atmosphère dans le système métrique.

CHANGEMENTS DE FORME ET DE VOLUME DES CORPS, SOUS L'ACTION DES FORCES MÉCANIQUES ET DE LA CHALEUR.

Nous avons vu que la force mécanique et la chaleur produisent des effets analogues en modifiant la forme ou le volume des corps. Nous ne pourrons donc bien distinguer les effets de la chaleur agissant seule sur ces corps, sans considérer en même temps ceux dus à la force mécanique.

Afin de faciliter l'étude, à un point de vue purement géométrique, des différentes espèces de changements de forme des corps, ne considérons que les cas dans lesquels toutes les parties du corps subissent des changements semblables. Nous emploierons le mot *déformation* (strain) pour exprimer d'une manière générale une modification quelconque de la forme d'un corps,

Déformation longitudinale. — Supposons que le corps s'allonge ou se comprime dans une direction seulement, de telle sorte que si deux points du corps sont sur une droite parallèle à cette direction, leur distance sera augmentée ou diminuée dans un certain rapport, et si la ligne qui joint les deux points est normale à cette direction, la distance des deux points ne sera pas modifiée.

C'est ce que l'on appelle un allongement ou une compression longitudinale, ou plus généralement une déformation longitudinale. Cette déformation est mesurée par le rapport de l'allongement ou de la compression d'une ligne longitudinale quelconque, à la longueur primitive de cette ligne.

Déformation en général. — Une modification analogue de la forme du corps peut se produire simultanément, ou successivement suivant trois directions à angle droit les unes sur les autres. Dans les traités sur la déformation des corps continus, on montre que ce système de trois déformations longitudinales constitue le type le plus général de la déformation qu'un corps peut subir.

Nous ne considérerons, néanmoins, que deux cas particuliers.

1° *Déformation isotrope.* — Quand les déformations dans les trois directions sont toutes égales, la forme du corps reste semblable à elle-même, et le corps se dilate ou se contracte également dans toutes les directions, comme le font la plupart des solides quand ils sont chauffés.

De ce que chacune des trois déformations longitudinales dont se compose la déformation totale entraîne une augmentation de volume d'une fraction de lui-même égale à la valeur de la déformation longitudinale, il s'ensuit que, lorsque chacune des déformations est une fraction très faible des dimensions du corps, l'augmentation totale du volume est égale au volume primitif, multiplié par la somme algébrique des trois déformations. Le rapport de l'augmentation de volume au volume primitif est appelé l'expansion du volume quand il est positif, ou la contraction du volume, quand elle est négative. Et il résulte de ce que nous avons dit, que quand les déformations sont petites, l'expansion de volume est égale à la somme des extensions longitudinales, ou, quand celles-ci sont égales, à trois fois l'extension longitudinale.

2° L'autre cas particulier se présente quand les dimensions du corps suivant une direction s'accroissent dans le rapport de α à 1, et se contractent dans une direction perpendiculaire, dans le rapport de 1 à α. Dans ce cas le volume n'est pas modifié, mais le corps est cependant déformé.

TRAVAIL EFFECTUÉ DANS UNE DÉFORMATION.

Nous supposerons, d'abord, que l'effort reste constant pendant la durée du changement de forme que nous considérons. Si pendant une déformation importante, l'effort subissait des variations, nous diviserions toute l'opération en périodes, pendant chacune desquelles nous admettrions que l'effort est constant, et nous trouverions le travail total en additionnant tous les travaux partiels.

La règle générale est que si l'effort et la déformation, sont dans la même direction, le travail accompli par unité de volume pendant une déformation quelconque est le produit de la valeur de la déformation par la valeur moyenne de l'effort.

Si par contre, l'effort agit dans une direction normale à la déformation, aucun travail n'est accompli.

Ainsi, si l'effort est longitudinal nous devons multiplier sa valeur moyenne par la déformation longitudinale éprouvée dans la même direction, et le résultat n'est pas affecté par la grandeur des déformations longitudinales normales à l'effort.

Si la pression est une pression hydrostatique, nous devons multiplier la valeur moyenne de cette pression par la compression en volume, afin d'obtenir le travail effectué sur le corps par unité de volume, et le résultat ne dépend pas d'une déformation de torsion qui ne change pas le volume du corps.

Le travail effectué par des forces extérieures sur un fluide est donc égal, quand il y a diminution de volume, au produit de la pression moyenne par la diminution de volume — et quand le fluide se dilate et surmonte la résistance des forces extérieures, le travail effectué par le fluide est mesuré par le produit de l'accroissement de volume par la pression moyenne pendant ce changement de volume.

La considération du travail perdu ou gagné pendant le changement de volume d'un fluide présente une si grande importance que nous devons exposer complètement comment on peut calculer la valeur de ce travail.

TRAVAIL EFFECTUÉ PAR UN PISTON SUR UN FLUIDE.

Supposons que le fluide soit en communication avec un cylindre dans lequel le piston peut glisser librement.

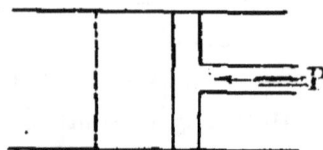

Fig. 9.

Soit A l'aire de la surface du piston. Soit p la pression du fluide par unité de surface.

La pression totale du fluide sur la surface du piston sera Ap, et si P est la force extérieure qui maintient le piston en équilibre, on aura :

$$P = Ap.$$

Comprimons maintenant le fluide en faisant glisser le piston sur une longueur égale à x. Le volume du cylindre occupé par le fluide sera diminué de la quantité $V = Ax$, en raison de ce que le volume d'un cylindre est égal à l'aire de sa base multipliée par la hauteur.

Si la force P reste constante, ou si P est la valeur moyenne de la force extérieure, pendant le mouvement, le travail effectué par la force extérieure sera $\mho = Px$.

Si nous remplaçons P par sa valeur en fonction de p, pression par unité de surface, nous aurons :

$$\mho = Apx$$

et si nous nous rappelons que Ax est égal à V, il viendra :

$$\mho = Vp$$

C'est-à-dire que le travail effectué par le piston, qui comprime le fluide est égal à la diminution du volume du fluide multipliée par la valeur moyenne de la pression hydrostatique.

On remarquera que ce résultat est indépendant de la surface du piston et de la forme et de la capacité du récipient avec lequel le cylindre communique.

Si, pour plus de commodité, nous supposons que la surface du piston est égale à l'unité, en faisant $A = 1$, nous aurons $P = p$ et $V = x$, c'est-à-dire que le déplacement linéaire du piston est égal numériquement au volume déplacé.

DU DIAGRAMME INDICATEUR

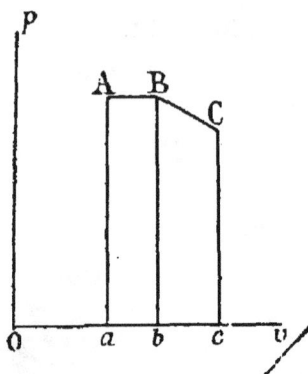

Fig. 10.

Je vais exposer maintenant un moyen de représenter les variations de pression et de volume d'un fluide. Ce moyen a été trouvé par James Watt qui cherchait à déterminer pratiquement le travail accompli par une machine à vapeur. La construction de l'appareil qui permet de réaliser ce but a été graduellement perfectionnée depuis James Watt, et l'appareil peut tracer maintenant tous les détails de l'action de la vapeur dans les machines dont le mouvement est le plus rapide.

Pour le moment, néanmoins, je n'utiliserai cette méthode que comme moyen de représenter à l'œil le travail accompli par un fluide. Cet usage du diagramme indicateur a été introduit par Clapeyron, et a été grandement développé par Rankine dans son ouvrage sur la machine à vapeur (1).

Soient Ov un axe horizontal et Op un axe vertical. Sur Ov (que nous appellerons l'axe des volumes) représentons par les distances Oa, Ob, Oc, le volume occupé par le fluide à différents moments, et en a, b, c, élevons les perpendiculaires aA, bB, cC, représentant, à une échelle convenable, la pression du fluide à ces différents moments.

Par exemple, nous pouvons supposer que, à l'échelle des volumes, un centimètre mesuré horizontalement repré-

(1) Traduit en français par G. Richard. Paris, Dunod, 1878. *Trad.*

sente un volume égal à un mètre cube ; et qu'à l'échelle
des pressions, un centimètre, mesuré verticalement, représente une pression d'une tonne par mètre carré.

Supposons maintenant que le volume augmente de Oa à
Ob, tandis que la pression reste constante, de telle sorte que
aA $= b$B.

L'augmentation de volume est alors mesurée par ab, et
la pression surmontée par le fluide qui se dilate, par aA,
ou bB. Le travail effectué par le fluide est représenté par
le produit de ces quantités, ab et aA, c'est-à-dire par la
surface du rectangle A$a\,b$B.

A l'échelle que nous avons adoptée, chaque centimètre
carré de la surface de la figure AB représente 1000 kilogrammètres de travail.

Nous avons supposé que la pression reste constante pendant le changement de volume. S'il n'en est pas ainsi, et si
la pression varie de bB à cC, tandis que le volume varie
de Ob à Oc, en prenant bc suffisamment petit, nous pouvons admettre que la pression varie uniformément d'une
valeur à l'autre. La valeur moyenne de la pression dans
cette hypothèse est égale à $\frac{1}{2}$ (Bb + Cc). Multiplions cette
valeur par bc, et nous obtiendrons :

$$\frac{1}{2} \, (\text{B}b + \text{C}c) \, bc$$

c'est-à-dire l'expression connue qui représente l'aire du
trapèze BCcb, la ligne BC étant une ligne droite.

Le travail effectué par le fluide est par conséquent égal
à la surface limitée par la ligne BC, les deux verticales
menées par ses extrémités, et la droite horizontale Ov.

En général, si l'on fait varier, d'une manière quelconque
le volume et la pression du fluide, et si un point P se dé-

place de telle sorte que sa distance horizontale à la ligne Op représente le volume occupé par le fluide, tandis que la distance verticale à la ligne Ov représente la pression hydrostatique de ce fluide au même moment : si, de plus, on mène par les extrémité de la ligne que suit le point P des lignes verticales jusqu'à leur intersection avec Ov, la surface comprise entre ces lignes, tant que la ligne suivie par P ne se recoupe pas, représente le travail. Ce travail est effectué par le fluide contre les forces extérieures, si la surface se trouve à droite de la direction suivie par P — si la surface est à gauche, elle représente le travail effectué par les forces extérieures sur le fluide.

Si le lieu du point P se retourne de manière à former une boucle ou figure fermée, les verticales menées aux extrémités coïncident, et il devient inutile de les tracer ; le travail est représenté par la surface même de la boucle. Si P parcourt le contour de la boucle dans le sens du mouvement des aiguilles d'une montre, le travail effectué par le fluide contre les forces extérieures ; mais si P parcourt le contour dans le sens opposé, la surface représente le travail des forces extérieures sur le fluide.

Dans l'indicateur construit par Watt, et perfectionné par Mac Naught et Richards la vapeur ou tout autre fluide est mise en communication avec un petit cylindre contenant un piston. Quand le fluide presse contre le piston et le force à s'élever, le piston presse contre un ressort à boudin construit de telle sorte que la longueur dont se comprime le ressort soit proportionnelle à la pression sur le piston, Par suite, la hauteur du piston de l'indicateur mesure à chaque instant la pression du fluide.

Le piston porte aussi un crayon dont la pointe presse légèrement contre une feuille de papier enroulé sur un cylindre vertical mobile autour de son axe.

Ce cylindre est relié au piston moteur de la machine, où à quelqu'autre partie qui se meut avec ce piston ; par conséquent l'angle dont tourne le cylindre est proportionnel à la distance que le piston moteur a parcourue.

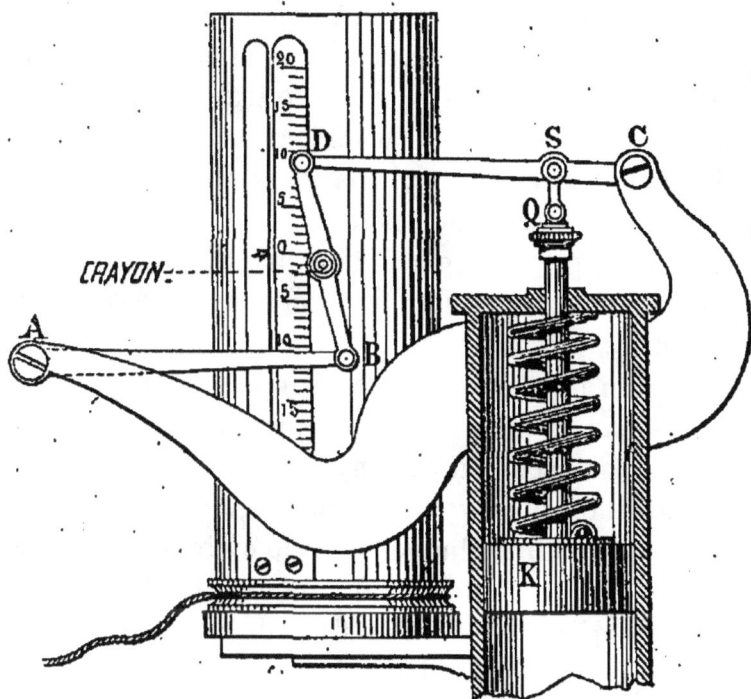

Figure 11.

Si l'indicateur n'est pas mis en communication avec le tuyau de vapeur, le cylindre tournera sous la pointe du crayon, qui tracera une ligne horizontale sur le papier. Cette ligne, qui correspond à O*v*, est appelée ligne des pressions nulles.

Mais si l'on admet la vapeur sous le piston, le crayon se déplacera vers le haut ou le bas, tandis que ce papier prendra un mouvement horizontal et de la combinaison des deux mouvements résultera le tracé, sur le papier, d'une ligne appelée diagramme indicateur.

Quand la machine travaille régulièrement et que chaque course du piston est semblable à la précédente, le crayon trace la même courbe pour chaque course, et en étudiant cette courbe, on obtient beaucoup d'indications sur la marche de la machine. En particulier, la surface de la courbe représente la quantité de travail effectuée par la vapeur à chaque course du piston.

Si l'indicateur avait été adapté à une pompe, dans laquelle les forces extérieures effectuent du travail sur le fluide le crayon se serait déplacé dans une direction opposée, et la surface du diagramme indiquerait le travail effectué à chaque coup de piston.

Jusqu'ici nous avons restreint notre attention au travail effectué par la pression sur le piston, et nous ne nous sommes pas occupé du changement de volume du fluide. L'augmentation de volume peut résulter autant que nous le savons, de l'introduction dans le cylindre d'une quantité supplémentaire de fluide, comme lorsque la vapeur arrive de la chaudière, et la diminution de volume peut résulter du dégagement du fluide.

Comme nous allons employer le diagramme en vue d'étudier les propriétés des corps soumis à l'action de la chaleur et en même temps de la force mécanique, nous supposerons que le corps fluide, ou en partie solide, est placé dans un cylindre dont l'extrémité est fermée ; le volume du corps sera mesuré par la distance du piston à l'extrémité fermée du cylindre.

Si à un moment quelconque le volume du corps est v et sa pression p, nous représenterons cet état du corps par le point P ; OL représentera v, et la verticale LP représentera p.

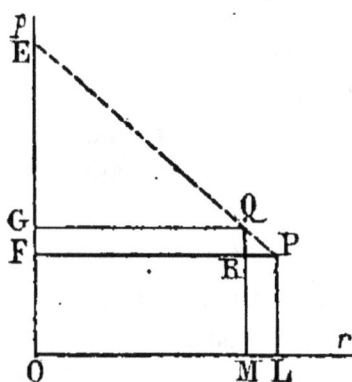

Figure 12.

De cette manière la position d'un point dans le diagramme peut indiquer le volume et la pression d'un corps à tout moment.

Supposons maintenant que la pression augmente,la température ne changeant pas : le volume diminuera. Il est évident d'ailleurs qu'une augmentation de pression ne peut jamais entraîner une augmentation de volume car dans ce cas la force produirait un mouvement dans la direction contraire à celle dans laquelle elle agit et nous obtiendrions une source inépuisable d'énergie.

Supposons donc que la pression augmente de OF à OG, et que la diminution correspondante de volume soit de OL à OM ; traçons ensuite le rectangle OGQM.

Le point P indique alors l'état primitif du fluide et le point Q son état final, en ce qui concerne la pression et le volume ; tous les états intermédiaires du fluide seront représentés par des points situés sur une ligne droite ou courbe, qui joindra P et Q.

Le travail effectué par la pression sur le fluide est représenté par la surface de la figure PQML, qui est située à gauche de la direction PQ suivi par le point indicateur.

Si PF et QM se coupent en R, PR représente la diminution effective de volume, et RQ l'augmentation effective de pression. Le volume effectif est représenté par FP, de telle sorte que la compression en volume est représentée par le rapport de P R à F P.

DÉFINITION DE L'ÉLASTICITÉ D'UN FLUIDE. — *L'élasticité*

d'un fluide, dans des conditions données, est le rapport d'une petite augmentation quelconque de pression à la contraction en volume produite par cette augmentation de pression.

Puisque la contraction en volume est une quantité numérique, l'élasticité est une quantité de même espèce que la pression.

Pour représenter l'élasticité du fluide au moyen du diagramme, joignons P et Q par une droite, et prolongeons cette ligne jusqu'à son intersection en E avec la verticale Op; FE représente alors une pression égale à l'élasticité du fluide, à l'état représenté par le point P, et sous les conditions qui font varier son état suivant une loi représentée par la ligne PQ.

En effet il est clair que FE est à RQ dans le rapport le PF à PR, et l'on a :

$$FE = \frac{RQ}{\dfrac{PR}{PF}} = \frac{\text{augmentation de pression}}{\text{contraction de volume}} = \text{élasticité.}$$

Donc si la relation entre le volume et la pression d'un fluide sous certaines conditions, comme par exemple à une température donnée, est représentée par une courbe tracée par P, l'élasticité du fluide quand il est dans l'état indiqué par P peut s'obtenir en menant la tangente PE à la courbe, en P, et une horizontale PF. La portion EF de la ligne verticale Op comprise entre les deux intersections représente, à l'échelle des pressions, l'élasticité du fluide.

Nous avons supposé, jusqu'ici, que la température du corps reste la même pendant sa compression du volume PF au volume QG. C'est la supposition la plus ordinaire quand on mesure l'élasticité d'un fluide. Mais dans la plupart des corps une compression produit une élévation de température, et si la chaleur ne peut s'échapper, l'effet

sera d'augmenter la pression au delà de ce qu'elle aurait
été dans le cas d'une température constante ; il en résulte
que chaque substance a deux élasticités, l'une correspondant à la température constante, et l'autre correspondant
au cas où aucune chaleur ne peut se dégager du corps. La
première valeur s'applique aux déformations et effets de
longue durée, de telle sorte que la substance acquiert la
même température que les corps voisins. La seconde valeur
est applicable au cas de forces variant rapidement, par
exemple aux vibrations sonores ; la durée de ces vibrations n'est pas suffisante pour que les températures s'égalisent par conduction.

L'élasticité dans ce cas, est toujours plus grande que
dans le cas d'une température constante.

CHAPITRE VI.

LIGNES D'ÉGALES TEMPÉRATURES OU LIGNES ISOTHERMES.

Si l'on fait varier la pression tandis que la température reste constante, le volume diminuera au fur et à mesure que la pression augmentera et le point P tracera sur le diagramme une ligne appelée ligne d'égales températures ou *ligne isotherme*. Grâce à cette ligne, nous pouvons mettre en évidence toutes les modifications de pression et de volume à la température donnée.

En faisant des expériences sur le même corps à d'autres températures, et menant les lignes isothermes correspondant à ces températures, nous pouvons figurer toutes les relations entre le volume, la pression et la température du corps.

Dans le diagramme, la température en degrés doit être inscrite à côté de la ligne isotherme correspondante, et les isothermes doivent être tracées pour chaque degré, ou pour chaque dizaine ou centaine de degrés, suivant l'objet qu'on se propose dans l'emploi du diagramme (1).

(1) Les variations de volume, de pression, et de température des corps peuvent être représentées aussi par une surface, dont les distances des différents points au plan du diagramme représentent les

Quand on connaît le volume et la pression, la température est déterminée, et il est aisé de voir comment, connaissant deux quelconques des trois quantités, on peut déterminer la troisième. Ainsi donc, si les courbes du diagramme sont des lignes d'égales températures, et si la température correspondant à chaque ligne est indiquée par un nombre à l'extrémité de chaque ligne, nous pouvons, avec cette figure, résoudre trois problèmes.

1. — *Etant donné la pression et le volume, trouver la température*.

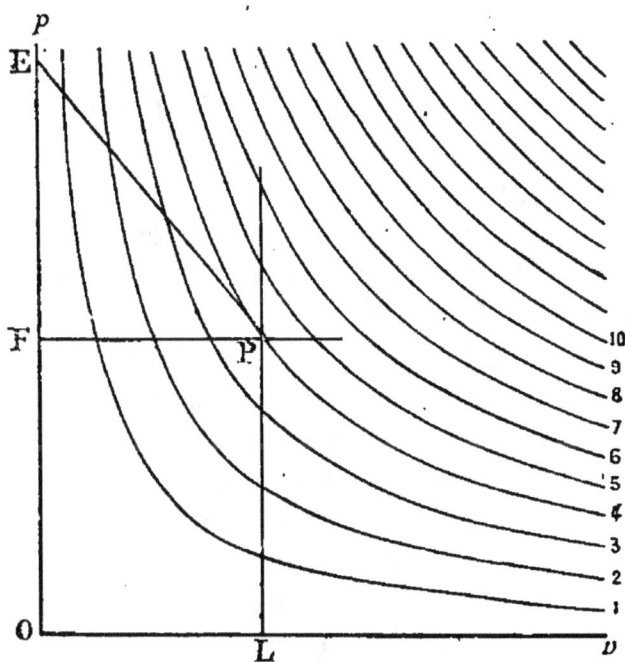

Figure 13

températures. Si le plan du diagramme est supposé horizontal. les lignes de niveau de la surface représenteront les isothermes, et auront pour projection les isothermes du diagramme..Cette dernière figure peut donc être considérée comme la projection de la surface de représentation de la même manière qu'une carte à courbes de niveau représente le relief du sol. — *Trad.*

Soit OL, sur l'axe des volumes, la longueur représentant le volume donné, et soit OF, sur l'axe des pressions, la longueur représentant la pression donnée. Menons alors l'horizontale FP et la verticale LP qui se coupent au point P. Si le point P tombe sur une isotherme, le nombre inscrit sur cette ligne indiquera la température. Si le point P tombe entre deux isothermes, il faut évaluer la distance du point P à chacune de ces deux lignes, et en déduire le rapport de la somme de ces distances à la distance du point P à l'isotherme correspondant à la plus basse température. Ce rapport est égal au rapport entre la différence des températures des deux isothermes et l'excès de la température correspondant au point P sur la température la plus basse. La différence de température des deux isothermes est connue, et de l'égalité des deux rapports on peut donc déduire l'excès de température du point P.

2. — *Etant donné le volume et la température, trouver la pression.*

Soit OL la longueur représentant le volume. — Menons la verticale LP, et soit P le point d'intersection de cette verticale avec l'isotherme correspondant à la température donnée. La longueur LP représente alors la pression.

3. — *Etant donné la pression et la température, trouver le volume.*

Soit OF la longueur représentant la pression ; menons l'horizontale OF jusqu'à son intersection en P avec l'isotherme de température donnée ; FP représentera le volume cherché.

FORME DES LIGNES ISOTHERMES
DANS DIFFÉRENTS CAS.

ETAT GAZEUX.

Si le corps est à l'état gazeux, il est facile de construire les lignes isothermes à l'aide des lois de Boyle et de Charles.

D'après la loi de Boyle, le produit du volume par la pression reste constant pour la même température. Par conséquent l'aire du rectangle OLPF restera constante pourvu que P se trouve toujours sur la même isotherme.

La courbe qui jouit de cette propriété est connue en géométrie sous le nom d'hyperbole équilatère. Les lignes Ov et Op sont les asymptotes de l'hyperbole (fig. 13). Les asymptotes sont des lignes telles qu'un point qui se déplacerait sur la courbe dans un sens ou dans l'autre se rapprocherait indéfiniment de l'une ou l'autre asymptote sans jamais l'atteindre. L'interprétation physique de ce fait qui ne s'applique qu'à un gaz obéissant à la loi de Boyle, sous température constante, est la suivante :

1. — Supposons que le déplacement sur la courbe se fasse dans la direction de Op, c'est-à-dire supposons que la pression augmente graduellement ; le volume diminuera graduellement mais de plus en plus lentement ; car, de quelque quantité que nous augmentions la pression. nous ne pourrons jamais réduire le volume à zéro ; la ligne isotherme n'atteindra donc jamais la ligne Op, bien qu'elle s'en rapprochera indéfiniment. En même temps, si la loi de Boyle est satisfaite, nous pouvons toujours réduire le

volume de moitié en réduisant la pression, de sorte que par une augmentation de pression suffisante, on peut réduire le volume à une quantité plus petite que toute quantité donnée.

2. — Supposons que le déplacement s'opère dans l'autre direction de la courbe, c'est-à-dire supposons que nous augmentions le volume du récipient qui contient le gaz ; le point p s'approchera de plus en plus de la ligne Ov, mais ne l'atteindra jamais. Cela montre que le gaz se dilatera de manière à remplir le récipient et exercera sur ses parois une pression représentée par la distance des points de la courbe à Ov ; cette pression, quoiqu'elle diminue à mesure que le récipient s'agrandit, ne se réduira jamais à zéro, quelque vaste que puisse devenir le récipient.

Elasticité d'un gaz parfait. — Une autre propriété de l'hyperbole consiste en ce que si l'on mène la tangente PE jusqu'à son intersection en E avec l'asymptote, on a :

$$FE = OF$$

Or FE représente l'élasticité de la substance, et OF la pression. Donc l'élasticité d'un gaz parfait est numériquement égale à la pression si l'on suppose que la température reste constante pendant la compression.

ETAT LIQUIDE.

Dans la plupart des liquides, les contractions produites par les pressions que nous sommes en mesure de réaliser sont extrêmement faibles. Dans le cas de l'eau, par exemple, et dans les circonstances ordinaires de température, l'effet d'une pression égale à une atmosphère produit une contraction d'environ 0,000,046 ou 46 millionnièmes du volume.

Aussi pour tracer le diagramme d'un liquide il faut représenter les changements de volume à une échelle beaucoup plus grande que dans le cas des gaz, si l'on veut que le diagramme rende sensibles les variations de volume. Le moyen le plus commode consiste à supposer que la ligne OL représente non pas le volume, mais l'excès de volume sur le volume égal à un millier ou un million des unités que l'on adopte.

Il est manifeste que la relation entre le volume et la pression d'une substance doit être telle qu'aucune pression, quelque grande qu'elle soit, ne puisse réduire le volume à rien. C'est pourquoi les isothermes ne peuvent être des lignes droite, car une ligne droite si peu inclinée qu'elle soit sur la ligne des volumes nuls OF, et si éloignée qu'elle se trouve de cette ligne, la rencontrera néanmoins quelque part. La série limitée de pression que nous pouvons réaliser n'entraîne pas, dans quelques cas, des changements de volume suffisants pour que la courbure de la ligne isotherme soit apparente. Nous pouvons même admettre que les portions de ces lignes que nous sommes en mesure d'observer sont à peu près des lignes droites.

La dilatation due à une élévation de température est aussi beaucoup plus petite dans le cas des liquides que dans le cas des gaz.

Si par conséquent nous traçons le diagramme indicateur d'un liquide à la même échelle que celui d'un gaz, les isothermes comprendront une multitude de lignes très serrées, presque verticales, mais néanmoins faiblement inclinées vers la ligne OF.

Mais si, conservant l'échelle des pressions, nous amplifions suffisamment l'échelle des volumes, les lignes isothermes seront plus inclinées vers l'horizontale, et plus séparées les unes des autres, tout en conservant cependant une forme à peu près rectiligne (1). Toutefois les liquides qui se trouvent près de leur point critique, comme nous l'expliquerons plus loin, sont même plus compressibles que des gaz.

ETAT SOLIDE

Dans les corps solides la compressibilité et la dilatation sous l'action de la chaleur sont en général plus faibles que dans les liquides. Les diagrammes indicateurs auront d'ailleurs les mêmes traits caractéristiques que ceux des liquides.

DIAGRAMME INDICATEUR D'UN CORPS PARTIE A L'ÉTAT LIQUIDE ET PARTIE A L'ÉTAT DE VAPEUR.

Supposons qu'un récipient contienne un kilogramme d'eau à 100° et qu'au moyen d'un piston, on puisse augmenter ou diminuer la capacité du récipient, la température restant constante. Si nous supposons que le récipient soit très vaste, que sa capacité par exemple soit de 100 mètres cubes, et qu'il soit maintenu à la température de 100° toute l'eau se convertira en vapeur et exercera une pression d'environ 175 kilog. par mètre carré. Si maintenant nous abaissons le piston pour diminuer la capacité du récipient la pression augmentera dans la proportion suivant laquelle le volume diminue, de sorte que le produit de la pression par le volume restera sensiblement constant. Cependant quand le volume sera devenu beaucoup moins

(1) Dans ces deux cas la surface représentative (voir note de la page 142) serait sensiblement un plan. Dans le premier cas ce plan serait presque parallèle au plan correspondant au volume zéro.— *Trad.*

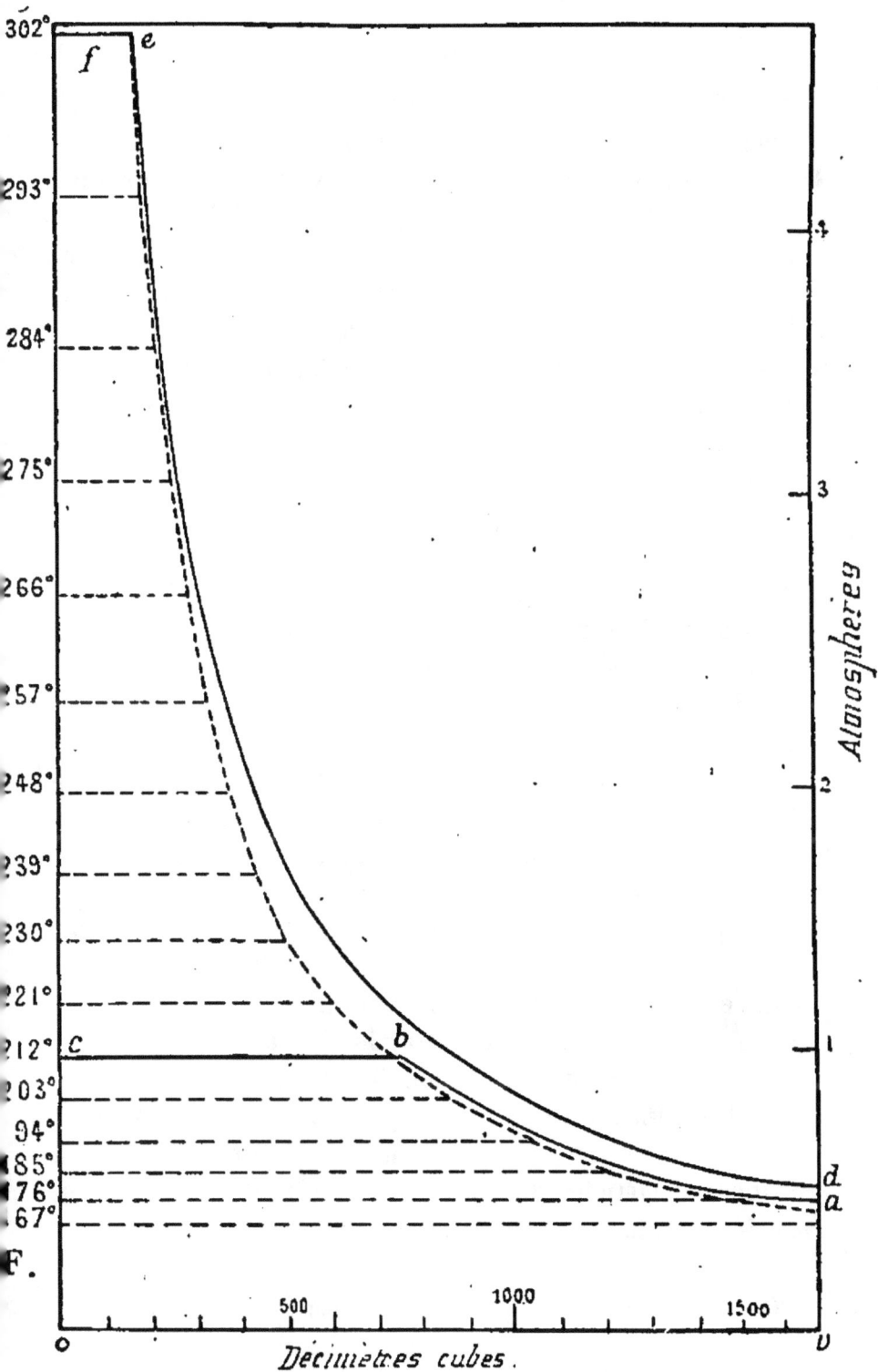

Figure 14.

considérable, le produit en question commencera à diminuer, c'est-à-dire que la pression ne s'accroîtra pas aussi vite que l'indiquerait la loi de Boyle. Dans le diagramme fig. 14, les relations entre la pression et le volume de vapeur à 100° sont indiquées par la courbe *ab*. La pression en atmosphère est marquée à droite du diagramme, et le volume d'un kilogramme, en mètre cube, à la base (1).

Quand le volume est réduit à 1^{mc} 650 la pression est de 10323 kilog. de telle sorte que le produit du volume par la pression primitivement égal à 17500 est maintenant réduit à 17050. Cette écart de la loi de Boylde, quoiqu'il ne soit pas considérable, est cependant bien marqué. La pression et le volume de la vapeur dans cet état sont indiqués, par le point *b* du diagramme.

Si nous diminuons ensuite le volume tout en maintenant la même température, la pression cessera d'augmenter et une partie de la vapeur se convertira en eau. Le volume continuant de diminuer, il se condensera de plus en plus de vapeur, sous forme liquide, tandis que la pression restera absolument constante c'est-à-dire égale à 10323 kilog. par mètre carré ou une atmosphère. Ce fait est indiqué sur le diagramme par l'horizontale *bc*.

La pression restera toujours la même, jusqu'à ce que toute la vapeur soit condensée en eau à 100° ; le volume de cette eau sera très sensiblement d'un litre, quantité trop faible pour pouvoir être figurée sur le diagramme.

Dès que le volume, par conséquent sera réduit à cette quantité, il n'y aura plus de vapeur à condenser, et pour obtenir une réduction plus grande du volume, il faudra vaincre l'élasticité de l'eau, qui, comme nous l'avons vu, est très grande, comparée à celle du gaz.

Nous sommes maintenant en mesure de tracer la ligne

(1) Les températures sont indiquées en degrés Fahrenheit.— *Trad.*

isotherme de l'eau correspondant à la température de 100°
—Quand V est très grand, la ligne a presque la forme d'une
hyperbole pour laquelle on aurait.

$$VP = 17500$$

A mesure que V diminue, la courbe s'abaisse légèrement
par rapport à l'hyperbole, de sorte que quand V est égal à
1^{mc} 650, on a

$$VP = 17050$$

A partir de ce point, la ligne change subitement de forme
et devient une droite horizontale bc, pour laquelle P est
égal à 10323 kilog.; cette droite s'étend depuis $V = 1^{mc}$ 650
jusqu'à $V = 0^{mc}$ 001, où se produit un autre changement
soudain de forme. La ligne au lieu d'être exactement horizontale, devient presque verticale, à peu près dans la direction de cp, car la pression devrait être augmentée au-
delà des limites réalisables par nos méthodes actuelles,
avant qu'il pût se produire un changement très considérable dans le volume de l'eau.

La ligne isotherme, dans le cas considéré, se compose
donc de trois parties. Dans la première partie, elle ressemble à la ligne isotherme d'un gaz parfait, mais à mesure
que le volume diminue, la pression s'abaisse au-dessous
de ce qu'indiquerait la loi de Boyle. Cela n'a lieu d'ailleurs que quand la ligne s'approche de la seconde partie
bc, dans laquelle elle devient une droite horizontale. Cette
portion de la ligne correspond à l'état dans lequel le corps
existe partie à l'état liquide, partie à l'état gazeux, et elle
s'étend du volume du gaz au volume du liquide à la même
température et à la même pression. La troisième portion
de la ligne est celle qui correspond à l'état liquide du corps,
et il faut la considérer sur la figure comme une ligne pres-

que verticale si rapprochée de la ligne *cp*, qu'elle ne peut s'en distinguer à l'échelle du diagramme.

Dans le diagramme, fig. 14, la ligne isotherme de l'eau à la température 100°, point ordinaire d'ébullition est representée par *abcp*, et celle correspondant à 150° par *defp*.

A la température de 150° la pression à laquelle s'opère la condensation est beaucoup plus grande, étant égale à 48634 kilogrammes par mètre carré et le volume auquel se trouve réduit la vapeur avant que la condensation commence est beaucoup plus petit, et égal à 0^{mc} 485. Ce volume est indiqué par le point *e*. En ce point le produit est égal à 18724, et se trouve considérablement inférieur au produit 19821 qui correspond à un plus grand volume.

A ce point la condensation commence, et se continue jusqu'à ce que toute la vapeur soit condensée en eau à 150° dont le volume est de 1 litre 036 environ. Ce volume est plus grand que le volume de l'eau à 100°.

On voit donc que la pression à laquelle se produit la condensation augmente avec la température. On voit aussi que la réduction du volume quand la condensation se produit est moins grande qu'à une basse température, et cela pour deux raisons : en premier lieu parce que la vapeur occupe un volume moins grand quand la condensation commence ; en second lieu parce que le volume du liquide quand il se condense est plus grand.

La ligne ponctuée du diagramme indique les pressions et les volumes correspondant au commencement des périodes de condensation, aux températures marquées sur les branches horizontales des isothermes.

Quand la pression et le volume sont représentés par un point au-dessus et à droite de cette courbe, le corps est entièrement à l'état gazeux. Nous pouvons appeler cette ligne, la *ligne de vapeur*. — Ce n'est pas une ligne isotherme.

Si l'échelle du diagramme avait été assez grande pour qu'il ait été possible de représenter le volume de l'eau condensée, nous aurions pu tracer une autre ligne ponctuée près de la ligne *op*, telle que tous les points à gauche de cette ligne représentent le corps à l'état liquide. Nous pouvons appeler cette ligne la *ligne d'eau*. Dans les conditions de pression et de volume indiquées par les points situés entre les deux lignes, le corps est partie à l'état liquide, partie à l'état gazeux. Si nous menons une horizontale par le point considéré, le rapport des deux segments dont se compose la hauteur de cette ligne comprise entre les deux lignes ponctuées représente le rapport des poids de vapeur et d'eau.

Sur la partie inférieure du diagramme de l'acide carbonique, fig. 15, on peut constater que les lignes isothermes comprennent, à droite, une courbe représentant l'état gazeux, puis une horizontale correspondant au phénomène de condensation, et enfin une partie presque verticale représentant l'état liquide. La branche droite de la ligne ponctuée, que nous devons dans ce cas appeler la ligne de gaz, correspond à la ligne de vapeur ; et la branche gauche ou ligne de liquide correspond à la ligne d'eau qu'on ne pouvait distinguer sur la figure 14.

Puisque ces deux lignes, que nous avons appelées lignes de vapeur et ligne de liquide s'approchent continuellement l'une de l'autre, à mesure que la température s'élève une question se pose naturellement. Ces lignes se rencontrent-elles ? Le caractère des conditions indiquées par les points compris entre les lignes consiste en ce que le liquide et sa vapeur peuvent exister ensemble, dans les mêmes conditions de température et de pression, et sans que la vapeur se condense, ni que le liquide se vaporise. En dehors de cette région le corps est entièrement ou à l'état de vapeur, ou à l'état liquide.

Si les deux lignes se rencontrent, alors à la pression indiquée par leur point de jonction, il n'existe pas de température à laquelle le corps puisse se trouver partie à l'état liquide, partie à l'état de vapeur ; le corps doit donc se trouver entièrement et de suite converti de l'état de vapeur à l'état liquide, sans condensation, ou, puisque dans ce cas le liquide et sa vapeur ont la même densité, on peut soupçonner que la distinction que nous avons coutume d'établir entre les liquides et les vapeurs a perdu toute signification.

La réponse à cette question, a été, dans une grande mesure, préparée par une série de recherches très intéressantes.

En 1822, Cagniard de la Tour (1) fit des observations relatives à l'effet d'une haute température sur des liquides enfermés dans des tubes de verre d'une capacité peu supérieure au volume des liquides. Il trouva que quand la température est élevée jusqu'à un certain degré, la substance jusqu'alors partie à l'état liquide, partie à l'état gazeux, présentait subitement une apparence uniforme en tout point. sans surface quelconque de séparation, et sans aucun indice que le corps contenu dans le tube fût partie dans un état, partie dans une autre.

Il en conclut que à cette température, tout le corps passait à l'état gazeux. La vraie conclusion comme l'a montré le Dr. Andrews, c'est que les propriétés du liquide et celles de la vapeur, se ressemblent de plus en plus, et que, au-dessus d'une certaine température, les propriétés du liquide ne diffèrent de celles de la vapeur par aucun caractère apparent.

En 1823, un an après les recherches de Cagniard de la

(1) *Annales de physique et de chimie,* 2ᵉ série, XXI et XXII.

Tour, Faraday réussit à liquéfier par la pression seule, plusiéurs corps connus seulement à l'état gazeux, et en 1826 il étendit beaucoup le cercle de nos connaissances en ce qui touche aux effets de la température et de la pression sur les gaz. Faraday considère, qu'au-dessus d'une certaine température qu'à l'exemple du Dr Andrews, nous pouvons appeler température critique de la substance, aucune augmentation de pression ne produira le phénomène que nous appelons condensation et il suppose que la température de 110° au dessous de 0° est probablement supérieure à la température critique de l'oxygène, l'hydrogène et l'azote (1).

Le Dr Andrews a étudié l'acide carbonique dans des conditions variées de température et de pression, en vue d'établir les relations des états liquides et gazeux, et il est arrivé à cette conclusion que les états liquides et gazeux sont seulement des formes largement séparées de la même condition de la matière, et peuvent passer de l'une à l'autre sans solution de continuité (2).

(1) D'après les expériences de M. Wroblewsky, les températures critiques sont de — 112° pour l'oxygène et — 146° pour l'azote. D'après un calcul de M. Sarrau, la température critique de l'hydrogène serait de — 174°. — *Trad.*

(2) Phil. Trans. 1869, p. 575. — *Aut.*

Notre conception de la différence des états liquides et gazeux est uniquement basée : 1° sur la différence de compressibilité ; 2° sur la dilatation limitée des liquides, et illimitée des gaz ; 3° sur la différence de densité, et les conséquences qui en résultent au point de vue des sensations musculaires et optiques. Mais ces différences ne sont que des différences de degré, et l'on peut comprendre qu'elles s'annulent ; dans ce cas notre conception d'une différence d'état ne repose plus sur aucun phénomène sensible, et disparaît forcément. Le corps est à un état tel que sa compressibilité est grande, que sa dilatation est illimitée, et que ses propriétés mécaniques et optiques varient graduellement avec la pression ou la température, état qui, au point de vue de nos sensations, doit ressembler plu-

L'acide carbonique à la température et à la pression ordinaire est considéré comme un gaz. Les expériences de Regnault et d'autres ont montré qne lorsque la pression augmente, le volume diminue dans une proportion plus grande que celui d'un gaz qui obéirait à la loi de Boyle, et que lorsque la température s'élève la dilatation est plus grande que celle qui résulterait de la loi de Charles.

Les lignes isothermes de l'acide carbonique aux températures et pressions ordinaires sont par conséquent plus aplaties et aussi plus séparées que celles des gaz les plus voisins d'un gaz parfait.

Le diagramme (fig. 15) de l'acide carbonique est emprunté au mémoire du Dr Andrews, à l'exception de la ligne ponctuée montrant la région dans laquelle la substance peut exister à l'état liquide en présence de sa vapeur. La ligne de base du diagramme correspond, non à la pression zéro, mais à la pression de 47 atmosphères.

La plus basse des lignes isothermes est celle de 13° C.

Cette ligne montre que la condensation a lieu à une pression d'environ 47 atmosphères. On voit la substance se séparer en deux portions distinctes, la portion supérieure étant à l'état de vapeur ou de gaz et la portion inférieure, à l'état de liquide. On peut apercevoir distinctement la surface du liquide, et là où cette surface est voisine des parois du tube, elle affecte une certaine courbure, comme la surface de l'eau dans un tube étroit.

Lorsque le volume diminue, une plus grande partie de la substance se condense, jusqu'à ce que la totalité soit enfin condensée.

Je vais exposer les propriétés de cette ligne isotherme plus en détail, afin que le lecteur puisse comparer les

tôt à celui des gaz qu'à celui des liquides en raison de la densité plus faible du corps, et de sa dilatation illimitée. — *Trad.*

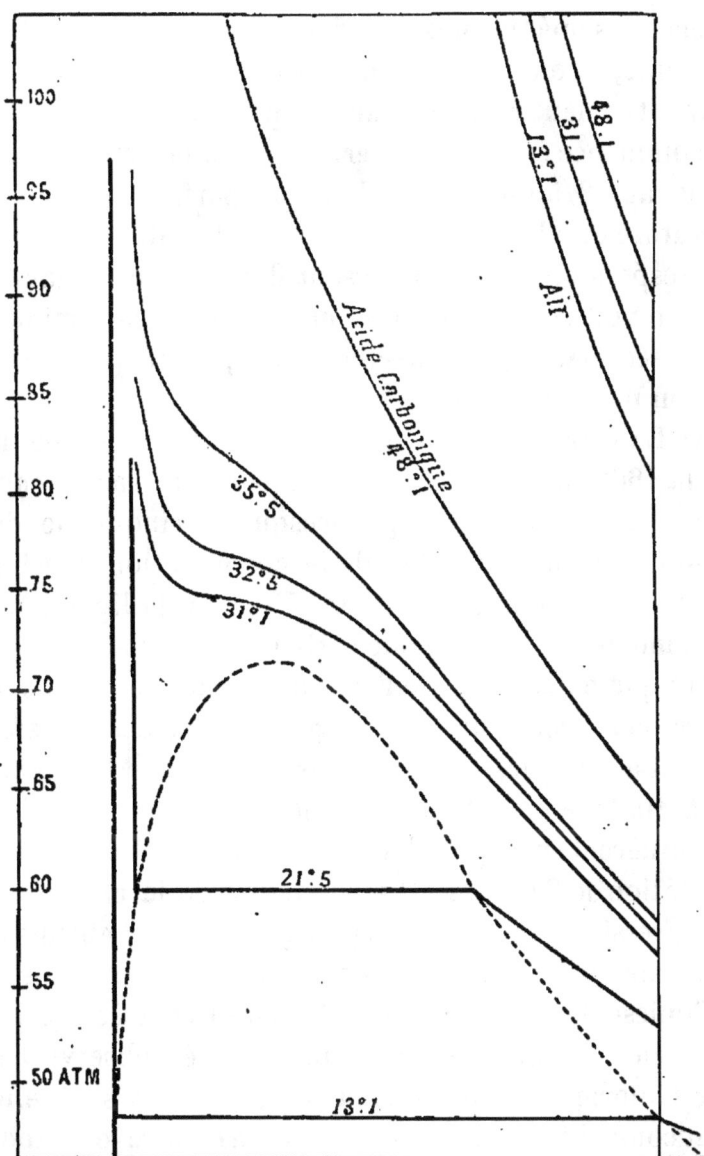

Figure 15

propriétés de l'acide carbonique à 13° avec celle de l'eau à 100°.

1° La vapeur d'eau, avant que la condensation ne commence à s'opérer, possède des propriétés qui coïncident presque, quoique pas complètement, avec celles d'un gaz parfait. Quant à l'acide carbonique, juste au moment où il commence à se condenser, son volume est un peu supérieur aux 3/5 du volume d'un gaz parfait à la même température et à la même pression (1). Les lignes isothermes correspondantes pour l'air sont figurées sur le diagramme et l'on voit combien l'isotherme de l'acide carbonique s'est abaissée, par rapport à celle de l'air, avant que la condensation ne commence.

2° La vapeur, lorsqu'elle est condensée, occupe moins de la 1600ᵉ partie de son volume primitif. L'acide carbonique, d'autre part, occupe presque un cinquième de son volume mesuré au début de la condensation. C'est pourquoi nous pouvons tracer complètement la ligne ponctuée de condensation de l'acide carbonique sur le diagramme, alors que dans le cas de l'eau un microscope serait nécessaire pour distinguer cette ligne de l'axe des pressions.

3° La vapeur, lorsqu'elle est condensée à la température 100°, se résout en un liquide qui a des propriétés qui ne diffèrent pas grandement de celle de l'eau froide. La dilatation de l'eau à 100° sous l'action de la chaleur et sa compressibilité sont un peu plus grandes probablement que celles de l'eau froide, mais pas suffisamment pour qu'on ne puisse le constater sans des mesures très-précises.

L'acide carbonique liquide, tel qu'il a été observé d'abord par Thilorier, se dilate, quand la température s'élève, même beaucoup plus qu'un gaz, et comme l'a montré le Dʳ Andrews il se contracte sous la pression beaucoup plus qu'un liquide ordinaire. Des expériences du Dʳ Andrews, il résulte

_____

(1) Et supposé de même volume que l'acide carbonique sous la pression ordinaire. — *Trad.*

aussi que sa compressibilité diminue quand la pression augmente, Ces résultats sont apparents même sur le diagramme. L'acide carbonique est, par conséquent, beaucoup plus compressible qu'un liquide ordinaire, et l'on constate, d'après les expériences d'Andrews, que sa compressibilité diminue quand le volume se réduit.

On voit donc que l'acide carbonique liquide sous l'action de la chaleur et de la pression, se comporte très différemment des liquides ordinaires, et se rapproche, sous quelques rapports, d'un gaz.

Si nous examinons l'isotherme suivante, correspondant à la température 21°5, la ressemblance entre l'état liquide et l'état gazeux est encore plus frappante. A cette température la condensation s'opère sous une pression de 60 atmosphères, et le liquide occupe presque un tiers du volume du gaz. Le gaz, excessivement dense, se rapproche, dans ses propriétés, du liquide excessivement léger. Cependant il y a toujours une séparation bien nette entre les états liquides et gazeux, bien que nous soyons voisins de la température critique. Le Dr Andrews a déterminé cette température qui est de 30°92. A cette température, et à une pression de 73 à 75 atmosphères l'acide carbonique paraît bien être à son point critique. On ne peut découvrir aucune séparation entre un liquide et une vapeur, mais en même temps de très faibles variations de pression ou de température produisent de si grandes variations de densité, qu'on peut observer dans le tube des apparences de mouvements, et des vacillations qui présentent, d'une manière beaucoup plus exagérée, les mêmes apparences que celles des mélanges de liquide de densités différentes, ou que le mouvement d'une colonne d'air chaud à travers des couches plus froides.

La ligne isotherme de la température 31° passe au-dessus du point critique. Pendant toute la compression, la substance n'est jamais à la fois dans des états différents dans les différentes parties du tube. Pour les pressions inférieures à 73 atm. la ligne isotherme, bien que grandement plus aplatie que celle d'un gaz parfait, lui ressemble dans ses traits généraux. De 73 à 75 atmosphères le volume diminue très rapidement, mais non brusquement. Au-dessus de 73 atmosphères le volume diminue moins vite que dans le cas d'un gaz parfait, mais toujours plus rapidement que dans le cas de la plupart des liquides.

Dans les isothermes de 32°5 et 35°5, nous pouvons observer encore un léger accroissement de la compressibilité près des mêmes points du diagramme, mais dans l'isotherme de 48°. la courbe est entièrement concave vers le haut, et ne diffère de la ligne isotherme d'un gaz parfait qu'en ce qu'elle est quelque peu aplatie, montrant ainsi que sous les pressions ordinaires le volume est un peu moindre que celui qui résulterait de l'application de la loi de Boyle.

A la température de 48°,1, l'acide carbonique a toutes les propriétés d'un gaz, et les effets de la chaleur et de la pression sur ce gaz ne diffèrent des effets sur un gaz parfait que par des quantités qui ne peuvent êtres constatées qu'à l'aide d'expériences minutieuses.

Il n'y a rien qui puisse nous porter à croire qu'un phénomène analogue à celui de la condensation se produirait, sous une pression, quelque grande qu'elle fût, à cette température de 48°,1.

En fait, nous pouvons convertir l'acide carbonique en liquide sans changement brusque d'état.

Supposons que la température de l'acide carbonique gazeux soit de 10° ; nous pouvons d'abord porter sa température à 31°, supérieure à celle du point critique. Augmentons ensuite graduellement la pression jusqu'à ce qu'elle devienne égale, par exemple, à 100 atmosphères. Pendant cette opération, aucun signe de condensation ne se manifeste. Finalement, refroidissons la substance, toujours à la pression de 100 atmosphères jusqu'à 10°. Pendant cette seconde opération, on n'observe encore aucun changement d'état, et cependant l'acide carbonique à 10° et sous une pression de 100 atmosphères possède toutes les propriétés d'un liquide. A la température de 10°, nous n'aurions pu, par la compression, convertir l'acide carbonique gazeux en un liquide sans lui faire éprouver une brusque condensation, mais par le procédé qui consiste à comprimer le gaz à une température plus élevée, nous avons pu réaliser le passage de l'état vraiment gazeux à l'état vraiment liquide, sans que le corps ait, à un moment quelconque, subi un brusque changement d'état semblable à celui qui constitue la condensation ordinaire.

J'ai décrit en grand détail les expériences du Dr Andrews sur l'acide carbonique, parce que ces expériences nous donnent l'aperçu le plus complet qu'on ait pu obtenir jusqu'ici des rapports entre l'état liquide et l'état gazeux, et du mode suivant lequel les propriétés d'un gaz peuvent, d'une manière continue et par des degrés insensibles, se changer en celles d'un liquide.

Les températures critiques de la plupart des liquides ordinaires sont beaucoup plus élevées que celles de l'acide carbonique, et leur pression à l'état critique est si grande que les expériences deviennent difficiles et dangereuses. M. Cagniard de la Tour a donné les valeurs suivantes de la pression et de la température au point critique de diverses substances :

	Température	Pression
Ether	187°5	37^{atm}5
Alcool	258°5	119. 0
Sulfure de carbone	262°5	66. 5
Eau	411°5	»

Dans le cas de l'eau la température correspondant au point critique était si élevée que l'eau commença à attaquer le tube de verre qui la contenait.

La température critique des gaz appelés gaz permanents est probablement extrèmement basse, de sorte que nous ne pouvons, par aucune méthode connue, produire un degré de froid, même combiné avec de fortes pressions, suffisant pour condenser ces corps (1).

Le professeur James Thomson a émis l'idée (2) que les courbes isothermes à des températures inférieures à celles du point critique ne sont brisées qu'en apparence, et que leur vraie forme est semblable dans ses traits généraux à celle de la courbe ABCDEFGHK.

Ce caractérise de cette courbe, c'est qu'entre les pressions indiquées par les lignes horizontales BF et DH, une horizontale quelconque telle que CEG coupe la ligne en trois points différents. L'interprétation littérale de cette circonstance géométrique serait que le fluide à cette température et à cette pression peut exister sous trois état. L'un de ces états, indiqué par C, correspond évidemment à l'état liquide Un autre indiqué par G, correspond à l'état gazeux. En un point intermédiaire E, la direction de la courbe indique que le volume et la pression augmentent ou diminuent si-

(1) Depuis que ces lignes ont été écrites, de nouvelles expériences ont permis d'obtenir la condensation des gaz permanents. *Trad.*
(2) *Proceedings of the Royal Society,* 1871, n° 130.

multanément. Aucun corps jouissant de cette propriété
ne peut exister en équilibre stable, car le dérangement le
plus faible suffirait pour amener un brusque passage à
l'état liquide ou à l'état gazeux. Nous pouvons par conséquent nous borner aux points C et G.

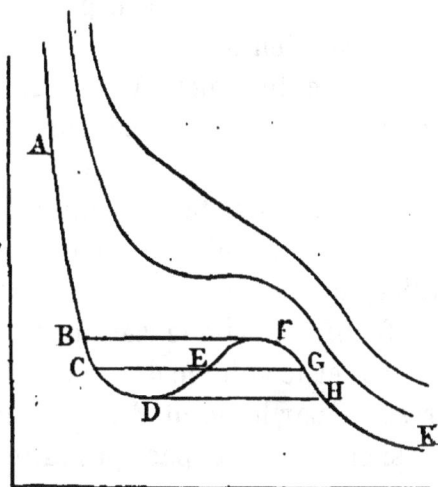

Conformément à la
théorie des échanges, que
nous développerons dans
un autre chapitre, lors-
qu'un liquide est en con-
tact avec sa vapeur, la rapidité de l'évaporation
dépend de la température
du liquide, et la rapidité
de la condensation dé-
pend de la densité de la
vapeur. Par conséquent
y a, il pour chaque température une densité de va-
peur déterminée, et par suite une pression déterminée (représentée par l'horizontale CG) à laquelle l'évaporation com-
pense exactement la condensation. A la pression indiquée
par cette horizontale, le liquide sera en équilibre avec sa vapeur. A toute pression supérieure, la vapeur si elle est en
contact avec le liquide, se condensera, et à toute pression
plus faible, le liquide en contact avec la vapeur s'évaporera.
D'où il suit que la ligne isotherme, déduite des expériences
ordinaires, comprendra la courbe ABC, la ligne droite CG,
et la courbe GK.

Mais le Professeur James Thomson a montré que, par des
artifices convenables, nous pouvons découvrir l'existence
d'autres parties de la courbe isotherme. Ainsi nous savons
que la portion de la courbe correspondant à l'état liquide s'é-

tend au-delà du point C ; car si le liquide est complètement débarrassé d'air et d'autres impuretés, et ne se trouve en contact qu'avec les parois du récipient, parois auxquelles il adhère étroitement, la pression pourra être réduite bien au-dessous de celle indiquée par le point C, sans qu'aucun changement n'ait lieu dans l'état du liquide, jusqu'à ce qu'enfin, à quelque point entre C et D, commence le phénomène d'ébullition violente décrit précédemment.

Considérons ensuite le corps entièrement à l'état gazeux, comme l'indique le point K et comprimons ce corps sans changer la température, jusqu'à ce qu'il se trouve dans l'état indiqué par le point G. S'il existe des gouttes de liquide dans la vapeur, ou si les parois du récipient sont susceptibles de se mouiller, la condensation commencera. Mais s'il n'existe aucune facilité de condensation, la pression pourra être augmentée, et le volume diminué jusqu'à l'état de la vapeur représenté par le point F. A ce point la condensation aura lieu, si elle ne s'est pas produite auparavant (1).

L'existence de cette variabilité dans les circonstances de la condensation, quoique assez probable, n'a pas encore été établie par expérience, comme l'a été la variabilité dans les circonstances de l'évaporation mais le Prof. J. Thomson a montré que, par l'étude de la condensation due à la rapide expansion de la vapeur dans un récipient muni d'une chemise de vapeur, on pourrait constater l'existence d'une portion de la courbe isotherme en question.

L'état de chose, néanmoins, représenté par la portion DEF de la courbe isotherme ne peut jamais être réalisé dans une masse homogène, car le corps se trouverait dans une condition essentiellement instable, puisque la pression augmenterait avec le volume. Nous ne pouvons donc pas

(1) Voir le chapitre sur la capillarité.

espérer trouver une preuve expérimentale de l'existence de cette portion de la courbe, à moins que, comme le suggère le Prof. J. Thomson, cet état de chose n'existe dans quelque partie de la couche superficielle très peu épaisse de transition d'un liquide à son propre gaz ; c'est dans cette couche qu'ont lieu les phénomènes de capillarité.

CHAPITRE VII.

PROPRIÉTÉS D'UN CORPS QUI NE PEUT PERDRE NI GAGNER DE CHALEUR.

Jusqu'ici nous n'avons considéré, parmi les propriétés des corps, que le volume occupé par un poids donné, la pression par mètre ou par centimètre carré, et la température supposée uniforme. Quand pour changer l'état du corps, il était nécessaire de faire intervenir la chaleur, nous n'avons tenu aucun compte des quantités de chaleur perdues ou gagnées par le corps.

Pour mesurer d'une manière effective les quantités de chaleur, il faut avoir recours aux procédés décrits dans notre chapitre sur la calorimétrie, ou à des procédés équivalents. Avant néanmoins d'aborder la question à ce point de vue, nous examinerons le cas, très important, où les changements qui ont lieu consistent dans l'échange de la chaleur, dans un sens ou dans un autre, entre le corps considéré et les corps qui l'entourent.

Afin d'associer aux vérités scientifiques des images mentales susceptibles d'être invoquées facilement, images qui impriment mieux ces vérités dans l'esprit, nous supposerons que le corps est contenu dans un cylindre muni d'un piston, et que le cylindre et le piston sont tous les deux absolument imperméables à la chaleur. La chaleur non-seulement ne peut se transmettre à travers le cylindre ou le piston, mais aucun échange de chaleur ne peut se faire entre le corps et la matière elle-même du cylindre ou du piston.

Il n'existe pas, dans la nature, de substances absolument imperméables à la chaleur, de telle sorte que l'image que nous avons indiquée, ne peut jamais être complètement réalisée ; mais il est toujours possible de constater, dans chaque cas particulier, si de la chaleur a été perdue ou gagnée par le corps, bien que les méthodes de constatation, et les dispositifs nécessaires pour satisfaire à cette condition soient compliqués. Dans le présent exposé, la description des détails des expériences ne ferait que détourner notre attention des faits plus importants. Nous ajournerons par conséquent, toute description des méthodes expérimentales réelles jusqu'à ce que nous ayons expliqué les principes sur lesquels elles sont basées. En développant ces principes, nous emploierons les exemples les plus appropriés sans admettre d'ailleurs qu'ils soient physiquement réalisables.

Nous supposerons donc le corps placé dans un cylindre, son volume et sa pression réglés et mesurés par un piston, et nous supposerons, en outre, que pendant les changements de volumes et de pression, aucun échange de chaleur n'a lieu entre le corps expérimenté et les corps extérieurs.

La relation entre le volume et la pression, sera représentée par une courbe tracée sur le diagramme indicateur pendant le mouvement du piston, exactement comme dans le cas des lignes isothermes déjà décrites. La seule différence est que, tandis que dans le cas des lignes isothermes, le corps était toujours maintenu à une seule et même température, dans le cas actuel, le corps ne peut ni absorber ni communiquer de la chaleur, ce qui, comme nous le verrons, est une condition d'une nature toute différente.

La ligne tracée sur le diagramme, dans ce dernier cas, a été nommée par le Professeur Rankine, une ligne *adiabatique*, parce qu'elle est définie par la condition qu'aucune chaleur ne puisse se transmettre à travers (διαβαίνειν) le récipient qui renferme le corps.

Comme les propriétés du corps soumis à cette condition, sont complètement définies par les lignes adiabatiques, nous comprendrons mieux ces propriétés, si nous les associons avec les traits correspondants des lignes en question.

La première chose qu'il faut observer est que la pression invariablement augmente lorsque le volume diminue. En réalité, si, dans certaines circonstances, la pression diminuait quand le volume diminue, le corps serait dans un état instable, et se contracterait subitement ou ferait explosion, de manière à se retrouver dans des conditions telles que la pression augmente quand le volume diminue.

Par conséquent les lignes adiabatiques s'inclinent vers le bas, de gauche à droite, ainsi que nous l'avons dessiné (fig. 17).

Si la pression augmente continuellement, jusqu'à la plus forte pression que nous puissions produire, le volume diminue continuellement, mais toujours de plus en plus lentement, de sorte

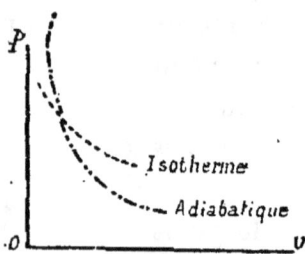

fig. 17

que nous ne pouvons dire s'il existe un volume limite, tel que toute pression, quelque grande qu'elle soit, ne puisse amener le corps à un volume plus petit.

En réalité, nous ne pouvons pas tracer les adiabatiques au-delà d'une certaine limite, et par conséquent nous ne pouvons rien affirmer de la portion supérieure de ces lignes, excepté qu'elles ne peuvent s'éloigner de l'axe des pressions, sans quoi le volume augmenterait avec l'accroissement de pression. Si d'un autre côté, nous supposons que le piston est soulevé, de manière à accroître le volume, la pression diminuera.

Si le corps est à l'état de gaz, ou prend cette forme pendant l'opération, il continuera à exercer une pression sur le piston, même quand le volume est augmenté dans une énorme proportion. Nous n'avons aucune raison d'ordre expérimental de croire que la pression se réduirait à zéro, si le volume devenait suffisamment grand. Pour les corps gazeux, par conséquent, la ligne s'étend indéfiniment dans la direction de l'axe des volumes et s'approche continuellement de cet axe, mais sans jamais l'atteindre.

Quant aux corps qui ne sont pas primitivement sous la forme de gaz quelques-uns d'entr'eux, quand la pression est suffisamment réduite, prennent cette forme, et l'on soutient avec vraisemblance que nous n'avons aucune preuve qu'une substance, quelque compacte et à si basse température qu'elle soit, ne se dissipera pas tôt ou tard à travers l'espace, par une sorte d'évaporation, si elle n'est soumise à aucune pression extérieure.

L'odeur par laquelle des métaux tels que le fer et le cuivre peuvent être reconnue est une indication de plus à l'appui de ce fait que des corps, en apparence très fixes, émettent continuellement des parties d'eux-mêmes sous une forme très ténue ; si dans ces cas nous n'avons aucun moyen de découvrir l'effluve de ces corps sinon par l'odeur, dans d'autre cas, nous pouvons être privé de cette ressource par la circonstance que l'effluve de la substance n'affecte pas du tout notre sens de l'odorat.

Quoi qu'il en soit, il y a beaucoup de corps qui semblent ne plus exercer aucune pression, quand le volume a at-

teint une certaine valeur. Au delà, s'il y a pression, cette
pression est trop faible pour être mesurée. Les lignes représentant ces corps peuvent sans erreur sensible, être considérées comme rencontrant l'axe des volumes du diagramme
dans les limites de la figure.

La seconde chose à observer au sujet des lignes adiabatiques, c'est qu'aux points où elles coupent les lignes isothermes, elles sont toujours plus inclinées que celles-ci.

En d'autres termes,pour diminuer le volume d'une quantité donnée, il faut une plus grande augmentation de pression quand la substance ne peut communiquer ni recevoir
de chaleur que quand elle est maintenue à température
constante.

C'est un exemple d'un principe plus général applicable
au changement que subit l'état d'un corps sous l'action
d'une force de nature quelconque. Dans le cas où le corps
est soumis à quelque contrainte, il faut plus de force pour
produire le changement que si le corps est libre de toute
contrainte quoique placé dans des circonstances semblables sous les autres rapports.

Dans le cas actuel, nous pouvons admettre que la condition de constance de la température peut se réaliser en
employant un cylindre construit avec une substance parfaitement conductrice de la chaleur, et l'entourant d'un grand
bain d'un fluide, parfait conducteur de la chaleur aussi,
et dont la capacité calorifique soit si grande que toute la
chaleur qu'il absorbe ou qu'il abandonne ne modifie pas
sensiblement sa température.

Dans ce cas le cylindre exerce une contrainte sur le volume
du corps parce que celui-ci ne peut s'échapper à travers les
parois mais il n'exerce aucune contrainte sur la chaleur
contenue dans le corps et qui peut passer librement dans un
sens ou dans l'autre à travers les parois du cylindre.

Si!maintenant nous supposons que les parois du cylindre ne conduisent pas la chaleur, rien n'est changé, sauf que la chaleur ne peut plus passer de l'intérieur à l'extérieur ou réciproquement.

Si dans le premier cas, le mouvement du piston donne naissance à une transmission de chaleur à travers les parois, dans le second cas, quand cette transmission ne peut avoir lieu, il faut plus de force pour produire un mouvement donné du cylindre, et cela à cause de la plus grande contrainte à laquelle est soumis le système sur lequel agit la force.

Nous pouvons déduire de là l'effet que la compression d'un corps exerce sur sa température, quand aucun échange de chaleur ne peut avoir lieu avec les corps extérieurs.

Nous avons vu que dans tous les cas la pression augmente dans une plus grande proportion que lorsque la température reste constante ; c'est-à-dire que si l'on suppose donnée l'augmentation de pression, la diminution de volume est moins grande quand la chaleur ne peut passer à l'extérieur, ou ce qui revient au même, le volume, après la compression, est plus grand quand la chaleur est confinée que quand la température est constante.

Presque tout les corps se dilatent quand leur température s'élève de telle sorte que, sous la même pression, un plus grand volume correspond à une plus haute température. Dans ces corps, par conséquent, la compression produit une élévation de température, si la chaleur ne peut s'échapper, mais si les cylindres laissent passer la chaleur, aussitôt que la température s'élève, la chaleur passe à l'extérieur, et si la compression est exercée lentement, l'effet thermique principal de la compression sera la perte par le corps d'une certaine quantité de chaleur.

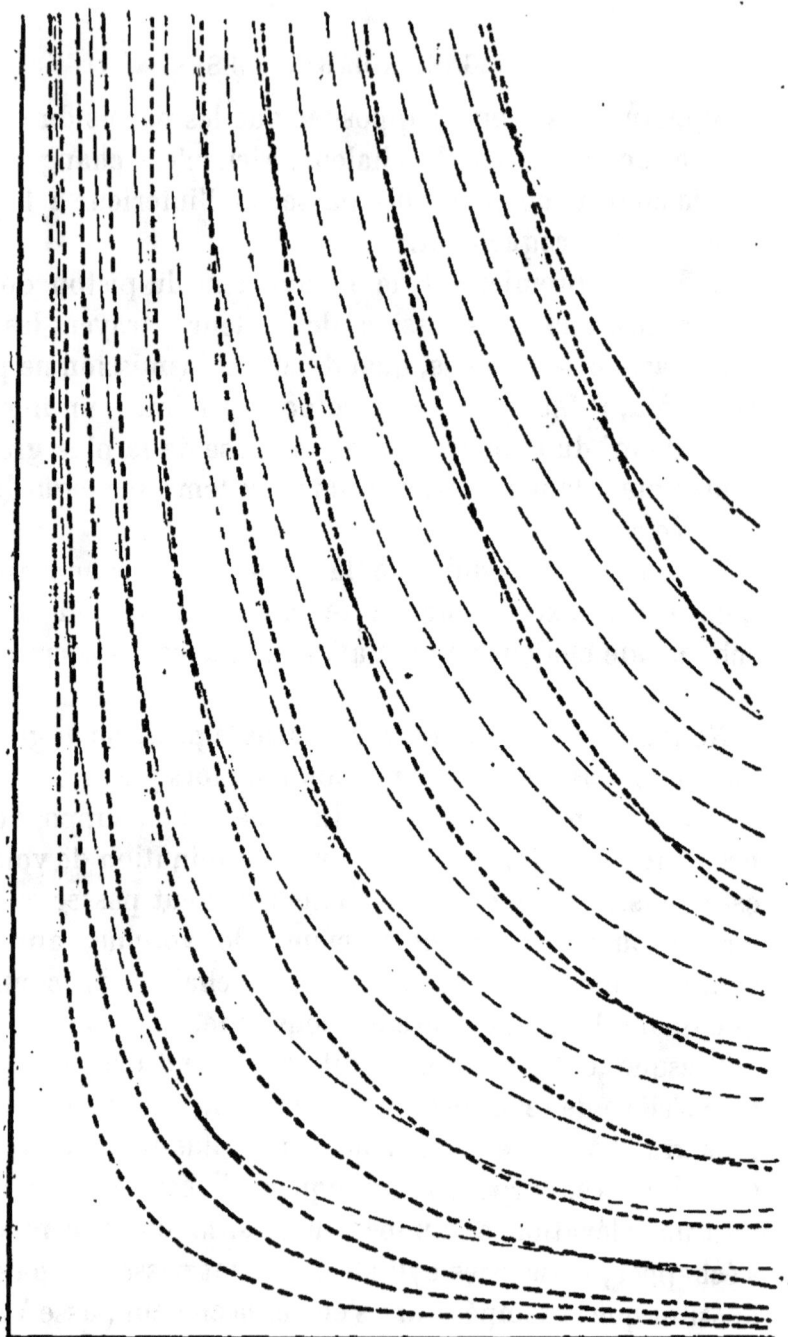

Lignes thermiques de l'air.

Isothermes _ _ _ _ _ _ _ _ _

Adiabatiques _ _ _ _ _ _ _ _ _

Fig. 48.

La figure 18 représente les lignes isothermes et adiabatiques de l'air. Les lignes adiabatiques sont plus inclinées
que les lignes isothermes.

Il y a néanmoins certains corps qui se contractent au lieu
de se dilater, lorsque leur température s'élève. Quand on
exerce une pression sur ces corps, la compression produite
est comme dans le premier cas, moins grande quand
la chaleur ne peut passer librement, que quand la température est maintenue constante. Le volume après la compression est par conséquent, comme précédemment, plus
grand que lorsque la température est constante; mais puisque dans ces corps une augmentation de volume indique
un abaissement de température, il s'ensuit que ces corps,
au lieu de s'échauffer se refroidissent par la compression, et que, si les parois du cylindre laissent passer de
la chaleur, une certaine quantité de chaleur passera de
l'extérieur à l'intérieur afin de rétablir l'équilibre de température.

Pendant un changement d'état, lorsque sous une pression donnée, le volume se modifie d'une manière considérable, sans changement de température, à mesure que des
portions successives de la substance passent d'un état à
l'autre, les lignes isothermes, nous l'avons vu, sont horizontales. Les lignes adiabatiques, cependant sont inclinées
de gauche à droite. Une augmentation quelconque de pression a pour conséquence de faire passer une portion du
corps à celui des deux états sous lequel il occupe le plus
petit volume. Pendant ce phénomène, il se dégagera de la
chaleur si, comme dans le cas d'un liquide et de sa vapeur
le corps abandonne de la chaleur en passant à un état plus
dense ; mais si, comme dans le cas de la glace et l'eau, la
glace absorbe de la chaleur pour se réduire à la forme plus
dense de l'eau, une augmentation de pression fera fondre
une portion de la glace, et le mélange deviendra plus froid.

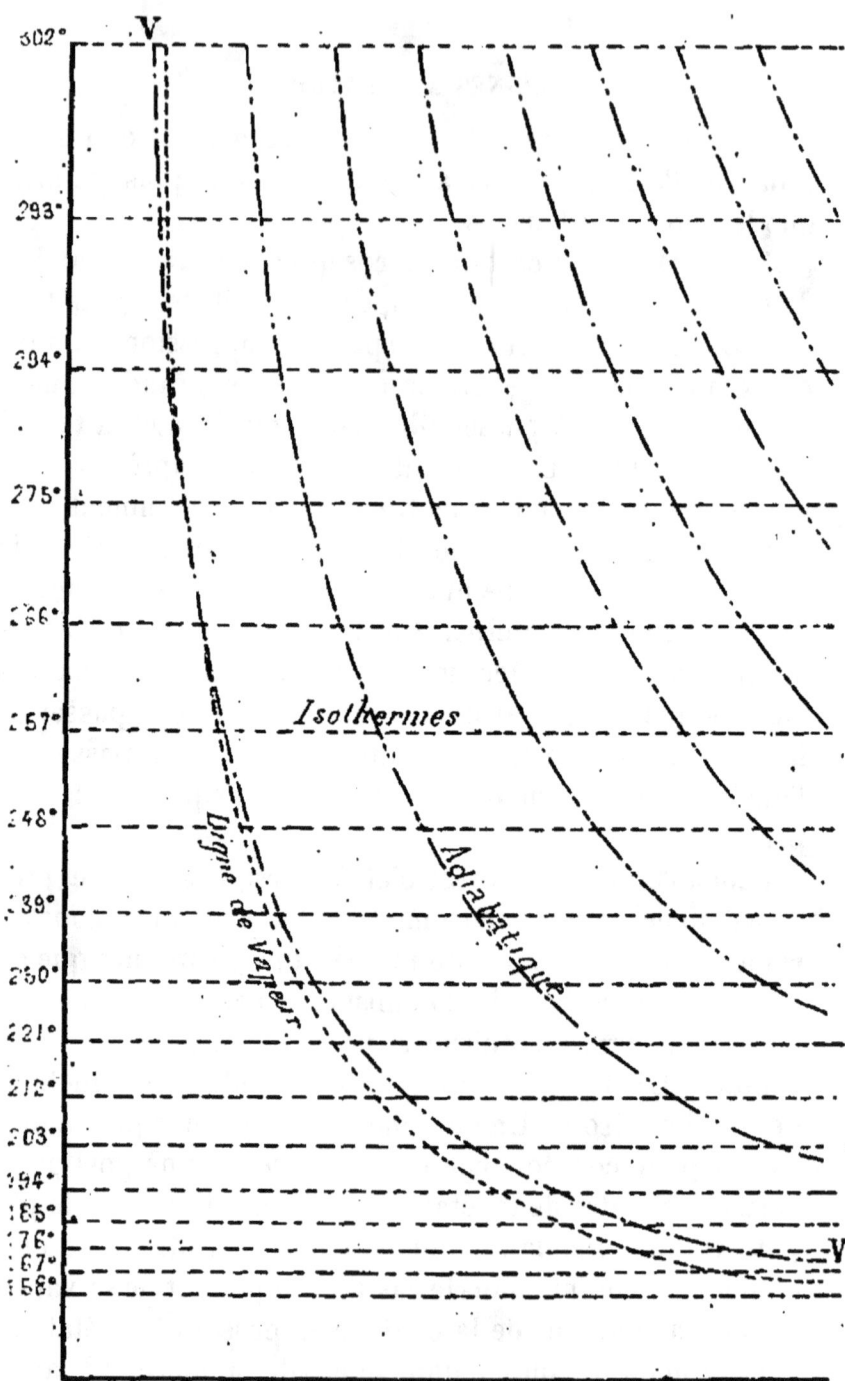

Fig. 19.

La fig.19 représente les lignes isothermes et adiabatiques de la vapeur en présence de l'eau. Les lignes isothermes sont ici horizontales. La ligne de vapeur *vv*, qui indique le volume d'un kilogramme de vapeur saturée est également tracée sur le diagramme. Son inclinaison sur l'horizontale est moindre que celle des lignes adiabatiques. Par conséquent quand la chaleur ne peut passer à l'extérieur, une augmentation de pression a pour effet de vaporiser une portion de l'eau, et une diminution de pression entraîne une condensation partielle. C'est ce qui a été montré pour la première fois par Clausius et Rankine.

Au moyen des diagrammes des lignes isothermes et adiabatiques, les propriétés thermiques d'une substance peuvent être complètement définies, comme nous le verrons dans les chapitres suivants. A un point de vue scientifique, ce mode de représentation est de beaucoup le meilleur, mais pour interpréter le diagramme, il est nécessaire d'avoir quelques connaissances de thermodynamique.

Cependant, pour aider simplement le lecteur à se rappeler les propriétés d'un corps, on peut utiliser le mode suivant de représenter les changements de volume et de température sous pression constante, quoique ce moyen soit dépourvu de ces mérites scientifiques qui donnent une si grande valeur aux diagrammes indicateurs dans les expériences et les recherches.

Le diagramme fig. 20 représente l'effet de la chaleur sur un kilogramme de glace à 18° au-dessous de zéro. Les quantités de chaleur fournies à la glace sont indiquées par les longeurs mesurées sur la ligne de base marquée « unités de chaleur ». Le volume du corps est représenté par la longueur de là perpendiculaire comprise entre la ligne de base et la ligne représentant le volume et la température est donnée par la longueur de la perpendiculaire comprise entre cette même ligne de base et la ligne pointillée marquée « ligne de température ».

La chaleur spécifique de la glace est d'environ 0.5 de telle sorte qu'il faut 9 unités de chaleur pour élever la température de — 18° à 0°. Le poids spécifique de la glace à 0° est, suivant Bunsen, égal à 0.91674, de sorte que son volume comparé à celui de l'eau à 0° est égal à 1.0908.

Quand la glace commence à fondre, la température reste constante et égale à 0°, mais le volume de la glace diminue et le volume de l'eau augmente, comme le montre la ligne marquée « volume de la glace » La chaleur latente de la glace est de 79.25 et le phénomène de fusion continue jusqu'à ce que la glace ait absorbé 79.25 unités de chaleur, et que le tout soit converti en eau à 0°.

Le volume de l'eau à 0°, est suivant M. Despretz égal à 1.000127. La chaleur spécifique à cette température est un peu plus grande que l'unité, elle est exactement égale à l'unité à 4° et à mesure que la température s'élève, la chaleur spécifique s'accroît, de sorte que pour échauffer de l'eau de 0° à 100°, il faut environ 101 unités de chaleur au lieu de 100. Le volume de l'eau diminue jusqu'à ce que la température soit égale à 4°, et alors le volume est égal exactement à 1, puis l'eau se dilate lentement d'abord, plus rapidement ensuite à mesure que la température s'élève ; à 100°, le volume de l'eau est alors égal à 1.04315.

En continuant à faire agir la chaleur sur l'eau, la pression étant toujours celle de l'atmosphère, on provoque l'ébullition de l'eau. Chaque unité de chaleur, suffit pour la vaporisation de 1/536 de kilogramme, et le volume de la vapeur formée est 1700 fois celui de l'eau. On pourrait prolonger le diagramme de manière à représenter tout le phénomène de vaporisation. Ce phénomène nécessite l'em-

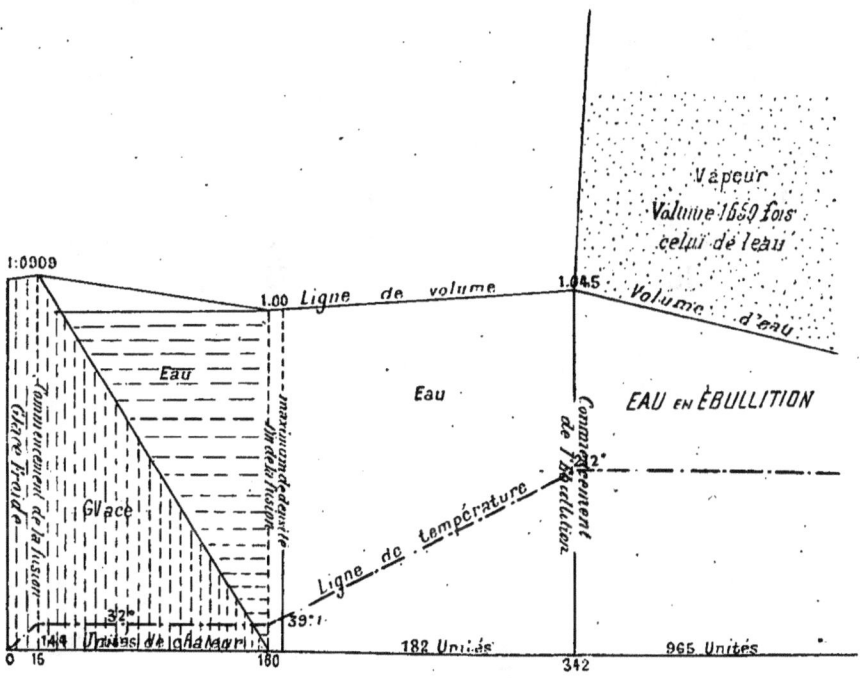

Fig. 90.

Vapeur
Volume 1659 fois
celui de l'eau

1:0909

1.00 Ligne de volume   1.045   Volume   d'eau

Eau

Eau   EAU en ÉBULLITION

Glace

Commencement de la fusion
Glace Froide

maximum de densité
fin de la fusion

Commencement
de l'ébullition

Ligne de température

32°   39°1   2°

14°9   Unités de chaleur   182 Unités   965 Unités

0   15   180   342

ploi de 536 unités de chaleur, de sorte que la longueur de la ligne de base atteindrait 3 mètres 25. En ce point, toute l'eau serait transformée en vapeur, et la vapeur occuperait un volume égal à 1700 fois celui de l'eau. La ligne verticale qui représenterait sur le diagramme le volume de la vapeur serait égale à 85 mètres. La température serait encore de 100°. Mais si nous continuions à faire agir la chaleur sur la vapeur, supposée sous la pression atmosphérique, sa température s'élèverait d'une manière parfaitement uniforme à raison de 2°08 par unité de chaleur, la chaleur spécifique de la vapeur étant égale à 0,4805.

Le volume de la vapeur surchauffée augmente aussi d'une manière régulière et est proportionnel à sa température absolue comptée à partie de — 272°.

CHAPITRE VIII.

DES MACHINES THERMIQUES. (1).

Jusqu'ici le seul usage que nous ayons fait du diagramme indicateur a été d'expliquer la relation qui existe entre le volume et la pression d'un corps placé dans certaines conditions thermiques.

La condition que la température soit constante se traduit par les lignes isothermes, et la condition qu'aucune quantité de chaleur ne puisse s'échanger a fourni les lignes adiabatiques. Nous avons maintenant à poursuivre l'application de la même méthode à la mesure des quantités de chaleur et du travail mécanique.

A la page 134, nous avons montré que si le crayon de l'indicateur se meut de B à C, cela indique que le volume du corps a augmenté de 0b à 0c sous une pression qui était primitivement égale à Bb et finalement égale à Cc.

Le travail effectué par le corps qui exerce une pression sur le piston, pendant le mouvement est représenté par l'aire BcCb, et puisque le volume augmente pendant l'opération, c'est bien le corps qui effectue du travail sur le piston, et non le piston qui effectue du travail sur le corps.

Dans les machines thermiques de la pratique, telles que les machines à vapeur et les machines à air, la forme du

(1) Les machines thermiques sont celles dont le pouvoir moteur est la chaleur ; telles sont les machines à vapeur, à gaz, à éther. — *Trad.*

contour décrit par le crayon dépend des dispositions des
organes de mouvement de la machine, par exemple de
l'ouverture et la fermeture des valves servent à l'admis-
sion où à l'évacuation de la vapeur.

Comme il ne s'agit ici que d'éclaircir les principes de la
science, et de bien comprendre la théorie mécanique de la
chaleur, nous décrirons la marche d'une machine tout à
fait fictive, qu'il est impossible de construire, mais très
aisé de concevoir.

Cette machine a été inventée et décrite par Sadi Carnot
dans ses « *Réflexions sur la Puissance motrice du feu* »,
publiées en 1824. Elle est appelée machine réversible de
Carnot pour les raisons que nous expliquerons plus loin.

Toutes les dispositions de cette machine ne sont imagi-
nées que dans le but d'éclairer la théorie, et non dans le
but de représenter ce qui se passe dans les machines de la
pratique.

Carnot lui-même croyait à la nature matérielle de la
chaleur, et par conséquent il a été conduit à des propositions erronées en ce qui concerne les quantités de chaleur
qu'absorbe et que dégage la machine. Comme notre objet
n'est que d'exposer les principes de la théorie de la chaleur
et non et d'en donner l'historique, nous profiterons du
progrès important effectué par Carnot en évitant l'erreur
dans laquelle il est tombé (1).

Soit D le corps qui accomplira un travail et qui peut
être une substance quelconque affectée d'une manière quelconque par la chaleur, mais que nous supposerons être,
pour préciser, soit de l'air, soit de la vapeur, soit en
partie de la vapeur et en partie de l'eau à la même température.

_____

(1) Et qu'il a rectifiée plus tard dans des notes récemment publiées. *Trad.*

Le corps est contenu dans un cylindre muni d'une piston. On suppose que les parois latérales du cylindre et le
piston sont absolument non conducteurs de la chaleur,
mais que le fond du cylindre est un conducteur parfait, et

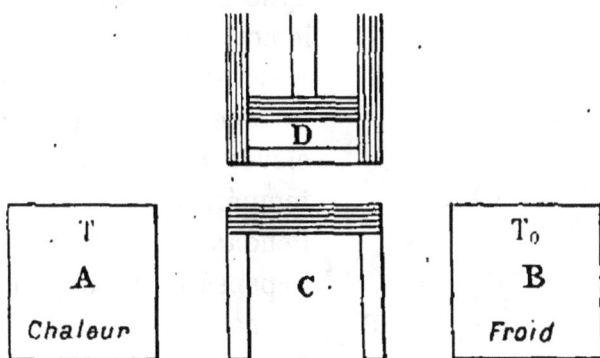

Fig. 21.

possède une capacité calorifique si faible que la quantité
de chaleur nécessaire pour modifier sa température est
négligeable.

A et B sont deux corps dont la température est maintenue constante. A est maintenu toujours à une température T, et B est maintenu toujours à une température
T_0, inférieure à T. C est un support qui sert à soutenir le
cylindre, et dont la face supérieure est un parfait non-
conducteur de la chaleur.

Supposons que le corps contenu dans le cylindre soit à
la température T_0 du corps froid B, et que son volume et
sa pression soit représentés sur le diagramme indicateur
par Oa et aA, le point A étant sur la ligne isotherme qui
correspond à la température la plus basse T_0.

1re *Opération.* — Plaçons maintenant le cylindre sur le
support non conducteur de manière que la chaleur ne
puisse se dissiper, et faisons mouvoir le cylindre de haut

en bas, ce qui diminuera le volume du corps. Comme aucune quantité de chaleur ne peut s'échapper, la température s'élèvera, et la relation entre le volume et la pression à un moment quelconque sera représentée par la ligne adiabatique AB, tracée par le crayon.

Continuons cette opération jusqu'à ce que la température se soit élevée au même degré T que la température du corps chaud **A**. Pendant l'opération nous aurons dépensé sur le corps une quantité de travail représentée par la surface AB*ba*. Le travail est considéré comme négatif quand il est effectué sur le corps ; nous devons donc regarder le travail accompli dans la première opération comme négatif.

Seconde opération. — Transportons maintenant le cylindre sur le corps chaud A et laissons le piston s'élever graduellement (1) ; l'effet immédiat de la dilatation du corps sera d'abaisser sa température, mais aussitôt que la température commencera à s'abaisser, de la chaleur passera du corps chaud A à l'intérieur, à travers le fond du piston et empêchera que la température ne s'abaisse au-dessous de T.

Le corps se dilatera donc à la température T, et le crayon tracera la ligne BC qui est une partie de la ligne isotherme correspondant à la température supérieure T.

Pendant cette opération, le corps accomplit du travail

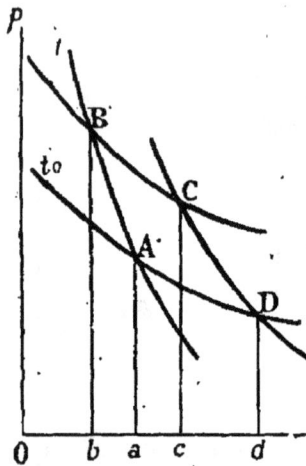

fig. 22.

_____

(1) En diminuant lentement la pression. — *Trad.*

par sa pression sur le piston. La quantité de travail est représentée par la surface BC*cb*, et doit être comptée positivement.

Dans le même temps, une certaine quantité de chaleur que nous désignerons par Q aura passé du corps chaud A dans le corps contenu dans le cylindre.

Troisième opération. — On transporte maintenant le cylindre du corps chaud A sur le suport non conducteur et on laisse encore le piston s'élever. Le crayon de l'indicateur tracera la ligne adiabatique CD, puisque la chaleur ne peut pénétrer dans le cylindre et que la température s'abaissera pendant l'opération. Quand la température se sera abaissée au même degré T_0 que la température du corps froid, arrêtons l'opération. Le crayon sera arrivé alors en D, qui est un point de la ligne isotherme correspondant à la plus basse température T_0.

Le travail accompli par le corps pendant cette opération est représenté par la surface CD*dc* et est positif.

Quatrième opération. — On place le cylindre sur le corps froid B. Il est à la même température que B, de sorte qu'il n'y a aucun transfert de chaleur. Mais aussitôt que l'on commence à abaisser le piston de la chaleur passe du corps comprimé dans le corps froid B, si bien que la température demeure sensiblement égale à T_0 pendant l'opération. Il faut enfoncer le piston jusqu'au point où il se trouvait au commencement de la première opération ; comme la température est toujours la même, la pression sera la même qu'au début des opérations. Le corps aura par conséquent repris exactement son état initial, en ce qui concerne le volume, la pression et la température.

Pendant la quatrième opération, alors que la portion DA trace la ligne isotherme correspondant à la basse température, le piston accomplira sur la substance une quantité de travail représentée par la surface DA*ad*, et comptée négativement.

Dans le même temps, une certaine quantité de chaleur que nous indiquerons par Q_0, aura passé du corps comprimé au corps froid B.

DÉFINITION D'UN CYCLE. — *On appelle cycle la série d'opérations par lesquelles un corps est ramené, sous tous les rapports, à son état primitif.*

Travail total accompli pendant le cycle. — Quand le piston s'élève, le corps accomplit du travail ; c'est le cas de la seconde et de la troisième opération. Quand le piston s'abaisse, le piston accomplit du travail sur le corps, et ce travail doit être considéré comme négatif. Pour obtenir par conséquent le travail accompli par le corps, nous devons soustraire la surface DAB*bd*, représentant le travail négatif de la surface BCD*db*, représentant le travail positif. La différence qui est ABCD, représente le travail utile accompli par la machine pendant le cycle des opérations. Si nous avons quelque peine à comprendre comment on peut utiliser ce travail pendant la marche de la machine, nous n'avons qu'à supposer que le piston, quand il s'élève, est employé à soulever des poids, et qu'une partie du poids soulevé est aussi employée à abaisser le piston. Comme la pression du corps, pendant que le piston s'abaisse, est moindre que quand il s'élève il est clair que la machine peut élever un poids plus grand que celui qui est nécessaire pour compléter le cycle des opérations, de telle sorte que la balance est en faveur du travail utile.

Transmission de chaleur pendant le cycle. C'est seulement dans la seconde et dans la quatrième opération, qu'il y a une transmission de chaleur, car dans la première et la.

troisième, la chaleur ne peut se transmettre par le support non-conducteur.

Dans la seconde opération, une quantité de chaleur représentée par Q passe du corps chaud A dans le corps contenu dans le cylindre à la température supérieure T et dans la quatrième opération une quantité de chaleur représentée par Q_0, passe de ce corps au corps froid B, à la température plus basse T_0.

Le corps contenu dans le cylindre est laissé après le cycle des opérations, exactement dans le même état qu'au commencement, et par conséquent l'effet total du cycle est le suivant :

1º Une quantité de chaleur Q est empruntée à A, à la température T.

2º Le corps accomplit un travail représentée par ABCD.

3º Une quantité de chaleur Q_0, est communiquée à B, à la température T_0.

APPLICATION (1) DU PRINCIPE DE LA CONSERVATION DE L'ÉNERGIE.

Ceux qui ont fait des forces naturelles l'objet de leurs études ont, depuis longtemps, été amenés à penser que dans tous les phénomènes naturels qui s'accomplissent, le travail effectué est simplement déplacé d'un corps dans lequel se trouve une réserve d'énergie à un autre corps de manière à augmenter la réserve d'énergie de ce dernier.

(1) Le mot « vérification » serait préférable. Le principe de la conservation de l'énergie n'est qu'une induction fondée sur un grand nombre de faits et notamment sur celui qui vient d'être exposé. — *Trad.*.

On emploie le mot énergie (1) pour dénoter la capacité qu'un corps possède d'accomplir du travail, soit que cette capacité provienne du mouvement du corps, comme dans le cas d'un boulet qui peut renverser un mur en perdant son mouvement ; soit qu'elle provienne de sa position comme dans le cas du poids qui, remonté, peut faire marcher une horloge pendant une semaine ; soit qu'elle dérive de toute autre cause, de l'élasticité d'un ressort de montre, du magnétisme d'une aiguille de boussole, des propriétés chimiques d'un acide, de la chaleur d'un corps chaud, etc.

La théorie de la conservation de l'énergie établit que toutes ces différentes formes de l'énergie peuvent être mesurées de la même manière qu'un travail mécanique, et que si toute l'énergie d'un système était mesurée de cette manière, les actions mutuelles des différentes parties du système n'augmenteraient ni ne diminueraient sa réserve totale d'"énergie.

D'où il suit que toute augmentation ou diminution d'énergie d'un système doit être attribuée à l'action de corps extérieurs au système.

Cette théorie de la conservation de l'énergie a grandement aidé au progrès des sciences physiques, spécialement depuis 1840. Les nombreuses recherches faites au sujet de l'équivalent mécanique des formes variées de l'énergie ont été entreprises par des savants qui ont ainsi voulu poser les fondements d'une connaissance plus approfondie des phénomènes physiques considérés dans leurs rapports avec l'énergie. Le fait que l'énergie existe sous un si grand nombre de formes qui peuvent être mesurées en se basant

---

(1) Voir l'ouvrage élémentaire de Balfour Stewart sur la conservation de l'énergie. Paris, Germer Baillère. *Trad.*

sur l'hypothèse qu'elles sont toutes équivalentes à l'énergie mécanique et le fait que les mesures effectuées par différentes méthodes sont concordantes les unes avec les autres, ces faits montrent bien que la théorie est l'expression
d'une vérité scientifique.

Pour juger cette vérité au point de vue de la preuve
dont elle est susceptible, nous devons nous demander,
comme on doit toujours le faire en pareil ,casce qu'impli-
querait une contradiction directe de la théorie. Si cette
théorie n'est pas vraie, il est alors possible que les parties
d'un système matériel, par leur seules actions mutuelles,
et sans s'altérer elle-même d'une manière permanente,
puissent effectuer du travail sur les corps extérieurs ou
faire que ceux-ci effectuent du travail sur le système lui-
même.

Puisque nous avons supposé que le système après un
cycle d'opération revient exactement au même état qu'au
début, nous pouvons supposer que le cycle des opérations
soit répété un nombre indéfini de fois, et par conséquent
le système serait capable, dans le premier cas, de créér
une quantité indéfinie de travail sans que rien d'équivalent
ne soit fourni au système,et dans le second cas d'absorber
une quantité indéfinie de travail, sans être en rien modifié.

Que la doctrine de la conservation de l'énergie ne soit
pas évidente par elle-même, cela est montré par les tentatives répétées faites en vue de trouver le mouvement per-
pétuel. Quoique de pareilles tentatives aient été depuis
longtemps considérées comme vaines par les hommes de
science, ceux-ci eux-mêmes ont, à beaucoup de reprises,
étudié le frottement et d'autres phénomènes naturels, du
même genre sans cependant faire aucune tentative pour
rechercher ce que devient cette énergie et ne paraissent
même pas avoir songé à se poser cette question.

L'exactitude de cette loi, cependant, est maintenant presque aussi bien démontrée, si non tout à fait, que celle de la conservation de la matière, cette autre loi d'après laquelle, dans les phénomènes naturels, la quantité de matière d'un système reste toujours la même quoique sa forme puisse changer.

Aucun fait n'est encore venu infirmer l'une ou l'autre de ces lois et elles sont aussi bien établies que toutes les autres lois physiques.

Le grand mérite de la méthode de Carnot consiste en ce que les opérations sont réunies dans un cycle tel que le corps revienne exactement à l'état initial. On est sûr par conséquent que l'énergie qui reste dans le corps est la même en quantité qu'au commencement du cycle. Si cette condition n'était pas remplie, nous aurions à rechercher quelle est la valeur de l'énergie nécessaire pour amener le corps de son état primitif à son état final, avant que nous puissions rien affirmer en nous appuyant sur la conservation de l'énergie.

Nous avons par conséquent évité d'avoir à tenir compte de l'énergie résidant dans les corps et qui est appelé *énergie intrinsèque*, et nous n'avons qu'à comparer :

1° L'énergie primitive, qui est la quantité de chaleur Q, à la température T du corps chaud. Cette énergie étant transmise au corps sur lequel on opère, nous obtenons comme énergie résultante :

2° Une quantité de travail représentée par ABCD ;

3° et une quantité de chaleur Q_0 à la température T_0 du corps froid.

Le principe de la conservation de l'énergie nous apprend que l'énergie sous forme de la chaleur Q à la température T excède celle de la chaleur Q_0 à la température T_0 d'une quantité d'énergie mécanique représentée par la surface

ABCD, quantité que l'on peut facilement exprimer en kilogrammètres. Cela est admis par tout le monde.

Mais Carnot croyait (1) que la chaleur est une substance matérielle appelée calorique, et que par conséquent elle ne pouvait être ni créée ni détruite. Il en conclut que puisque la quantité de chaleur contenue dans le corps restait la même à la fin des opérations qu'au commencement, la quantité de chaleur Q qui lui était communiquée, et la quantité Q_0 qui lui était enlevée devaient être égales.

Ces deux quantités de chaleur, néanmoins sont, comme Carnot l'a fait observer, dans des conditions différentes, car Q est à la température du corps chaud et Q_0 à la température du corps froid. Carnot en concluait que le travail accompli par la machine l'était au dépens de la chute de température, l'énergie d'une distribution de chaleur étant d'autant plus grande que le corps qui abandonne cette chaleur est plus chaud.

Il rendit cette théorie très claire au moyen de la comparaison avec un moulin. En faisant marcher un moulin, l'eau qui entre dans le moulin le quitte sans que sa quantité soit changée, mais se trouve à un niveau plus bas. Dans la comparaison de la chaleur et de l'eau, nous devons comparer la chaleur à haute température avec l'eau à un niveau élevée. L'eau tend à s'écouler à un lieu plus bas, de même la chaleur tend à s'écouler d'un corps chaud à un corps froid. Dans un moulin on fait usage de cette tendance de l'eau, et dans une machine thermique, on fait usage de la propriété correspondante de la chaleur.

(1) Nous avons déjà fait remarquer que les idées de Sadi Carnot se sont modifiées postérieurement à la publication de son mémoire. Sadi Carnot a eu l'exacte notion de l'équivalence de la chaleur et du travail mécanique. *Trad.*

La mesure des quantités de chaleur, surtout quand il faut procéder sur une machine en marche est une opération très difficile, et ce n'est qu'en 1862, que Hirn montra expérimentalement que la quantité de chaleur abandonnée Q_0, est réellement moins grande que la quantité de chaleur, Q, reçue par la machine.

Il est d'ailleurs aisé de montrer que l'assertion que Q est égal à Q_0, doit être erronée.

Car si nous devions utiliser la machine pour agiter un liquide, le travail ABCD accompli de cette manière engendrerait une quantité de chaleur que nous représenterons par Q'_0, ;

La chaleur Q à haute température, a par conséquent été dépensée, et nous obtiendrions, au lieu et place, une quantité Q'_0 à la température du liquide, quelle qu'elle soit.

Mais si la chaleur est matérielle, et si par conséquent Q est égal à Q_0, $Q_0 + Q'_0$ est plus grand que la quantité primitive, et de la chaleur a été créée, ce qui est contraire à l'hypothèse que la chaleur est matérielle.

Bien plus, nous aurions pu laisser la chaleur Q passer du corps chaud dans le corps froid par conduction, soit directement, soit par l'intermédiaire d'un ou plusieurs corps conducteurs ; dans ce cas nous savons que la chaleur reçue par le corps froid serait égale à la chaleur empruntée au corps chaud, car la conduction ne change pas la quantité de chaleur, d'où il suit que dans ce cas Q est égal à Q_0. Mais le transfert de chaleur n'a produit aucun travail. Lorsque, en plus du transfert de chaleur, la machine accomplit du travail, il devrait y avoir quelque différence dans le résultat final, mais il n'y aurait aucune différence s'il était encore égal à Q.

Cette hypothèse du calorique, ou la théorie que la chaleur est une espèce de matière est rendue insoutenable, en premier lieu par la preuve donnée par Rumford et plus complètement par Davy, que la chaleur peut être engendrée au dépens du travail mécanique ; et en second lieu par les expériences de Hirn qui montrent que quand la chaleur accomplit du travail dans une machine, une certaine quantité de chaleur disparaît.

La détermination par Joule de l'équivalent mécanique de la chaleur nous permet de l'affirmer que la quantité de chaleur nécessaire pour élever un kilogramme d'eau de 4° à 5° est équivalente à 430 kilogrammètres (1).

On doit remarquer que dans cet énoncé, il n'est pas tenu compte de la température du corps qui abandonne de la chaleur. La chaleur qui élève un kilogramme d'eau de 4° à 5° peut être empruntée à de l'eau froide à 10°, à un fer rouge à 300°, ou au soleil dont la température est au-dessus de toute détermination expérimentale, et cependant l'effet d'échauffement produit par la chaleur est le même quelle que soit la source d'où elle provient. Quand la chaleur est évaluée comme quantité, on ne tient aucun compte de la température du corps dans lequel la chaleur existe, pas plus qu'on ne tient compte de la grandeur de ce corps, de son poids ou de sa pression ; de même qu'on ne tient pas compte, pour déterminer le poids d'un corps, de ses autres propriétés (2).

(1) On adopte généralement en France, le chiffre de 425 kilogram mètres. — *Trad.*

(2) Il serait plus logique de dire que pour évaluer l'effet d'une quantité de chaleur émanée d'une source, on ne tient pas compte de la température *moyenne* de la source. En fait la source ne peut être à une température constante, et l'on a à tenir compte des deux températures extrêmes, dans la période considérée. Ce n'est pas une, mais ce sont deux températures dont il faut tenir compte. Et pour énoncer rationnellement l'idée que Maxwel a en vue, il faut dire qu'une même source de chaleur, à des températures moyennes différentes, peut-

Il résulte de là que si un corps, à un certain état, quant à la température, etc., est capable d'élever tant de kilogrammes d'eau de 4º à 5º avant qu'il soit lui-même refroidi à 5º par exemple, — et si ce corps est agité et ses parties frottées les unes contre les autres de manière à dépenser 430 kilogrammètres de travail dans cette opération le corps sera capable d'élever de 4º à 5º la température de un kilogramme d'eau, avant qu'il se soit refroidi à la température donnée.

Carnot donc avait tort de croire que l'énergie mécanique d'une quantité donnée de chaleur est plus grande quand elle existe dans un corps chaud que quand elle existe dans un corps froid. Nous savons maintenant que l'énergie mécanique est exactement la même dans les deux cas, bien que, si la chaleur est dans le corps chaud, elle soit plus utilisable comme pouvoir moteur d'une machine.

Dans notre exposé des quatre opérations de la machine de Carnot, nous les avons disposées de manière à laisser le résultat sous une forme que nous puissions à volonté interpréter conformément aux idées de Carnot, ou bien conformément à la théorie mécanique de la chaleur. Carnot lui-même commençait avec l'opération que nous avons placée la seconde, la dilatation à haute température, et il décrivait la quatrième opération, comme compression à basse température, faite de manière à ce que le corps perdît autant de chaleur qu'il en avait gagné par la dilatation à haute température. Le résultat de cette opération serait, comme nous le savons maintenant, d'entraîner une trop grande perte de chaleur, de sorte qu'après avoir comprimé le corps jusqu'à

produire les *mêmes effets*, si les variation de température ont une valeur déterminée qui dépend de la nature de la source et de la température moyenne. Et c'est cette propriété des variations de température qu'implique le mot *quantité de chaleur*. — *Trad.*

son volume primitif, sur le support non conducteur, sa température et sa pression seraient trop basses. Il est facile de corriger cette indication, en ce qui concerne la quantité de chaleur que le corps doit abandonner, mais il est encore plus facile d'éviter toute difficulté en plaçant cette opération la dernière, comme nous l'avons fait.

Nous sommes en mesure, maintenant, d'établir la relation entre Q_0 , quantité de chaleur qu'abandonne la machine et Q, quantité de chaleur qu'elle reçoit. La quantité Q est exactement égale à la somme de Q_0 et de la quantité de chaleur équivalente au travail représenté par la surface ABCD.

Dans toutes les questions relatives à la théorie mécanique de la chaleur, il est très commode d'énoncer les quantités de chaleur directement en kilogrammètres, au lieu de les exprimer en unités thermiques. On peut les réduire ensuite en calories au moyen de l'équivalent de la chaleur trouvé par Joule. En fait, l'unité thermique dépend, pour sa définition, du choix d'une certaine substance sur laquelle la chaleur agit, du choix de la quantité de cette substance, et du choix de l'effet produit par la chaleur. Et suivant que nous choisissons l'eau ou la glace, le grain ou le gramme, l'échelle Fahrenheit ou centigrade, nous obtenons des unités thermiques différentes qui, toutes, ont été employées dans diverses recherches importantes. En exprimant les quantités de chaleur en kilogrammètre, nous évitons toute ambiguïté, et spécialement en ce qui concerne la théorie de la marche des machines, nous évitons une longue et inutile phraséologie.

Nous avons déjà montré comment une surface sur le diagramme indicateur représente une certaine quantité de travail ; nous n'éprouverons donc aucune difficulté à comprendre qu'on peut aussi considérer cette surface comme représentant une quantité de chaleur équivalente à ladite quantité de travail.

Nous pouvons donc, d'une manière plus concise, exprimer ainsi qu'il suit la relation entre Q et Q_0 :

La quantité Q de chaleur absorbée par la machine à la température la plus élevée T, surpasse la quantité Q_0, de chaleur abandonnée par la machine à la température la plus basse T_0, d'une quantité de chaleur représentée par la surface ABCD, sur le diagramme indicateur.

Cette quantité de chaleur, comme nous l'avons montré, a été convertie en travail mécanique par la machine.

MARCHE INVERSE DE LA MACHINE DE CARNOT

C'est une particularité de la machine de Carnot que, soit qu'elle reçoive de la chaleur du corps chaud, soit qu'elle en abandonne au corps froid, la température du corps contenu dans le cylindre diffère extrèmement peu de celle du corps avec lequel il est en communication thermique. En supposant la conductibilité du fond du cylindre suffisamment grande, ou en supposant le mouvement du piston suffisamment lent, nous pouvons rendre la différence réelle de température, qui est la cause de transmission de chaleur, aussi petite que nous voulons.

Si nous renversons le mouvement du piston quand le corps est en communication thermique avec A ou B, le premier effet sera de changer la température du corps, mais un changement extrèmement faible de température sera suffisant pour renverser le courant de chaleur, si le mouvement est assez lent.

Supposons maintenant que la marche de la machine soit conduite dans un sens opposé, en renversant toutes les

opérations déjà décrites. Commençons à la température
la plus basse, et au volume Oa et plaçons la machine sur
le corps froid ; puis laissons le volume se dilater de Oa à
Od. Le corps expérimenté recevra du corps froid une quantité de chaleur Q_0. Comprimons-le maintenant jusqu'à Oc,
sans qu'il perde de chaleur. Il atteindra alors la température T. Plaçons-le alors sur le corps chaud, et augmentons la pression jusqu'à ce que le volume se réduise à
Ob. Le corps abandonnera au corps chaud, une quantité
de chaleur égale à Q. Enfin laissons le corps se dilater sans
absorber de chaleur jusqu'à ce que son volume devienne
Ob ; il sera revenu alors à son état primitif.

La seule différence entre l'action directe et l'action inverse
de la machine consiste en ce que, dans l'action directe, le
corps doit être, quand il reçoit de la chaleur, un peu plus
froid que A, et quand le corps B lui abandonne de la chaleur il doit être un peu plus chaud que B. Mais en faisant
marcher la machine suffisamment lentement, ces différences peuvent être rendues plus petites que toute limite qu'il
nous plaira d'assigner, de sorte qu'à un point de vue théorique, nous pouvons regarder la machine de Carnot comme
strictement réversible.

Dans l'action inverse, une quantité Q_0 de chaleur est
empruntée au corps froid B, et une plus grande quantité
Q de chaleur abandonnée au corps chaud A, et cela est
effectué au prix d'une quantité de travail mesurée par la
surface ABCD, qui mesure aussi la quantité de chaleur
transformée en travail pendant l'opération.

L'action inverse de la machine de Carnot nous montre
donc qu'il est possible de faire passer de la chaleur d'un
corps froid à un corps chaud, mais que cette opération ne
peut se faire que moyennant une certaine dépense de travail mécanique.

On peut effectuer la transmission de la chaleur d'un corps chaud à un corps froid, ou bien au moyen d'une machine thermique, auquel cas une partie de cette chaleur est convertie en travail mécanique ou bien par conduction, phénomène qui s'accomplit spontanément, mais alors sans conversion de chaleur en travail. On voit donc que la chaleur peut passer des corps froids au corps chauds de deux manières différentes. Dans l'une, où l'on fait usage d'une certaine machine, l'opération est presque, quoique pas complètement réversible, de sorte qu'en dépensant le travail que nous avons produit, nous pouvons rendre au corps chaud toute la chaleur communiquée au corps froid. Dans l'autre procédé, qui s'accomplit spontanément quand un corps chaud et un corps froid sont mis en contact, il n'y a pas réversibilité, car la chaleur ne passe jamais d'elle-même d'un corps froid à un corps chaud ; il faut, pour qu'il y ait transfert de chaleur, que l'opération soit effectuée par une machine, et au prix d'une dépense de travail mécanique.

Nous arrivons maintenant à un principe qui est entièrement dû à Carnot : si une machine réversible donnée, marchant entre la température plus haute T, et la température plus basse T_0 , et recevant une quantité Q de chaleur à la température T produit une quantité $\mathfrak{E}$ de travail mécanique, aucune autre machine, quelle que soit sa construction, ne peut produire une plus grande quantité de travail, en empruntant la même quantité de chaleur entre les mêmes températures.

o

DÉFINITION DU RENDEMENT (1). — *Si Q est la quantité de chaleur fournie, et $\mathfrak{E}$ le travail le travail accompli par la*

_____
(1) Ou coefficient économique. — *Trad.*

machine, ces deux quantités étant mesurées en kilogrammètre,
la fraction $\dfrac{\mathfrak{C}}{Q}$ *est appelée rendement de la machine.*

Le principe de Carnot consiste donc en ce que le rendement d'une machine réversible est le plus grand rendement que l'on puisse obtenir entre un écart donné de
température.

Car supposons qu'une certaine machine M, possède un
plus grand rendement entre les températures T et T_0 qu'une
machine réversible N et relions alors les deux machines
de telle sorte que M par son action directe, fasse prendre
à N la marche inverse. A chaque coup de piston de la
machine composée, la machine N empruntera au corps
froid B, la chaleur Q_0, et par une dépense de travail $\mathfrak{C}$
transmettre au corps chaud A, une quantité Q de chaleur.
La machine M recevra cette quantité de chaleur, et par
hypothèse fera plus de travail en transmettant de la
chaleur à B, qu'il n'en est nécessaire pour actionner la
machine N. Il y aura donc à chaque coup de piston un
excès de travail utile, accompli par les deux machines
combinées.

Ne supposons pas cependant que ce soit là une violation
du principe de la conservation de l'énergie, car si la
machine M fait plus de travail que la machine N n'en
produit, cette machine M convertit plus de chaleur en
travail à chaque coup de piston, et ne rend par conséquent
au corps froid B qu'une quantité plus faible que celle
empruntée au même corps par la machine N. D'où il suit,
comme conclusion légitime à déduire de l'hypothèse, que
la machine composée, par sa propre action, convertira
la chaleur du corps froid B en travail mécanique, et que
cette opération pourra continuer jusqu'à ce que toute la
chaleur du système soit convertie en travail mécanique.

Cela est manifestement contraire à l'expérience, et par conséquent nous devons admettre qu'aucune machine ne peut avoir un rendement plus grand que celui d'une machine réversible fonctionnant entre les mêmes températures. Mais avant d'examiner les conséquences du principe de Carnot, nous devons essayer d'exprimer clairement la loi sur laquelle repose au fond le raisonnement qui précède.

Le principe de la conservation de l'énergie, dans son application à la chaleur, est communément appelé la *première loi de la thermodynamique*. Il peut être énoncé comme suit : Quand du travail est transformé en chaleur, ou de la chaleur en travail, la quantité de travail est équivalente à la quantité de chaleur.

Le principe de Carnot ne se déduit pas de cette loi, et en réalité la forme qui lui avait été donnée par Carnot lui-même impliquait une violation de cette loi. Le principe de Carnot repose sur un principe plus général qui est appelé la *seconde loi de la Thermodynamique*.

Etant admis que la chaleur est une forme de l'énergie, il est établi, d'après cette seconde loi, qu'il est impossible, que dans les phénomènes de la nature, sans intervention extérieure (1), une partie quelconque de la chaleur d'un corps soit transformée en travail mécanique, excepté dans le cas où la chaleur passe d'un corps dans un autre corps à plus basse température.

Clausius, qui le premier, établit le principe de Carnot, d'une manière compatible avec la vraie théorie de la chaleur énonce cette loi comme suit :

Il est impossible à une machine fonctionnant d'elle-même, sans être soumise à une action extérieure quelconque, de faire passer

---

(1) *By the unaided action of natural processes.*

*de la chaleur d'un corps à un autre corps à une température plus
élevée.*

Thomson énonce le principe d'une manière légèrement
différente : Il est impossible, par l'intermédiaire d'agents
matériels autres que des être organisés (1) de tirer un
effet mécanique d'une portion de substance quelconque en
refroidissant cette substance au-dessous de la température
du plus froid des objets environnants.

En comparant ces énoncés le lecteur sera en mesure de
bien comprendre le fait qu'ils impliquent. Et cette acquisi-
sition lui sera d'une bien plus grande importance que les
formes quelconques de langage qui peuvent servir à exposer une démonstration plus ou moins rigoureuse (2).

Supposons qu'un corps contienne de l'énergie sous
forme de chaleur ; quelles sont les conditions auxquelles
cette énergie ou une partie de cette énergie peut être enlevée au corps ? Si la chaleur d'un corps consiste dans le
mouvement de ses parties, et si nous étions capables de

(1) *Inanimate material agency.*

(2) Le second principe de la thermodynamique est celui qui pénètre le plus profondément dans la nature du sujet. Il a reçu maints
énoncés, preuve que le fait qu'il exprime est mieux senti que compris. C'est Clausius qui paraît en avoir l'intuition la plus précise, sans
être parvenu encore à un énoncé suffisamment distinct pour être ac-
cepté sans réserve par tous ceux qui se sont occupés de thermodynamique. Peut-être le meilleur énoncé dans l'état actuel de la question, serait-il le suivant : *La transmission de chaleur d'un corps froid
à un corps chaud, est nécessairement liée à une transmission inverse
dans un autre système.* Si l'on définit le niveau de la chaleur par la
température, on peut encore dire : le niveau de la chaleur ne peut
s'élever en un point, sans que cette élévation n'ait été déterminée ou
ne soit accompagnée par un abaissement de niveau en un autre
point. Le niveau de la chaleur tend à s'abaisser de même que la matière tend à se concentrer (Consulter sur ce sujet : Clausius, Verdet,
Hirn, etc.). — *Trad.*

distinguer ces parties et de guider et contrôler leurs mouvements par un mécanisme d'une nature quelconque, nous pourrions alors, en disposant notre appareil de manière à saisir toutes les partie mobiles du corps et par une transmission mécanique convenable, transférer l'énergie de toutes ces parties du corps chauffé, sous forme de mouvement ordinaire, à un autre corps quelconque. Le corps chauffé serait rendu ainsi absolument froid, et toute son énergie thermique serait convertie dans le mouvement visible de quelqu'autre corps.

Or si cette supposition implique une contradiction directe avec la seconde loi de la thermodynamique, elle est compatible avec la première loi. La seconde loi est, par conséquent, équivalente à une négation de notre pouvoir d'accomplir l'opération qui vient d'être décrite, soit par une transmission mécanique, soit par tout autre procédé. D'où il s'en suit que, si la chaleur d'un corps consiste dans le mouvement de ses parties, les parties distinctes qui se se meuvent doivent être si petites, qu'il n'existe aucun moyen pour nous de les saisir et les arrêter.

En fait, la chaleur, sous forme de chaleur, n'abandonne jamais un corps, excepté quand elle s'écoule par conduction ou par rayonnement dans un corps plus froid.

Il y a plusieurs manières d'abaisser la température d'un corps *sans lui enlever de la chaleur* ; par exemple, en ayant recours à l'évaporation, la dilatation, ou la liquéfaction, ou encore à certaines actions chimiques ou à certaines déformations élastiques. Chacune de ces opérations, cependant, est réversible, de sorte que quand le corps est ramené à son état primitif par une série quelconque d'opérations, sans qu'il puisse gagner ou perdre de chaleur, la température redevient la même qu'au commencement. Mais si pendant les opérations, de la chaleur a passé par conduction des parties chaudes du système aux parties froides, ou si quelque chose de la nature du frottement s'est produit, il faudra pour ramener le système à son état primitif, dépenser du travail, et déplacer la chaleur.

Revenons maintenant au résultat important démontré par Carnot, qu'une machine réversible fonctionnant entre deux températures données et recevant, à la température la plus haute, une quantité donnée de chaleur accomplit au moins autant de travail que toute autre machine quelconque fonctionnant dans les mêmes conditions. Il résulte de ce principe que toutes les machines réversibles, quelle que soit la nature du corps expérimenté (1), ont le même rendement, pourvu qu'elles fonctionnent entre la même température de la source de chaleur A, et la même température du réfrigérant B.

Carnot montra, d'après cela, qu'entre deux températures différant très faiblement l'une de l'autre, par exemple de 1/1000 de degré, le rendement d'une machine ne dépendra que de la température seulement, et non de la nature du corps employé. Ce rendement, divisé par la différence de température donne l'expression appelée *Fonction de Carnot*, qui ne dépend que de la température (2).

Naturellement Carnot admettait que la température est

(1) Et quelle que soit la nature des transformations physiques, chimiques et autres subies par ce corps. Deux machines thermiques ne diffèrent pas en effet seulement par la nature et l'état de la substance employée, vapeur, gaz, liquide, etc., mais encore par les changements moléculaires ou mécaniques que cette substance peut subir dans ses transformations isothermes et adiabatiques : changements d'état physique et allotropique, combinaison, décomposition, etc. — *Trad.*

(2) Cette fonction est représentée par C et l'on a

$$C = \frac{1}{Q} \frac{d\mathcal{C}}{dT} \qquad - Trad.$$

mesurée, à la manière ordinaire, au moyen d'un thermomètre contenant un corps d'une nature déterminée et
gradué suivant l'une des échelles usitées ; la fonction de
Carnot était donc exprimée à l'aide de la température
ainsi déterminée. Mais W. Thomson, en 1848, a été le
premier à indiquer que le principe de Carnot conduisait à
une définition de la température beaucoup plus scientifique
qu'aucune de celles tirées de la manière dont se comporte
un certain corps ou une certaine classe de corps, définition
qui est, de plus, complètement indépendante de la nature
du corps expérimenté.

ÉCHELLE ABSOLUE DE TEMPÉRATURE

Soit TABC la ligne isotherme correspondant à la température T d'un certain corps. Pour plus de clarté, je suppose que la substance est en partie à l'état liquide et en
partie à l'état gazeux de manière que les lignes isothermes
soient horizontales et se distinguent bien des lignes adiabatiques qui s'inclinent vers la droite. Ce que nous avons
à exposer est, toutefois, complètement indépendant d'une
restriction quelconque portant sur la nature du corps expérimenté.

Quand le volume et la pression du corps atteignent les
valeurs représentées par le point A, fournissons de la chaleur au corps, et laissons-le se dilater, toujours à la température T, jusqu'à ce qu'une quantité de chaleur Q ait passé
dans le corps, et soit B le point indiquant alors l'état du
corps. Continuons cette opération jusqu'à ce qu'une autre
quantité Q de chaleur, ait encore passé dans ce corps, et
soit C le point indiquant l'état résultant du corps. Ces opé-

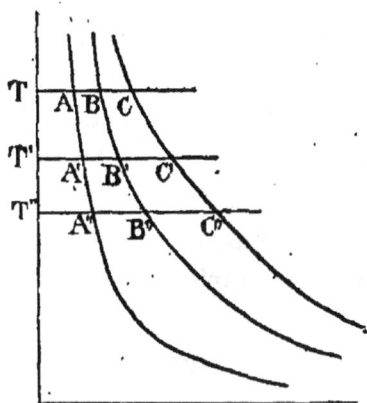

fig. 23.

rations peuvent être conti-
nuées, de manière à obtenir
un nombre quelconque de
points sur les lignes isothermes, tels que pendant la dilatation du corps d'un point à
un autre, une quantité Q de
chaleur lui ait été fournie.

Soient maintenant, AA'A″,
BB'B″, CC'C″, les lignes adiabatiques menées par A, B et C,
c'est-à-dire les lignes représen-
tant la relation entre le volume et la pression, quand le
corps se dilate sans emprunter de la chaleur au dehors.

Soient A'B'C', A″B″C″ les lignes isothermes correspondant aux températures T′ et T″.

Nous avons déjà acquis la preuve avec Carnot, que dans
une machine réversible, fonctionnant entre la température
T de la source de chaleur et la température T′ du réfrigérant, le travail $\mathfrak{C}$ produit par la quantité de chaleur empruntée à la source ne dépend que de T et T′ et de cette
quantité de chaleur.

Il en résulte que, puisque AB et BC correspondent à des
quantités égale de chaleur empruntées à la source, les
surfaces ABB'A' et BCC'B', qui représentent le travail accompli correspondant, doivent être égales.

La même chose est vraie pour les surfaces découpées
par les lignes adiabatiques entre deux autres lignes isothermes.

Par suite, si l'on mène une série de lignes adiabatiques
de manière que leurs points d'intersection avec l'une des
lignes isothermes correspondent à des additions successives de quantités égales de chaleur, la série des lignes adia-

batiques découpera une série de surfaces égales sur la
bande limitée par deux lignes isothermes quelconques.

Or la méthode de Thomson pour graduer une échelle de
température équivaut à choisir les points AA′A″, par lesquels
on mène la série des lignes isothermes, de manière que la
surface contenue entre deux isothermes, consécutives T et
T′ soit égale à la surface A′B′B″A″ comprise entre deux autres isothermes consécutives T′T″.

Cela revient à dire que le nombre de degrés entre la température T et la température T″ doit être pris propor-
tionnellement à la surface ABB″A″.

Naturellement deux choses restent arbitraires, la température servant de point de départ, et qui définit le zéro, et
la grandeur des degrés. On peut choisir ces deux éléments
de manière que l'échelle absolue concorde avec l'une des
échelles ordinaires aux deux températures servant de
repère, mais aussitôt que les deux éléments en question
sont déterminés, toute autre température est numériquement déterminée d'une manière indépendante des lois de la
dilatation d'une substance quelconque ; en fait, c'est une
méthode de mesure qui conduit aux mêmes résultats quels
que soient les corps expérimentés.

Il est vrai que les expériences nécessaires pour graduer
un thermomètre d'après le principe qui vient d'être indiqué
seraient beaucoup plus difficiles que dans les cas où l'on
fait usage de la méthode ordinaire décrite dans le chapitre
sur la thermométrie ; mais nous ne cherchons pas, dans
le présent chapitre, à décrire des méthodes faciles, ou de
bonnes machines motrices. Notre objet est théorique (*intel-
lectual*) et non pas pratique, et quand nous aurons établi
théoriquement les avantages scientifiques de cette méthode
de graduation nous serons mieux en mesure de comprendre les méthodes pratiques qui servent à réaliser la méthode théorique.

Traçons maintenant les séries des lignes isothermes et adiabatiques de la manière suivante :

Une ligne isotherme particulière, celle de la température T, est divisée par les lignes adiabatiques de telle sorte que la dilatation de la substance entre deux lignes adiabatiques consécutives corresponde à des quantités de chaleur, chacune égale à Q, fournie au corps expérimenté. La série des lignes adiabatiques est ainsi déterminée.

Les lignes isothermes sont tracées de manière que deux isothermes successives découpent entre deux lignes adiabatiques successives AA′A″ et BB′B″, des surfaces égales ABB′A′, A′B′B″A″, etc.

Les isothermes ainsi tracées découpent des surfaces égales sur tout autre bande formée par deux lignes adiabatiques quelconques. Les deux systèmes de lignes forment donc des quadrilatères dont les surfaces sont égales.

Les isothermes sont par conséquent distribuées sur le diagramme à l'aide d'une méthode fondée uniquement sur le principe de Carnot, et indépendante de la nature du corps expérimenté. Il est aisé de voir comment en changeant, s'il est nécessaire, l'intervalle entre les lignes, et la ligne choisie pour le zéro, on peut faire concorder la graduation, aux deux températures de comparaison, avec la graduation ordinaire.

RENDEMENT D'UNE MACHINE THERMIQUE

Cherchons maintenant à exprimer en fonction de la nouvelle graduation de température la relation entre la chaleur fournie à une machine et le travail qu'elle accomplit.

Soient T la température de la source de chaleur, et Q la

quantité de chaleur fournie à la machine à cette tempéra
ture. Le travail accompli par la machine ne dépend que
de la température du réfrigérant. Soit T″ la température
de celui-ci : le travail accompli par Q est représenté par la
surface ABB″A″. Puisque toutes les surfaces comprises
entre les adiabatiques et les isothermes sont égales, QC
étant la valeur de l'une d'elle (1), le travail accompli par Q
sera égal à QC(T—T″). La quantité C ne dépend que de la
température et on l'appelle *fonction de Carnot*. Nous en
trouverons une expression simple à la page 208.

Voilà donc une détermination explicite du travail accompli quand la température de la source de chaleur est
égale à T. Cette détermination n'est basée que sur le
principe de Carnot ; elle est exacte, que nous admettions,
ou que nous n'admettions pas la première loi de la thermodynamique.

Si la température de la source est T′ au lieu de T nous
devons chercher quelle est la quantité de chaleur néces-
sitée par la dilatation A′B′, le long de l'isotherme T′. Soit
Q′ cette quantité de chaleur ; le travail accompli par la
machine fonctionnant entre les températures T′ et T″ est
alors

$$\mathfrak{E}=QC(T'—T'')$$

Or Carnot supposait que Q′=Q, d'où il résulterait que
le rendement de la machine serait simplement

$$\frac{\mathfrak{E}}{Q} = C\,(T' - T'')$$

où C est la fonction de Carnot, c'est-à-dire une quantité constante.

_____

(1) Voir la note (2) de la page 201. Il faut faire, dans la formule
dT = 1, ce qui revient à supposer la graduation faite en degrés infiniment petits. — *Trad.*

Mais conformément à la théorie mécanique de la chaleur, nous trouvons, en appliquant la première loi de la thermodynamique, que l'on a :

$$Q' = Q - ABB'A'$$

la chaleur étant mésurée en travail mécanique, ou

$$Q' = Q - QC(T - T')$$

Par conséquent, le rendement d'une machine fonctionnant entre les températures T'etT'' est

$$\frac{\mathcal{C}}{Q'} = \frac{QC(T - T'')}{Q - QC(T - T'')}$$

$$= \frac{T' - T''}{\frac{I}{C} + T' - T}$$

TEMPÉRATURE ABSOLUE.

Grâce à la méthode que nous venons d'exposer la différence de deux températures peut être comparée à la différence de deux autres températures. Mais nous pouvons encore aller plus loin, et compter les températures à partir d'un point zéro défini d'après les principes de thermodynamique et indépendant du choix d'une substance particulière. Il faut soigneusement distinguer ce que nous allons faire actuellement à un point de vue rationnel de ce que nous avons fait à un point de vue pratique, à propos du thermomètre à air. La température absolue sur le thermomètre à air n'est qu'une expression mathématique tirée des lois des gaz et commode par sa simplicité. La température absolue,qui va être définie,est indépendante de la nature de la nature de la substance thermométrique. Il arrive néanmoins que la différence entre les deux échelles de température est très faible ; nous en indiquerons plus loin la raison.

Il est évident que le travail qu'une quantité donnée de chaleur Q peut accomplir dans une machine ne peut être supérieur à l'équivalent mécanique de cette quantité de chaleur, bien que la proportion de chaleur transformée en travail soit d'autant plus grande que le réfrigérant est plus froid. Donc si nous déterminons la température T″ du réfrigérant de manière à rendre le travail $\mathfrak{E}$ équivalent à la quantité de chaleur Q, nous nous placerons dans le cas où la machine convertirait en travail mécanique la totalité de la chaleur qu'elle reçoit. Aucun corps ne pourrait donc se trouver à une température plus basse que la température T″ ainsi déterminée.

Si donc nous faisons

$$\mathfrak{E} = Q''$$

nous obtiendrons

$$T'' = T - \frac{I}{C}$$

C'est là la température la plus basse à laquelle puisse exister un corps. Si nous plaçons le zéro, à cette température, il vient

$$T = \frac{I}{C}$$

c'est-à-dire que la température comptée à partir du zéro absolu est l'inverse de fonction de Carnot, C (1).

Nous sommes donc parvenu à une définition complète de la mesure de la température et il ne reste plus qu'à dé-

(1) Cette formule suppose, bien entendu, que les températures sont exprimées dans la graduation thermodynamique. — *Trad.*

terminer la grandeur des degrés ; elle a été choisie de manière à être égale à peu près à la grandeur des degrés des
graduations ordinaires Pour convertir alors en températures absolues les températures mesurées sur les graduations ordinaires, il faut ajouter au nombre qui exprime la
température, un nombre constant qui peut être appelée la
température absolue du zéro de l'échelle. Il y a, en outre,
à tenir compte d'une correction variable pour chaque degré de la graduation, mais qui n'est jamais très grande,
quand la température est mesurée avec le thermomètre à
air.

Ceci posé, nous pouvons maintenant exprimer le rendement d'une machine thermique réversible, en fonction de
la température absolue T de la source de chaleur, et de la
température T_0 du réfrigérant. Si Q est la quantité de chaleur fournie à la machine, et si $\mathfrak{E}$ est la quantité de travail
accompli, ces deux quantités étant exprimées en unités de
mesure dynamique, nous avons

$$\frac{\mathfrak{E}}{Q} = T - T_0$$

La quantité de chaleur Q_0 abandonnée au réfrigérant est
égale à

$$Q - \mathfrak{E} = Q \frac{T_0}{T}$$

d'où il résulte

$$\frac{Q}{T} = \frac{Q_0}{T_0} \quad \text{ou} \quad \frac{Q}{Q_0} = \frac{T}{T_0}$$

c'est-à-dire que dans une machine réversible, le rapport
de la chaleur gagnée à la chaleur abandonnée est le même
que celui des nombres exprimant les températures absolues de la source et du réfrigérant.

14

Cette relation nous donne le moyen de déterminer le rapport de deux températures en valeur absolue. Ce rapport est indépendant de la nature du corps employé dans la machine réversible, et nous sommes par conséquent parvenu à un résultat parfait, à un point de vue théorique ; mais les difficultés pratiques qui se présentent lorsqu'il s'agit de remplir les conditions requises, et d'effectuer les mesures nécessaires n'ont pas été surmontées jusqu'à présent, de telle sorte que la comparaison de la température absolue avec les graduations ordinaires doit être faite d'une manière différente (voir chapitre XIII).

Revenons maintenant au diagramme, figure 23, sur lequel nous avons tracé deux systèmes de lignes, les isothermes et les adiabatiques. Pour tracer une ligne isotherme par un point donné, il faut procéder à une série d'expériences sur le corps à une température donnée, évaluée par un thermomètre de n'importe quelle espèce. Tracer une série de ces lignes correspondant à des degrés successifs de température, cela revient à déterminer un système de graduation de température.

On peut définir une telle graduation de différentes manières, d'après les propriétés de quelque corps particulier. Par exemple la graduation peut être établie d'après la dilatation d'un certain corps à une pression normale déterminée. Dans ce cas, si l'on mène l'horizontale représentant cette pression, cette ligne rencontrera à des intervalles égaux les isothermes ; si, néanmoins, on change la nature du corps, ou la pression normale, l'échelle thermométrique, en général, changera aussi. On peut encore établir une graduation d'après les variations de pression d'un corps renfermé dans un espace donné, comme on le fait d'ailleurs dans certaines applications du thermomètre à air.

On a proposé aussi de définir la température par les ac-

croissements égaux des quantités de chaleur fournies à une
substance déterminée. Cette méthode ne conduit pas non
plus à des résultats concordants pour tous les corps parce
que les chaleurs spécifiques des différentes substances ne
sont pas dans le même rapport à des températures différentes.

La seule méthode qui puisse conduire d'une manière certaine à des résultats concordants quelle que soit la substance
employée, est celle basée sur l'emploi de la fonction de Carnot. Et la forme la plus convenable pour appliquer cette
méthode consiste à définir la température absolue par l'inverse de la fonction de Carnot exprimée en termes de la
graduation ordinaire. Nous verrons ensuite comment on
peut comparer la température absolue de l'échelle termo-
dynamique, et la température indiquée par un thermomètre fait avec un gaz d'une nature particulière (Voir
chapitre XIII).

ENTROPIE.

Considérons maintenant la série des lignes adiabatiques
comme exprimant une série de degrés liée à une autre propriété des corps. A cette propriété se rattache une quantité
mesurable et qui reste constante quand le corps ne perd
ni ne gagne de chaleur mais qui augmente ou diminue
quand le corps reçoit ou abandonne de la chaleur (1).

Nous adopterons le nom donné par Clausius à cette quantité et nous l'appellerons *l'entropie* du corps. Rankine, qui
lui fait jouer aussi un rôle important dans ses recherches

_____

(1) Il est *essentiel* de noter qu'il ne s'agit ici que de changements
réversibles, c'est-à-dire que le corps dont on mesure les variations
d'entropie doit toujours rester en état d'équilibre thermique et mécanique. — *Trad.*

l'appelle la *fonction thermodynamique*. Ce terme néanmoins
ne convient pas aussi bien que celui de Clausius, car il peut
être assigné à l'une quelconque des quantités importantes
que l'on considère dans la thermodynamique.

Nous devons regarder l'entropie d'un corps, de même
que son volume, sa pression et sa température, comme
une propriété physique du corps, dépendant de son état
actuel.

Le zéro de l'entropie correspond à un corps complètement privé de chaleur ; mais comme aucun corps ne peut
être amené à cet état, il convient de compter l'entropie à
partir d'un état donné et défini par une température et une
pression données.

On mesure alors comme suit l'entropie du corps dans
tout autre état. On laisse le corps se dilater ou se contrac-
ter sans communication de chaleur avec d'autres corps
mais en équilibre de pression avec le milieu qui l'entoure,
jusqu'à ce qu'il atteigne la température donnée, qui en
valeur absolue sera égale à T. Puis, on amène le corps à
la pression donnée tout en maintenant la température
constante et égale à celle du milieu. Dans cette opération,
par conséquent, le corps abandonne une certaine quantité de
chaleur Q. L'entropie du corps à son état primitif est alors
égale à $\frac{Q}{T}$ (1).

Nous emploierons le symbole S pour désigner l'entropie.

Si le corps, pour être amené à l'état qui sert de terme de
comparaison, doit recevoir une certaine quantité de cha-

---

(1) Dans le cas où la température du corps est variable, l'entropie
est définie par la relation $dS = \frac{dQ}{T}$, dQ étant la quantité de chaleur
gagnée par le corps, dans un changement infiniment petit, à la température **T**. — *Trad.*

leur, alors son entropie primitive doit être comptée négativement (1).

Quand la chaleur absorbée par un corps à la température T fait passer son entropie de la valeur S_1, à la valeur S_2, la quantité de chaleur fournie au corps est égale $T(S_2 - S_1)$.

L'entropie d'un corps à un état donné est proportionnelle à la masse du corps ; l'entropie de deux kilogrammes d'eau est donc le double de celle d'un kilogramme d'eau au même état.

Quand on parle cependant de l'entropie d'un corps, on entend en général par là l'entropie de l'unité de masse de ce corps à l'état considéré.

L'entropie d'un système de corps à différents états est la somme des entropies de chacun des corps.

Quand une quantité de chaleur Q passe d'un corps à la température T_1 à un corps à la température T_2, l'entropie du premier corps est diminuée de $\dfrac{Q}{T_1}$ tandis que celles du second est augmentée de $\dfrac{Q}{T_2}$, de sorte que l'entropie du système augmente de $Q\,\dfrac{T_1 - T_2}{T_1\,T_2}$. Mais comme la condition de transfert de la chaleur est que la chaleur passe du corps le plus chaud au corps le plus froid, T_1 doit être plus grand que T_2.

Le transfert de la chaleur d'un corps à un autre augmente donc toujours l'entropie du système.

Clausius exprime ce fait en disant que l'entropie du système tend vers un maximum.

La quantité de chaleur qui quitte le corps lors d'un très

(1) Il n'est d'usage de supposer que l'état du corps qui sert de repère est choisi de telle sorte que dans les opérations que l'on considère l'entropie ne devient jamais négative. — *Trad.*

petit changement d'état est représentée, comme nous l'avons vu, par $T(S_2 — S_1)$ où T est la valeur moyenne de la température du corps pendant le changement, et S_1 et S_2 représentent l'entropie au commencement et à la fin de l'opération (1).

Si nous supposons que les deux lignes isentropiques S_1 et S_2 (fig. 23 *bis*) soient prolongées dans la direction de la décroissance de température jusqu'à la température T_0, la surface comprise entre les deux lignes isentropiques et les isothermes de T et de T_0 sera égale à

$$(T — T_0)(S_2 — S_1)$$

Si nous pouvions tracer exactement les lignes isentropiques et isothermes pour toutes les températures, y compris celle du zéro absolu de l'échelle de la thermodynamique, la surface comprise entre les lignes isentropiques, et les isothermes de T et 0 serait égale à

$$T(S_2 — S_1)$$

et cette surface représenterait la quantité de chaleur reçue par le corps pendant l'opération.

Mais bien qu'il soit impossible de faire des conjectures sur les propriétés d'un corps au zéro absolu, ou de tracer le diagramme des vraies formes des lignes thermiques vers cette température, il est aisé, après avoir tracé le diagramme thermodynamique dans cette partie du champ accessible à nos observations, de tracer dans la partie inconnue, des lignes qui puissent cependant représenter les quantités de chaleur par des surfaces.

Supposons que la partie connue soit limitée par l'isotherme T ; traçons à partir des extrémités des parties connues des lignes isentropiques une série de lignes quel-

---

(1) C'est ce qui s'exprime avec les notations du calcul infinitésimal par la formule $dQ = TdS$, qui constitue la définition de l'entropie.—*Trad.*

conques mais qui ne se rencontrent pas entr'elles. Traçons aussi une autre ligne ZZ' de telle manière que l'espace compris entre cette ligne, deux isentropiques voisines S_1 et S_2, et l'isotherme T soit égal à $T(S_2 — S_1)$. Nous pouvons, pour le calcul des quantités de chaleur, traiter la ligne ZZ comme l'isotherme fictive du zéro absolu et les séries de lignes entre T et Z comme des lignes isentropique fictives.

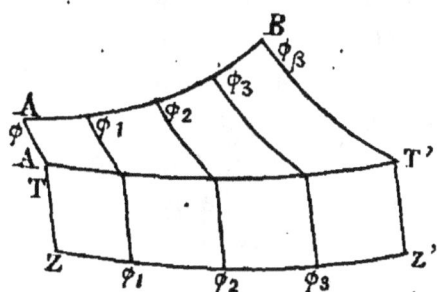

fig. 23 *bis* (1).

La partie de surface comprise entre deux lignes isentropiques, de la température T' à la température T est en effet égale à $(T' — T)(S_2 — S_1)$. Cette surface se trouve dans la partie connue du diagramme. L'autre partie de surface, dans la région inconnue du diagramme, jusqu'à l'isotherme fictive du zéro absolu est égale à $T(S_2 — S_1)$. La surface totale est donc égale à $T'(S_2 — S_1)$ et représente par conséquent la quantité de chaleur absorbée par le corps passant à la température T', de la ligne S_1 à la ligne S_2.

Toute la chaleur gagnée par un corps en passant d'un état A à un état B, par une série définie d'états intermédiaires représentés par la ligne AB, peut être appelée la chaleur gagnée suivant AB. En divisant AB en un nombre suffisant de petites parties, et considérant les surfaces représentant la chaleur gagnée pendant le changement d'état du corps correspondant à chacune de ces parties, nous voyons que la somme de ces surfaces est la surface comprise entre la ligne AB, les isentropiques menées par A et B, y compris leur portion fictive, et l'isotherme fictive du zéro absolu.

(1) Les lettres φ de la figure correspondent aux lettres S du texte — *Trad.*

CHAPITRE IX

RELATIONS ENTRE LES PROPRIÉTÉS PHYSIQUES
D'UN CORPS.

Soient T_1T_1 et T_2T_2 les deux lignes isothermes corresp dant à deux degrés consécutifs de température. Soi C_1C_1 et C_2C_2 deux lignes adiabatiques consécutives. S ABCD le quadilatère compris entre ces quatre lignes ces lignes sont suffisamment rapprochées on peut considé le quadrilatère comme un parallélogramme. La surf de ce parallélogramme est, comme nous l'avons d montré, égale à l'unité (1).

Menons par A et D des horizontales qui rencontrent

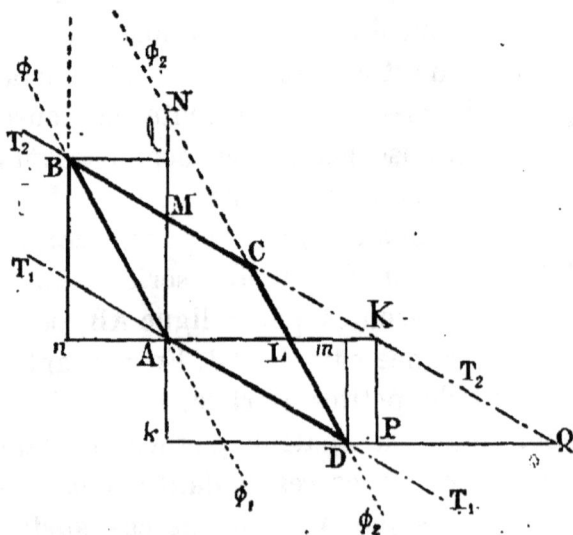

Fig. 22.

(1) Dans la réalité, il faut supposer qu'il s'agit d'un changem infiniment petit. Voir aussi la note de la page précédente. — Tr

K et Q la ligne BC supposée prolongée. Les parallélogrammes ABCD et AKQD ont même base et même hauteur ; ils sont donc égaux. Menons maintenant les verticales A*k* et KP jusqu'à leur rencontre avec la ligne QD, prolongée s'il est nécessaire. Le rectangle AKP*k* est égal au parallélogramme AKQD puisqu'il a même base et même hauteur. D'où il suit que le rectangle AKP*k* est égal aussi au parallélogramme ABCD. Si donc nous menons par A la ligne horizontale AK jusqu'à sa rencontre avec l'isotherme T_2 et la verticale A*k* jusqu'à sa rencontre avec une horizontale passant par D, nous aurons la relation suivante :

$$AK. Ak = ABCD$$

De même si d'une part, la ligne horizontale menée par A rencontre en L la ligne adiabatique S_2, et que les verticales menées par D et B rencontrent cette adiabatique en *m* et *n*, et si, d'autre part, la verticale passant par A rencontre l'isotherme T_2 en M, l'adiabatique S_2 en N, et l'horizontale menée par B en *l*, nous obtiendrons les quatre valeurs suivantes pour la surface ABCD, y compris celle que nous avons déjà trouvée :

$$ABCD = AK.Ak = AL.Al = AM.Am = AN.An = 1$$

Il faut maintenant rechercher ce que représentent les grandeurs ci-dessus.

On se rappelle que le volume du corps est mesuré horizontalement de gauche à droite, et la pression verticalement, de bas en haut ; que l'intervalle entre les lignes isothermes représente un degré de température, la graduation étant subdivisée autant qu'on le désire c'est-à-dire les degrés étant infiniment petits ; et que l'intervalle entre les lignes adiabatiques représente l'addition d'une quantité de chaleur dont la valeur mécanique est égale à T, la température absolue.

(1) AK représente l'augmentation de volume correspondant à une élévation de température de 1°, la pression étant maintenue constante. C'est ce qu'on appelle la *dilatation* du corps par unité de masse, et si nous indiquons par α la dilatation par unité de volume, AK sera égale à Vα.

Ak représente la diminution de pression correspondant à l'addition d'une quantité de chaleur représentée numériquement par T, la température étant maintenue constante.

Si la pression est augmentée d'une unité, la température restant constante, la quantité de chaleur qui est abandonnée par le corps est égale à $\dfrac{T}{A k}$. Et comme l'on a

$$A k . A K = 1$$

il vient

$$\frac{T}{A k} = T . A K$$

De là la relation suivante entre la dilatation sous pression constante et la chaleur développée par la pression :

Première relation thermodynamique. — *Si la pression d'un corps est augmentée d'une unité, tandis que la température est maintenue constante, la quantité de chaleur perdue par le corps est égale au produit de la température absolue par la dilatation correspondant à une élévation de 1° de la température, sous pression constante.*

Il en résulte que si la température est maintenue constante, les corps qui se dilatent sous l'action de la chaleur abandonnent de la chaleur quand on augmente la pression, et, dans les mêmes conditions, ceux qui se contractent quand la température s'élève, absorbent de la chaleur.

(2) AL représente l'augmentation de volume sous pression constante quand le corps reçoit une quantité de chaleur numériquement égale à T. Al représente l'augmenta-

tion de pression nécessaire pour élever de 1° la température du corps quand la chaleur ne peut s'échapper.

Seconde relation thermodynamique. — La quantité $\dfrac{T}{AL}$
représente la quantité de chaleur que le corps doit absorber pour que son volume augmente d'une unité, la
pression restant constante. *Cette quantité est égale au produit
de la température absolue par l'augmentation de pression nécessaire pour élever de 1° la température quand la chaleur ne peut
s'échapper.*

(3) AM représente l'augmentation de pression correspondant à une élévation de température de 1°, le volume étant
constant. (Nous pouvons supposer que le corps est renfermé dans un récipient dont les parois sont absolument
incompressibles).

Am représente l'augmentation de volume produite par
l'absorption d'une quantité de chaleur numériquement
égale à T, la température étant maintenue constante.

La chaleur abandonnée par le corps quand le volume est
réduit d'une unité, la température restant constante, est
donc égale à $\dfrac{T}{Am}$. Cette quantité est appelée *chaleur latente*
d'expansion.

Puisque l'on a

$$AM.Am = 1$$

On peut exprimer comme il suit la relation entre ces
longueurs : $\dfrac{T}{Am} = T.AM$
en d'autres termes :

Troisième relation thermodynamique. —. *La chaleur latente*
d'expansion est égale au produit de la température absolue par
l'augmentation de pression pour un degré de température, à vo-
lume constant.

(4) AN représente l'augmentation de pression quand une quantité de chaleur T est communiquée au corps, le volume étant constant.

A*n* représente la diminution de volume quand le corps, ne pouvant abandonner de la chaleur, est comprimé jusqu'à ce que la température s'élève de 1°. De là :

Quatrième relation thermodynamique. — $\dfrac{I}{A n}$ représente l'élévation de température due à une diminution du volume d'une unité, la chaleur ne pouvant s'échapper et *cette quantité est égale à AN, augmentation de pression à volume constant, due à une quantité de chaleur numériquement égale à T, communiqué au corps.*

Nous avons ainsi obtenu quatre relations entre les propriétés physiques du corps. Ces quatre relations ne sont pas indépendantes les unes des autres, et ne correspondent pas à des faits distincts ; l'une quelconque d'entr'elles peut se déduire des autres. L'égalité des produits AK.A*k*, etc. avec la surface du parallélogramme n'est qu'une relation géométrique et ne dépend pas des principes de la thermodynamique. Ce que celle-ci nous enseigne c'est que le parallélogramme et les quatre produits sont chacun égaux à l'unité, quelle que soit la nature du corps, ou son état, quant à la pression et à la température (1).

(1) Ces quatre relations s'expriment comme il suit, à l'aide des symboles du calcul différentiel :

$$\frac{dV}{dT} \text{ (P const.)} = -\frac{dS}{dP} \text{ (T const.)} \qquad (1)$$

$$\frac{dV}{dS} \text{ (P const.)} = \frac{dT}{dP} \text{ (S const.)} \qquad (2)$$

$$\frac{dP}{dT} \text{ (V const.)} = \frac{dS}{dV} \text{ (T const.)} \qquad (3)$$

DES DEUX MODES D'ÉVALUATION DE LA
CHALEUR SPÉCIFIQUE.

La quantité de chaleur nécessaire pour élever d'un degré la température de l'unité de masse d'un corps est appelée la chaleur spécifique de ce corps (1).

Précédemment, cette quantité de chaleur a été évaluée en fonction de l'unité thermique, c'est-à-dire de la quantité de chaleur nécessaire pour élever de 1° la température de l'unité de masse de l'eau. Pour transformer cette évaluation en mesure dynamique, il faut la multiplier par l'équivalent mécanique de la chaleur, trouvé par Joule. La quantité que l'on obtient ainsi n'est plus un simple rapport, comme précédemment, mais dépend de l'échelle thermométrique, et de l'unité de travail adopté.

Mais la chaleur spécifique d'une substance dépend du mode suivant lequel la pression et le volume de la substance varient pendant l'élévation de température. Il y a, par conséquent, une infinité de manières de définir la chaleur spécifique ; deux seulement ont une importance pratique. Dans la première, on suppose que le volume reste constant pendant l'élévation de température. La chaleur

$$\frac{d\mathrm{P}}{d\mathrm{S}} \; (\mathrm{V\,const.}) = -\; \frac{d\mathrm{T}}{d\mathrm{V}} \; (\mathrm{S\,const.}) \qquad\qquad (4)$$

où V indique le volume,

P indique la pression,

T indique la température absolue,

S indique la fonction thermodynamique ou entropie.

(1) Cette définition est en contradiction avec les définitions données précédemment, mais cette contradiction ne porte que sur le sens des mots et non sur les faits. — *Trad.*

spécifique déterminée dans ces conditions est dite *chaleur spécifique à volume constant*. Nous la représenterons par K_v.

Dans la figure, la ligne AMN représente les différents états du corps lorsque le volume est constant ; AM représente l'augmentation de pression due à une élévation de température de 1°, et AN celle due à l'absorption d'une quantité de chaleur numériquement égale à T. Donc pour trouver la quantité de chaleur K_v qui doit être fournie au corps pour élever sa température d'un degré, et augmenter ainsi sa pression de AM, il faut établir la proportion

$$\frac{AN}{AM} = \frac{T}{K_v}$$

d'où l'on tire

$$K_v = T \frac{AM}{AN}$$

La seconde manière de définir la température suppose la pression constante. La chaleur spécifique sous pression constante sera représentée par K_p. La ligne ALK, dans la figure, représente les différents états du corps sous pression constante ; AK représente l'augmentation de volume due à une élévation de température de un degré, et AL représente l'augmentation de volume due à une quantité de chaleur numériquement égale à T. Or si l'on fournit au corps la quantité K_p de chaleur, la température s'accroît d'un degré, et par conséquent le volume augmente de AK. D'où il suit que l'on a :

$$\frac{AL}{AK} = \frac{T}{K_p}$$

ou

$$K_p = T \frac{AK}{AL}$$

(On adopte quelquefois une troisième définition de la chaleur spécifique, dans les cas des vapeurs saturées. On suppose que la vapeur demeure au point de saturation alors même la température s'élève. Il résulte des expériences de M. Regnault, comme le montre le diagramme fig. 19, qu'une certaine quantité de chaleur abandonne la vapeur saturée, lorsque sa température s'élève, de telle sorte que sa chaleur spécifique est *négative*, résultat indiqué par Clausius et Rankine).

DES DEUX MODES D'ÉVALUATION DE L'ÉLASTICITÉ.

On a défini, au chap. V, l'élasticité d'un corps par le rapport de l'augmentation de pression à la compression produite, la compression étant elle-même définie le rapport de la diminution de volume au volume primitif.

Mais, avant que l'on puisse assigner à l'élasticité une valeur déterminée, il faut préciser les conditions thermiques auxquelles le corps doit se trouver assujetti. Les seules conditions d'importance pratique sont au nombre de deux ; en premier lieu, la constance de la température, en second lieu la non-transmission de chaleur.

(1) On indique par E_t l'élasticité à température constante.

Dans ce cas, la relation entre le volume et la pression est définie par l'isotherme DA. L'augmentation de pression est kA, et la diminution de volume est mA. En désignant le volume par V, l'élasticité à température constante est égale à :

$$E_t = V . \frac{Ak}{Am} = V . \frac{AM}{AK}$$

(2) L'élasticité, lorsque le corps ne peut abandonner ni recevoir de chaleur, est indiquée par E_s .

Dans ce cas la relation entre le volume et la pression est définie par la ligne adiabatique AB. L'augmentation de pression est Al, et la diminution de volume est An. L'élasticité à entropie constante est donc égale à :

$$E_s = V . \frac{Al}{An} = V . \frac{AN}{AL}$$

RELATIONS DIVERSES

Il existe plusieurs relations importantes entre les quantités précédentes. Nous avons d'abord pour exprimer le rapport des chaleurs spécifiques, la formule suivante :

$$\frac{K_p}{K_v} = \frac{T . \dfrac{AK}{AL}}{T . \dfrac{AM}{AN}} = \frac{V . \dfrac{AN}{AL}}{V . \dfrac{AM}{AK}} = \frac{E_s}{E_t}$$

c'est-à-dire que le rapport des chaleurs spécifiques à pression constante et à volume constant est égal au rapport des élasticités à entropie constante et à température constante. Cette relation est complétement indépendante des principes de la thermodynamique ; elle n'est qu'une conséquence directe des définitions.

Le rapport de K_p à K_v ou de E_s à E_t se représente ordinairement par le symbole γ : ainsi on a

$$K_p = \gamma K_v \quad \text{et} \quad E_s = \gamma E_t$$

Cherchons maintenant à déterminer la différence entre les deux élasticités :

$$E_s - E_t = V. \frac{Al.Am - An.Ak}{Am . An}$$

D'après la figure, on voit que le numérateur de cette fraction représente la surface du parallélogramme ABCD, En multipliant par K_v, nous obtenons

$$K_v (E_s - E_t) = TV. \frac{AM}{Am} . \frac{ABCD}{AN.An} = TV. \frac{AM}{Am}$$

puisque, comme nous l'avons montré, on a

$$An.AN = ABCD$$

mais puisque l'on a

$$K_v E_s = K_p E_t$$

nous trouvons ainsi

$$E_t (K_p - K_v) = TV . \frac{AM}{Am}$$

Ces relations sont indépendantes des principes de la thermodynamique.

En appliquant maintenant la relation de la thermodynamique

$$AM.Am = 1$$

chacune de ces quantités devient égale à

$$TV . \overline{AM}^2$$

Mais AM est l'augmentation de pression sous volume constant, correspondant à une élévation de température d'un degré ; c'est une quantité très importante.

On peut donc écrire le résultat comme suit :

$$K_v (E_s - E_t) = TV. \overline{AM}^2 = E_t (K_p - K_v)$$

CHAPITRE X

CHALEUR LATENTE.

Les cas dans lesquels un corps se présente sous deux états différents à la même température et à la même pression constituent une classe très importante ; par exemple un corps peut être partie à l'état solide et partie à l'état liquide, ou partie à l'état solide ou liquide et partie à l'état gazeux.

Dans tous ces cas, il faut considérer le volume occupé par le corps comme composé de deux parties : le volume V_1 du corps sous le premier état, et le volume V_2 du corps sous le second état. La quantité de chaleur ncéessaire pour faire passer l'unité de masse du corps du premier état au second, sans changer sa température et sa pression est appelée *chaleur latente* de transformation du corps, et est indiquée par L.

Ce changement d'état est accompagné d'un change-ment du volume qui passe de V_1 à V_2 sous la pression cons-tante P (1).

Soit PT une ligne isotherme, qui dans ce cas est horizon-tale, et supposons qu'elle corresponde à la pression P et à la température T.

(1) L'opération ci-après décrite est celle du cycle de Carnot appli-qué au changement d'état. *Trad.*

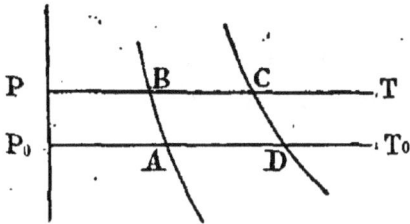

fig. 26

Soit $P_0 T_0$ une autre isotherme correspondant à la pression P_0 et à la température T_0.

Soient BA et CD des lignes adiabatiques rencontrant les isothermes en A, B, C, D.

Le corps, en se dilatant, à la température T, du volume PB au volume PC, absorbe une quantité de chaleur égale à

$$L \frac{BC}{V_2 - V_1}$$

où L est la chaleur latente à la température T.

Quand le corps est comprimé de $P_0 D$ à $P_0 A$ à la tempéra ture T_0, il abandonne une quantité de chaleur égale à

$$L \frac{AD}{V'_2 - V'_1}$$

où les quantités marquées de l'indice se rapportent à la température T_0.

La quantité de travail accompli par une machine dont l'indicateur décrirait la figure ABCD sur le diagramme est représentée par la surface de cette figure, et si les températures T et T_0 sont assez voisines pour que l'on puisse négliger la courbure des lignes AB et CD, cette surface est égale à :

$$\frac{1}{2} (BC + AD) PP_0$$

Si la différence PP_0 des pressions est très petite, BC est égal sensiblement à AD de telle sorte que la surface est égale à

$$BC(P - P_0)$$

Mais nous pouvons calculer le travail d'une autre manière, car il est égal à la chaleur absorbée à la température la plus haute multipliée par le rapport de la différence des températures à la température la plus haute, ce qui donne :

$$L \frac{BC}{V_2 - V_1} \times \frac{T - T_0}{T}$$

En égalant les deux valeurs du travail on en déduit la valeur de la chaleur latente

$$L = (V_2 - V_1) T \cdot \frac{P - P_0}{T - T_0}$$

Il faut bien se rappeler que pour calculer la fraction

$$\frac{P - P_0}{T - T_0}$$

il est nécessaire que les différences des pressions P et Q et des températures T et T_0 soient très petites. En réalité cette fraction est celle qui est indiquée par le symbole du calcul différentiel $\dfrac{dP}{dT}$.

On peut déduire immédiatement l'équation précédente de la deuxième relation de la thermodynamique, page 220.

Le cas le plus important parmi ceux où un corps se trouve à la fois sous deux états différents est celui dans lequel le corps est partie à l'état liquide, partie à l'état de vapeur à la même température.

La pression de la vapeur dans un récipient contenant de l'eau à la même température est appelée la pression de la vapeur saturée ou vapeur aqueuse à cette température.

La valeur de cette pression a été déterminée pour un grand nombre de températures évaluées à l'échelle ordinaire. Les déterminations les plus complètes sont celles dues à Regnault. Regnault a aussi déterminé la quantité L, chaleur latente de l'unité de masse d'eau, pour différentes températures.

Il s'en suit que, si nous connaissons $V_1 - V_2$, c'est à dire la différence de volume entre l'unité de masse de l'eau et de la vapeur, nous aurons toutes les données suffisantes pour déterminer T, température absolue sur l'échelle de la thermodynamique.

Malheureusement il est très difficile de déterminer le volume de la vapeur à son point de saturation. Si nous remplissons d'un poids donné d'eau un récipient dont nous puissions faire varier la capacité, et si nous déterminons, soit la capacité correspondant à une température donnée, à laquelle toute l'eau est transformée en vapeur, soit la température correspondant à une capacité donnée, nous pouvons obtenir ainsi le moyen de déterminer la densité de la vapeur saturée ; mais il est extrêmement difficile d'observer soit la fin de la vaporisation, soit le commencement de la condensation, et en même temps d'éviter toutes les autres causes d'erreur. Il faut espérer que ces difficultés seront un jour vaincues, et qu'alors ce que nous connaissons des autres propriétés des vapeurs saturées nous permettra de comparer les échelles ordinaires de température avec l'échelle thermodynamique, dans un intervalle s'étendant de 35° à 220°.

En attendant, Clausius et Rankine ont fait usage de la formule pour calculer la densité de la vapeur saturée, en admettant que la température absolue est égale à la température comptée à partir de — 273°.

Le même principe nous permet aussi d'établir des relations entre les propriétés physiques d'un corps au point où il passe de l'état solide à l'état liquide.

On a supposé la température de la glace fondante absolument constante jusqu'au moment où le Professeur James Thomson (1) indiqua qu'il résulte du principe de Carnot que le point de fusion doit s'abaisser quand la pression augmente. En effet si V_1 est le volume d'un kilogramme de glace, et V_2 celui d'un kilogramme d'eau, ces deux corps étant à la température 0°, nous savons que V_1 est plus grand que V_2. Ainsi donc si T est le point de fusion à la pression P et T_0 le point de fusion à la pression P_0, nous avons, comme précédemment

$$\frac{T-T_0}{P-P_0} = (V_2-V_1)\frac{T}{L}$$

Si nous faisons $P=h$, la pression d'une atmosphère et $T=0^o$, la température de fusion à la pression P_0 sera

$$T_0=-(V_1-V_2)(P_0-h)\frac{T}{L}$$

Or le volume d'un kilogramme de glace à 0° est de $0^{mc},0010908 = V_1$, et celui d'un kilogramme d'eau à la même température est $0,001000127 = V_2$. La température absolue correspondant à 0° est 273°. La chaleur latente L, nécessaire pour convertir un kilogramme de glace en un kilogramme d'eau est égale à 79 calories, ou 33576 kilogrammètres. Par suite T, la température de fusion, correspondant à une pression P_0, exprimée en kilogrammes par mètre carré, est

$$T = -0,00000073\,(P_0-h)$$

Si la pression est celle de n atmosphères, chaque atmosphère représentant 10330 k. par mètre carré, on a

$$T = -0,0075\,(n-1)$$

Le point de fusion de la glace est donc abaissé d'envi-

(1) *Transactions of the Royal Society of Edinburg, vol, XVL, p. 575, janvier 2, 1849.*

ron la 135e partie d'un degré, par chaque atmosphère additionnelle de pression. Ce résultat de la théorie a été vérifié par des expériences directes du Professeur W. Thomson (1).

Le Professeur J. Thomson a aussi signalé l'importance
de l'unique condition de température et de pression à laquelle l'eau ou tout autre corps peut exister d'une manière
permanente à l'état solide, liquide et gazeux dans le même
récipient. Cela ne peut être qu'à la température de congélation correspondant à la pression de la vapeur à ce point
de congélation. Il désigne ce point sous le nom de point
triple, parce que trois lignes thermiques s'y rencontrent :
1o la ligne de vapeur qui sépare l'état liquide de l'état
gazeux; 2o la ligne de glace qui sépare l'état liquide de
l'état solide ; 3o la ligne de gelée blanche (hoar-frost) qui
sépare l'état solide de l'état gazeux.

Toutes les fois que le volume du corps, est, comme celui
de l'eau, moindre à l'état liquide qu'à l'état solide, l'effet
de la pression sur un récipient contenant le corps partiellement à l'état liquide et à l'état solide est de provoquer la
fusion d'une partie de la masse solide et d'abaisser la température du tout jusqu'au point de fusion correspondant à
la pression. Si, au contraire, le volume du corps est plus
grand à l'état liquide, qu'à l'état solide, l'effet de la pression est de solidifier une partie du liquide, et d'élever la
température jusqu'au point de fusion correspondant à la
pression. Pour déterminer de suite si le volume du corps
est plus grand à l'état liquide qu'à l'état solide, ou inversement, nous n'avons qu'à observer si des portions solidi-
fiées du corps s'enfoncent ou surnagent dans le liquide. Si,
comme la glace dans l'eau, elles surnagent, le volume est

(1) *Proceedings of the Royal Society of Edimburg, 1850.*

plus grand à l'état solide, et la pression a pour effet de provoquer la fusion et d'abaisser le point de fusion. Si, comme le soufre, la cire, et la plupart des minéraux, le corps solide s'enfonce dans le liquide, la pression entraîne la solidification et une élévation du point de fusion.

Quand deux morceaux de glace à la température du point de fusion sont pressés l'un contre l'autre, là pression a pour effet de provoquer une fusion des surfaces en contact. L'eau ainsi formée s'échappe, et la température s'abaisse. Aussi, lorsque la pression diminue, les deux morceaux se ressoudent par la formation de glace à une température inférieure à 0°. Ce phénomène est appelée *regélation*.

Il est bien connu que la température de la terre augmente en profondeur, de sorte que le fond d'un sondage profond est considérablement plus chaud que la surface. Nous verrons, à moins de supposer que cet état de chose ne date pas d'une grande antiquité, que cette augmentation de température doit continuer jusqu'à une profondeur beaucoup plus grande que celle d'aucun de nos sondages. Il est facile, d'après cette supposition, de calculer à quelle profondeur la température serait égale à celle à laquelle la plupart des roches entrent eu fusion dans nos fours, et l'on a soutenu quelquefois qu'à cette prefondeur tout est à l'état de fusion. Mais nous devons nous rappeler qu'à de telles profondeurs les pressions sont énormes, et que par conséquent les roches, qui dans nos fours, seraient fondues à une certaine température peuvent rester solides, même à de beaucoup plus hautes températures dans l'intérieur de la terre (1).

---

(1) Cf. Le Chatelier : *Recherches expérimentales et théoriques sur les équilibres chimiques*, p. 81 (*Annales des Mines*, mars-avril 1888). *Trad.*

CHAPITRE XI.

APPLICATION DES PRINCIPES DE LA THERMODYNAMIQUE A L'ÉTUDE DES GAZ.

Les propriétés physiques des corps, lorsqu'ils se trouvent à l'état de gaz sont plus simples que lorsque ces corps sont dans tout autre état. Les relations entre le volume, la pression, et la température sont représentées plus ou moins exactement par les lois de Boyle et de Charles, lois que nous désignerons, pour abréger, sous le nom de *lois des gaz*. Nous pouvons les énoncer de la manière suivante :

Soient v le volume de l'unité de masse, p la pression, et t la température mesurée au thermomètre à air, et comptée à partir du zéro absolu de l'appareil. La quantité $\dfrac{vp}{t}$ est constante pour le même gaz.

Nous employons ici la lettre t pour désigner la température mesurée au thermomètre à air, réservant la lettre T pour indiquer la température absolue, à l'échelle de la thermodynamique.

Il n'y a pas de raison pour que ces deux quantités soient nécessairement les mêmes, bien que nous puissions montrer expérimentalement que l'une est presque égale à l'autre.

Il est probable que quand le volume et la température sont suffisamment grands tous les gaz satisfont exactement aux lois des gaz; mais lorsque par la compression et le refroidissement, le gaz est amené près de son point de condensation, la quantité $\dfrac{pv}{t}$ prend une valeur inférieure à celle qu'elle a pour les gaz parfaits, et le corps quoique présentant l'apparence d'un gaz, ne satisfait plus exactement aux lois des gaz, (voir pages 150 et 152).

On ne peut déterminer la chaleur spécifique d'un gaz que par des expériences très difficiles à réaliser et exigeant une grande minutie dans les mesures. Le gaz doit être contenu dans un récipient, et la densité du gaz est si faible que sa capacité calorifique n'est qu'une faible fraction de la capacité totale de l'appareil. Une erreur quelconque, par. conséquent, dans l'évaluation de la capacité du récipient lui-même, ou du récipient et du gaz, entraînerait une erreur beaucoup plus considérable dans le calcul de la chaleur spécifique du gaz.

Aussi les déterminations de la chaleur spécifique des gaz étaient généralement très inexactes lorsque M. Regnault utilisa toutes les ressources de son habileté d'expérimentateur dans ces recherches. En faisant passer le gaz en grande quantités, par un courant continu, à travers le tube de son calorimètre, il obtint des résultats qui ne peuvent être très éloignés de la vérité.

Ces résultats, néanmoins, ne furent publiés qu'en 1853, mais en même temps, Rankine, par l'application des principes de la thermodynamique, et en prenant pour base des faits déjà connus, détermina théoriquement une valeur de la chaleur spécifique de l'air, valeur qu'il fit connaître en 1850. La valeur qu'il obtint différait de celle qui était alors considérée comme le meilleur résultat d'expériences directes, mais lorsque Regnault fit connaître le résultat, auquel il était parvenu, ce résultat concorda exactement avec celui des calculs de Rankine.

Nous devons expliquer la méthode suivie par Rankine.

Quand un gaz est comprimé, tandis que la température reste constante, le produit du volume par la pression reste constant. Par conséquent, comme nous l'avons montré, l'élasticité du gaz à température constante est numériquement égale à sa pression.

Mais si le récipient qui contient le gaz ne peut lui fournir de chaleur, ni en absorber, la compression aura pour effet d'élever la température et la pression deviendra plus grande que dans le premier cas. L'élasticité sera donc plus grande dans le cas ou la chaleur ne peut se transmettre, que dans le cas de température constante.

Il serait impossible de déterminer l'élasticité dans ces circonstances, parce qu'on ne peut réaliser un récipient qui n'absorberait pas la chaleur dégagée par le gaz. Si néanmoins, on effectue rapidement la compression, il n'y aura que peu de temps pendant lequel la chaleur pourra être absorbée, mais par contre, il n'y aura que peu de temps pour mesurer la pression suivant les procédés ordinaires. Il est néanmoins possible, après avoir comprimé l'air à une température donnée, dans un grand récipient, d'ouvrir un orifice de dimension considérable, pendant un temps suffisant pour permettre à l'air de s'échapper, jusqu'à ce que la pression soit la même à l'intérieur qu'à l'extérieur, mais de trop faible durée pour que les parois du récipient cèdent beaucoup de chaleur à l'air. Quand l'orifice est fermé, l'air est un peu plus froid qu'auparavant, et bien qu'il reçoive de la chaleur des parois assez vite pour que cet abaissement de température ne puisse être exactement évalué avec un thermomètre, l'importance du refroidissement peut se calculer. Il suffit d'observer la pression du récipient, après que sa température est devenue égale à celle de l'atmosphère ; puisqu'au moment de fermer l'orifice, l'air intérieur était plus froid que l'air extérieur, alors que les pressions étaient les mêmes, il s'ensuit que quand la température à l'intérieur est redevenue égale à celle de l'atmosphère, la pression a dû augmenter.

Soit P_1, la pression primitive de l'air comprimé dans un récipient dont la capacité est V ; soit T sa température, égale à celle de l'atmosphère.

On laisse échapper alors une partie de l'air, jusqu'à ce que la pression P dans le récipient soit égale à celle de l'atmosphère ; soit t la température de l'air restant dans le récipient. [Maintenant fermons l'ouverture, et laissons la température intérieure revenir à T, celle de l'atmosphère, et soit P_2 sa pression.

La température absolue t de l'air refroidi est donnée par la proportion.

$$\frac{P}{P_2} = \frac{t}{T}$$

ou

$$t = \frac{PT}{P_2}$$

puisque le volume de l'air dans le récipient est constant.

On obtient donc ainsi la valeur du refroidissement dû à l'expansion de la pression P_1 à la pression P. Pour déterminer le changement de volume correspondant, il faut calculer le volume primitivement occupé par l'air qui reste dans le récipient.

A la fin de l'expérience, cet air occupe un volume V à la pression P_2 et à la température T. Au commencement de l'expérience la pression était P_1 et la température T. Le volume qu'il occupait était donc égal à

$$V_1 = V \cdot \frac{P_2}{P_1}$$

et un soudain accroissement de volume, dans le rapport de P_2 à P, correspond à une diminution de pression de P_1 à P. Puisque P_2 est plus grand que P, le rapport des pressions est plus grand que le rapport des volumes.

L'élasticité de l'air, sous la condition qu'aucun échange de chaleur n'ait lieu, est égale à

$$\frac{V+V_1}{2}\frac{P_1-P}{V-V_1} \quad \text{ou} \quad \frac{1}{2}(P_1+P_2)\frac{P_1-P}{P_1-P_2}$$

quand l'expansion est très petite, ou quand P_1 est peu supérieur à P.

Mais nous savons que l'élasticité à température constante est numériquement égale à la pression (voir page 146).

Nous obtenons donc pour le rapport γ des deux élasticités

$$\gamma = \frac{P_1-P}{P_1-P_2}$$

ou plus exactement

$$\gamma = \frac{\log P_1 - \log P}{\log P_1 - \log P_2}$$

Quoique cette méthode de déterminer l'élasticité dans le cas de non transmission de chaleur soit pratiquement réalisable, elle est loin d'être parfaite. Il est difficile par exemple, de disposer l'expérience de manière que les pressions puissent être égalisées au moment où l'ouverture est fermée, pendant que dans le même temps, les parois du récipient ne doive communiquer à l'air aucune quantité sensible de chaleur. Il est aussi difficile d'éviter que de l'air extérieur ne rentre dans le récipient, et que le mouvement à l'intérieur du récipient ne subsiste encore avant que l'ouverture ne soit fermée.

Mais la vitesse du son dans l'air dépend, comme nous le verrons plus loin, de la relation entre les variations de sa densité et de sa pression pendant les rapides condensations et raréfactions qui ont lieu lors de la propagation du son. Ces changements de pression et de densité se succèdent plusieurs centaines ou plusieurs milliers de fois en une seconde ; la chaleur développée par la compression en un point de l'espace, n'a donc pas le temps de se communiquer par conduction aux parties refroidies par l'expansion, même si l'air était aussi bon conducteur que le cuivre. Mais nous savons, de plus, que l'air est très mauvais conducteur de la chaleur et nous pouvons être certain, par conséquent, que, dans la propagation du son, les changements de volume se produisent sans communication appréciable de chaleur ; par conséquent l'élasticité déduite de la vitesse du son est celle qui correspond à la non-transmission de chaleur.

Le rapport des élasticités de l'air, déduit des expériences sur la vitesse du son, est

$$\gamma = 1.408$$

C'est aussi, nous l'avons montré, le rapport des chaleurs spécifiques à pression constante, et à volume constant.

Ces relations furent indiquées par Laplace, longtemps avant le récent développement de la Thermodynamique.

Nous appliquerons maintenant, en suivant Rankine, l'équation de thermodynamique de la page 225, savoir :

$$E_t \, (K_p - K_v) = TV. \, \overline{AM}^2$$

Dans le cas d'un fluide satisfaisant aux lois des gaz, et tel que le zéro absolu de son échelle thermométrique coïncide avec le zéro absolu de l'échelle de la thermodynamique, nous avons

$$AM = \frac{P}{t}$$

et

$$E_t = P$$

Par suite

$$K_p - K_v = \frac{pv}{t} = R$$

R étant une quantité constante.

Maintenant au point de congélation de l'eau qui est 273º,6 depuis le zéro absolu, on a $pv=7990$ kilogrammètres d'après les expériences de Regnault sur l'air. Par suite R est égal à 29 km.. 20 par degré centigrade. C'est le travail effectué par un kilogramme d'air se dilatant sous pression constante, lorsque la température s'élève de 1º.

Or K_v est la quantité de chaleur exprimée en unités mécaniques, nécessaire pour élever de 1º la température de 1 kilogr. d'air sans changement de volume. et K_p est la quantité de chaleur nécessaire pour produire le même changement de température quand le gaz se dilate sous pression constante. Par conséquent $K_p - K_v$ représente la chaleur additionnelle nécessaire pour la dilatation. L'équation montre par conséquent que cette chaleur additionnelle est équivalente mécaniquement au travail accompli par l'air pendant sa dilatation. Ce n'est pas, il faut se le rappeler, un fait évident, parce que l'air se trouve dans des états différents, au commencement et à la fin de l'opération. C'est une conséquence du fait découvert expérimentalement par Joule qu'aucun changement de température n'a lieu quand l'eau se dilate sans accomplir de travail extérieur (voir plus loin, chap. XIII).

Nous avons ainsi obtenu, en unités mécaniques, la différence entre les deux chaleurs spécifiques de l'air. Nous savons aussi que le rapport de K_p à K_v est égal à 1.408. On a donc

$$K_v = \frac{29.20}{0.408} = 71.56$$

et

$$K_p = K_v + 29.20 = 100.76$$

Or la chaleur spécifique de l'eau à son maximum de densité, c'est l'équivalent mécanique de la chaleur obtenu par Joule sur un kilogramme, c'est 425.56 kilogrammètres. Si donc C_p est la chaleur spécifique de l'air sous pression constante, rapportée à celle de l'eau prise comme unité, on a

$$C_p = \frac{K_p}{E} = 0.2378$$

Ce calcul a été publié par Rankine en 1850. La valeur de la chaleur spécifique de l'air déterminée expérimentalement par M. Regnault, et publiée en 1853 est

$$C_p = 0.2379$$

(1). Le chiffre cité par Maxwell atteint 0.2378 en prenant les données suivantes en mesures anglaises.

$$pv = 26214 \; footpounds$$
$$R = 53.21 \; id.$$

température absolue : 492,°6 *Fahrenheit*
équivalent mécanique : 772 *footpounds*. — *Trad.*

CHAPITRE XII

ÉNERGIE INTRINSÈQUE D'UN SYSTÈME DE CORPS.

L'énergie d'un corps est sa capacité d'accomplir du travail et se mesure par le travail qu'on peut tirer de ce corps. *L'énergie intrinsèque* (1) d'un corps est le travail qu'il peut accomplir en raison de son état actuel, et sans le concours d'énergie extérieure.

Ainsi un corps peut accomplir du travail en se dilatant et surmontant une pression, ou encore il peut dégager de la chaleur, et cette chaleur peut être convertie en travail en tout ou en partie. Si nous possédions une machine parfaitement réversible, et un réfrigérant au zéro absolu de température, nous pourrions convertir en travail mécanique toute la chaleur qui s'échappe du corps. Nous connaissons, en tous cas, d'après les expériences de Joule, l'équivalent mécanique d'une quantité quelconque de chaleur, de sorte que si nous pouvons déterminer le travail accompli par la dilatation du corps, et la quantité de chaleur abandonnée pendant un changement quelconque, nous pouvons calculer l'énergie qui a été dépensée par le corps pendant ce changement.

Il est impossible, dans aucun cas, de priver un corps de toute sa chaleur, et nous ne pouvons, dans le cas des corps qui sont suceptibles de prendre la forme de gaz augmenter le volume du récipient suffisamment pour en tirer toute

(1) On emploie de préférence, en France, l'expression énergie ou travail *intérieur. Trad.*

16

l'énergie mécanique due à la force expansive. Nous ne pouvons pas, par conséquent, déterminer la valeur absolue de l'énergie totale d'un corps. Il suffit néanmoins, pour tous les besoins de la pratique, de savoir de combien l'énergie totale d'un corps, dans un état quelconque, diffère de l'énergie du corps dans un certain état défini, par exemple à une température et à un état physique donnés.

Dans toutes les questions relatives aux actions mutuelles des corps, nous n'avons à tenir compte que des différences entre l'énergie de chaque corps à des états différents, et non de la valeur absolue de ces énergies. La méthode qui consiste à comparer l'énergie d'un corps à un moment quelconque avec l'énergie du même corps à une température et sous une pression données suffit donc à notre dessein. Si le corps, dans son état actuel, possède moins d'énergie que dans l'état pris comme terme de comparaison, l'expression qui donne l'énergie relative sera négative. Cela n'implique pas néanmoins que l'énergie d'un corps puisse jamais être réellement négative, car ce serait impossible. Cela montre seulement qu'à l'état pris pour terme de comparaison, le corps a plus d'énergie qu'à l'état considéré.

Comparons l'énergie d'un corps sous deux états différents. Soient A et B les points représentant les deux états. et soit AB la ligne droite ou courbe représentant les états intermédiaires par lesquels passe le corps (1).

Le travail correspondant à ce parcours, c'est-à-dire le travail accompli par le corps lorsqu'il passe de l'état A à l'état B, en suivant le cycle AB, est représenté, comme nous l'avons montré, page 135, par la surface comprise entre la ligne AB, la ligne d'égal volume Bb, la ligne de pression nulle ba, et la ligne d'égal volume aA. Ce

(1) Par une opération *réversible*, ce qui est une condition essentielle pour la validité de quelques-unes des conséquences exposées plus loin. *Trad.*

travail est compté positivement quand le contour est décrit dans la direction des aiguilles d'une montre.

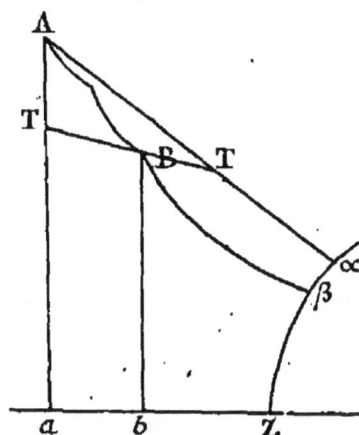

La quantité de chaleur correspondant au cycle parcouru c'est-à-dire la chaleur absorbée par le corps pendant son passage de A à B, est représentée par la surface comprise entre le chemin AB, la ligne isentropique Bβ, l'isotherme fictive Bα, correspondant à la température 0, et la ligne isentropique α A. (Voir page 213) (1).

Cette surface doit être comptée positivement quand elle est placée à droite de AB.

Dans la figure, elle est placée à gauche, et elle doit être comptée négativement ; en d'autres termes elle représente la chaleur dégagée par le corps.

La somme du travail accompli, et de la chaleur dégagée par le corps, mesurés tous les deux dynamiquement, représente toute l'énergie abandonnée par le corps, pendant son passage de l'état A à l'état B. Elle est figurée par l'aire totale αAαβBbα, et cette aire par conséquent représente la diminution de l'énergie du corps ; elle est évidemment indépendante de la forme du chemin suivi entre A et B.

Or cette aire est la différence entre les aires AαZaA, et BβZbB, qui sont limitées par la ligne de pression nulle, la ligne fictive de température 0, et les lignes d'égal volume et d'égale entropie. Supposons, en effet, la ligne fictive de température nulle prolongée jusqu'à la ligne de pression nulle par une ligne de forme quelconque βZ. Nous pou-

fig. 27

---

(1) C'est précisément là qu'on doit supposer le cycle jouissant de la propriété de la réversibilité. *Trad.*

vons alors considérer la surface limitée par ces lignes et par les lignes d'égal volume et d'égale entropie passant par A comme représentant cette partie de l'énergie du corps à l'état A dont nous étudions les variations; car si le corps passe à l'état B, en accomplissant du travail et dégageant de la chaleur, l'énergie abandonnée est représentée par l'excès de l'aire A𝛼Z𝑎A, sur l'aire B𝛽𝑏ZB, ce qui représente, par conséquent l'excès de l'énergie du corps à l'état A sur son énergie à l'état B.

Ainsi, en discutant les variations de l'énergie dans les changements réversibles, nous pouvons les considérer comme représentées par les variations de l'aire A𝛼Z𝑎A, ou, ce qui est la même chose, nous pouvons supposer que l'énergie est représentée par cette aire, augmentée d'une constante inconnue.

ÉNERGIE UTILISABLE.

La somme du travail accompli par le corps et de l'équivalent mécanique de la chaleur qu'il abandonne pendant son passage de l'état A à l'état B, est la même nous l'avons vu, quel que soit le cycle suivi par le corps de l'état A à l'état B.

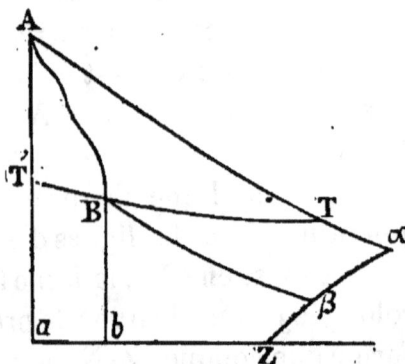

fig. 28.

Supposons que le corps soit entouré par un milieu, dont la température est maintenue constante; le corps ne pourra alors abandonner de la chaleur que quand sa température sera supérieure à celle du milieu, et ne pourra absorber de chaleur que lorsque sa température sera inférieure à celle du milieu ; ces conditions imposent des limites au parcours suivi :

Menons l'isotherme T'T, représentant la température constante du milieu environnant. Puisque la température du corps en A', et à tous les points situés au-dessus de la ligne T'T est supérieure à celle du milieu, le corps ne pourra absorber aucune quantité de chaleur, et son entropie, n'augmentera pas. Par suite le chemin parcouru ne pourra se trouver au-dessus de l'adiabatique ou isentropique Aα, menée par A.

De même, quand le corps abandonne de la chaleur au milieu, sa température doit être plus haute que celle du milieu et par suite le chemin parcouru doit être au-dessus de l'isotherme T'T.

Le cycle formé par l'isentropique AT, et l'isotherme TB, est par conséquent une forme limite correspondant au cas où le travail accompli est un maximum et la chaleur dégagée, un minimum.

Indiquons par U l'énergie du corps à l'état A, par S l'entropie du corps, et par U_0 et S_0 l'énergie et l'entropie du corps à la pression et à la température du milieu environnant, c'est-à-dire à l'état représenté par B. L'énergie totale abandonnée en travail et en chaleur pendant le passage de l'état A à l'état B, sera alors égale à

$$U - U_0$$

La quantité de chaleur que le corps abandonne pendant la transformation ne peut être inférieure à celle correspondant au parcours ATB, c'est-à-dire à

$$(S - S_0)T_0$$

où T_0 est la température absolue du milieu environnant.

La quantité de travail accompli par le corps ne peut pas, par conséquent être supérieure à

$$U - U_0 - (S - S_0)T_0$$

expression qui représente donc la partie d'énergie dont on peut disposer pour des usages mécaniques, dans les circonstances où le corps est placé, c'est-à-dire quand il est environné par un milieu à la température T_0 et à la pression P_0.

Il en résulte que plus grande est l'entropie primitive, plus faibles est l'énergie utile (1).

Considérons maintenant le cas d'un système composé d'un certain nombre de corps à différentes températures et pressions, renfermés dans un récipient imperméable à la chaleur. La quantité d'énergie convertie en travail sera maximum, quand le système sera amené à l'état d'équilibre thermique et mécanique par les opérations suivantes :

1° Amener les corps à prendre la même température par la dilatation ou la compression sans communication de chaleur.

2° Les corps étant alors à la même température, laisser ceux qui exercent la plus grande pression, se dilater et comprimer ceux qui exercent moins de pression, jusqu'à ce que les pressions de tous les corps soient égales, l'opération se faisant assez lentement pour que les températures de tous les corps restent sensiblement égales les unes aux autres pendant toute la durée de l'opération.

Pendant la première partie de l'opération, alors qu'il n'y a aucune communication de chaleur entre les corps, l'entropie de chaque corps demeure constante. Pendant la seconde partie les corps sont tous à la même température, et par conséquent la communication de la chaleur d'un

---

(1). Dans les précédentes éditions de cet ouvrage, on avait par erreur, défini l'expression *Entropie,* introduite par Clausius, comme cette partie de l'énergie qui ne peut être convertie en travail. On employait donc le terme dans un sens correspondant à l'expression : énergie utilisable, ce qui introduisait une grande confusion dans le langage de la thermodynamique. Dans cette édition j'ai tenu à employer le mot *Entropie* dans son sens primitif, donné par Clausius. — *Aut.*

corps à l'autre diminue l'entropie de l'un des corps, autant qu'elle l'augmente dans l'autre, de sorte que la somme de l'entropie reste constante. Par suite l'entropie totale du système ne varie pas du commencement à la fin. En conséquence le travail accompli contre la résistance mécanique pendant l'établissement de l'équilibre thermique et mécanique est plus grand quand l'opération est conduite de cette manière que quand l'on laisse les conductions de la chaleur se faire entre des corps à des températures sensiblement différentes.

L'état final du système est donc déterminé par les conditions suivantes :

Soit n le nombre des corps formant le système,

Soient $m_1 \ldots \ldots m_n$ les masses de ces corps,

$\qquad v_1 \ldots \ldots v_n$ le volume de l'unité de masse de chacun,

$\qquad s_1 \ldots \ldots s_n$ l'entropie de l'unité de masse de chacun,

$\qquad u_1 \ldots \ldots u_n$ l'énergie de l'unité de masse de chacun,

$\qquad p_1 \ldots \ldots p_n$ la pression de chacun,

$\qquad \theta_1 \ldots \ldots \theta_n$ la température de chacun.

Le volume total est égal à

$$m_1 v_1 + \ldots + m_n v_n = \Sigma \, mv$$

et puisque le système est contenu dans un récipient de volume V, on a toujours

$$\Sigma \, mv = V$$

pendant la durée de l'opération.

L'entropie totale est égale à

$$m_1 s_1 + \ldots + m_n s_n = \Sigma \, ms = S$$

Quand il n'y a aucune communication de chaleur entre les corps, S reste constant. Quand il y a communication de chaleur entre des corps à différentes températures, S augmente.

A l'état final du système, on a

$$p_1 = p_2 = \ldots = p_n = P$$
$$\theta_1 = \theta_2 = \ldots = \theta_n = T$$

Il y a par conséquent $n-1$ conditions relatives à la pression, et $n-1$ conditions relatives à la température, avec une condition relative au volume ; en tout $2n$ conditions qui doivent être remplies par les n corps. Et puisque l'état de chaque corps est une fonction de deux variables, les conditions sont nécessaires et suffisantes pour déterminer l'état final de chacun des n corps.

Le travail accompli contre la résistance extérieure au système peut être déterminé en comparant l'énergie totale au commencement de l'opération avec l'énergie totale à la fin car, puisque aucune quantité de chaleur ne peut s'échapper, une diminution quelconque d'énergie provient d'un travail dépensé.

L'énergie totale est égale à

$$\Sigma mu = U$$

Si U est la valeur primitive, et U′ la valeur finale de l'énergie, l'énergie employé à produire du travail mécanique est égale à

$$U - U'$$

Lorsque, pendant une période quelconque de l'opération par laquelle le système atteint son état final d'équilibre thermique et mécanique, une communication de chaleur Q a lieu entre un corps à la température θ_1 et un corps à la température θ_2, l'augmentation de l'entropie totale du système provenant de ce déplacement de chaleur, est, comme nous l'avons montré (page 212), égale à

$$Q\left(\frac{1}{\theta_2}-\frac{1}{\theta_1}\right)$$

et l'entropie finale au lieu d'être égale à l'entropie primitive, devient égale à

$$S = S + Q\left(\frac{1}{\theta_2}-\frac{1}{\theta_1}\right)$$

Cette augmentation de l'entropie finale entraîne une augmentation correspondante dans la température finale et l'énergie finale.

Si l'élévation de température est faible, (et puisque le volume est constant), la valeur de l'augmentation de l'énergie finale, est la suivante :

$$T\,(S-S') = QT\left(\frac{1}{\theta_2}-\frac{1}{\theta_1}\right)$$

et l'énergie utilisable diminue en conséquence d'égale quantité, diminution qui correspond au passage de la quantité de chaleur Q d'un corps à la température θ_1 à un corps à la température θ_2.

Les phénomènes de cette espèce, dans lesquels l'énergie totale demeure la même, tandis que l'énergie utilisable est diminuée, sont des exemples de ce que Sir W. Thomson a appelé la *Dissipation de l'énergie*. La théorie de la dissipation de l'énergie est étroitement liée à celle de l'accroissement de l'entropie, mais elle n'est à aucun point de vue identique à cette dernière théorie.

L'accroissement de l'entropie totale d'un système dû au passage d'une quantité donnée de chaleur Q, d'un corps à une température donné θ_1, à un autre à une température donnée θ_2, est égal, comme nous l'avons vu, à

$$Q\left(\frac{1}{\theta_2} - \frac{1}{\theta_1}\right)$$

Quantité complètement déterminée par l'état du système dans lequel ce phénomène a lieu.

L'énergie dissipée ou rendue inutilisable comme source de travail mécanique est égale à

$$QT\left(\frac{1}{\theta_2} - \frac{1}{\theta_1}\right)$$

expression dans laquelle entre un nouveau facteur T, et ce facteur T représente la température finale du système lors-qu'il atteint son état d'équilibre thermique et mécanique.

T, par conséquent, qui dépend de l'état final du système, ne peut être calculé que lorsque nous connaissons, non seulement les relations entre les variables thermodyna-miques pour tous les corps, mais encore le volume qu'ils occupent à l'état final.

Le calcul de la quantité d'énergie dissipée pendant une opération quelconque, est par conséquent beaucoup plus difficile que celui de l'augmentation d'entropie.

On peut laisser le système atteindre son état final d'équi-libre thermique et mécanique, de manière qu'aucun travail extérieur ne soit accompli, et qu'aucune quantité de chaleur ne puisse être gagnée ou perdue par le système. Pour cela la condition est que l'énergie finale soit égale à l'énergie primitive.

En combinant cette condition avec les autres conditions, à savoir que le volume n'est pas modifié, et que l'état final, en ce qui concerne la pression et la température, est le même pour tous les corps, nous pouvons déterminer la valeur finale de la température, de la pression, et de l'entropie totale.

L'entropie totale aura alors la valeur maximum compatible avec l'état primitif du système. La disparition de l'énergie utilisable sera complète.

ANALOGIES THERMIQUES ET MÉCANIQUES.

On peut faciliter beaucoup l'étude de la thermodynamique en ayant recours à une comparaison entre les phénomènes mécaniques et thermiques.

Nous avons à considérer l'énergie sous deux formes, travail et chaleur. Quand l'énergie passe d'un corps à un autre corps, nous pouvons toujours reconnaître si le premier corps accomplit du travail mécanique sur le second ou lui communique de la chaleur. Le travail est accompli par le mouvement contre une résistance. La chaleur est transmise d'un corps chaud à un corps froid.

Mais aussitôt que l'énergie a passé dans le second corps nous ne pouvons plus savoir, d'aucune manière, si cette énergie s'y trouve à l'état de travail ou de chaleur. En réalité, nous pouvons la séparer du corps sous l'une ou l'autre de ces formes.

Si le volume d'un fluide, sous la pression p, augmente de v à v', ce fluide accomplit contre la résistance extérieure, un travail égal à

$$p\,(v'-v) = \mathfrak{C}$$

Si l'entropie d'un corps à la température t, augmente de s à s', ce corps gagne une quantité de chaleur égale à

$$t\,(s-s') = Q$$

Si les deux phénomènes ont lieu à la fois, et si, par conséquent l'énergie du corps passe de u à u', on a alors :

$$u - u' = Q - \mathfrak{C} = t(s' - s) - p(v' - v).$$

Nous avons donc deux groupes de quantité, l'un relatif au travail, l'autre relatif à la chaleur :

$$\mathfrak{C} - v - p$$
$$Q - s - t$$

Parmi ces quantités le *travail*, et la *chaleur* sont simplement deux formes *d'énergie*.

Le *volume* est une quantité telle que si elle ne change pas, aucun travail ne peut être accompli. La quantité de travail accompli, néamoins, est mesurée non pas par la variation de volume seule, mais par cette variation multipliée par une autre quantité, la *pression*.

De la même manière, *l'entropie* est une quantité telle, que sans une variation de sa valeur le corps ne peut, *dans une opération réversible*, gagner ni perdre aucune quantité de chaleur. La quantité de chaleur perdue ou gagnée, n'est pas cependant mesurée par la variation d'entropie, mais par cette variation multipliée par une autre quantité, la *température absolue*.

De plus, la pression est une quantité telle que l'égalité de pression dans deux vases communiquant détermine leur équilibre mécanique, tandis qu'un excès de pression dans un vase a pour effet de provoquer un courant de fluide d'un vase à l'autre.

Pareillement, la température est une quantité telle que l'égalité de température de deux corps en contact détermine leur équilibre thermique, tandis que l'excès de température d'un des corps a pour effet d'établir un courant de chaleur de ce corps à l'autre.

Si nous regardons l'énergie d'un corps comme déterminée par son volume et son entropie, on peut alors définir la pression comme le rapport suivant lequel l'énergie diminue avec l'augmentation de volume, alors que l'entropie reste constante. La température peut être définie, d'une manière analogue, comme le rapport suivant lequel l'énergie augmente avec l'augmentation d'entropie, le volume restant invariable.

REPRÉSENTATION DES PROPRIÉTÉS D'UN CORPS AU MOYEN D'UNE SURFACE

C'est au Professeur J. Willard Gibbs, du collège de Yale, Etats-Unis, que nous devons l'examen approfondi des différentes manières de représenter les relations thermodynamiques par des diagrammes plans, ainsi qu'un moyen très utile de représenter par une surface, les propriétés d'un corps (1).

Le volume, l'entropie, et l'énergie du corps, dans un état donné, sont représentés par trois coordonnées rectangulaires d'un point sur une surface et ce point est dit correspondre à l'état donné du corps. Nous supposerons le volume mesuré, vers l'est à partir du plan méridien correspondant au volume zéro, l'entropie mesurée vers le nord à partir du plan vertical perpendiculaire au méridien, plan dont la position est entièrement arbitraire, et l'énergie mesurée de haut en bas, à partir du plan horizontal correspondant à l'énergie nulle, plan dont la position peut être considéré comme arbitraire, parce ce que nous ne

(1) *Transactions of the Academy of Sciences of Connectient*, vol. II.

pouvons pas mesurer l'énergie totale existant dans le corps.

La section de cette surface par un plan vertical perpendiculaire au méridien, représente la relation entre le volume et l'énergie, quand l'entropie est constante, c'est-à-dire lorsque le corps ne perd ou ne gagne aucune quantité de chaleur dans une transformation réversible.

Si la pression est positive, le corps en se dilatant, accomplira du travail contre la résistance extérieure, et son énergie intrinsèque diminuera. Le rapport suivant lequel l'énergie diminue à mesure que le volume augmente est représenté par la tangente de l'angle que la courbe fait avec l'horizon.

La pression est par conséquent représentée par la tangente de l'angle d'inclinaison de la courbe. La pression est positive quand la courbe s'abaisse vers l'ouest. Quand la courbe s'abaisse vers l'est, la pression correspondante est négative.

Une tension, ou pression négative, ne peut exister dans un gaz. Elle peut néanmoins exister dans un liquide, tel que le mercure. Ainsi, lorsqu'un tube barométrique, bien rempli de mercure propre, est placé dans une position verticale, le mercure quelquefois ne retombe pas au point correspondant à la pression atmosphérique, mais demeure suspendu dans le tube, de manière à le remplir complètement. La pression, dans ce cas, est négative, dans cette partie du mercure qui est au-dessus du niveau normal de la colonne barométrique.

Dans les corps solides, nous le savons, les tensions peuvent devenir très grandes.

En résumé dans notre diagramme thermodynamique, la pression de la substance est indiquée par l'inclinaison de la courbe d'entropie constante, et elle est comptée positivement quand l'énergie diminue, lorsque le volume augmente.

La section de la surface par un plan vertical, parallèle au méridien est une courbe représentant les relations entre l'énergie et l'entropie à volume constant. Dans cette courbe, la température, qui est égale au rapport suivant lequel l'énergie augmente, quand l'entropie augmente, est représentée par la tangente de l'inclinaison de la courbe.

Puisque la température, comptée du zéro absolue, est une quantité essentiellement positive, la courbe à volume constant doit être telle que l'entropie et l'énergie augmentent toujours ensemble.

Pour déterminer la pression et la température du corps dans un état donné, il faut mener un plan tangent au point correspondant de la surface. La normale à ce plan, menée par l'origine, rencontrera le plan horizontal situé à l'unité de distance de l'origine, en un point dont les coordonnées représentent la pression et la température, la pression étant représentée par la coordonnée menée vers l'ouest, et la température par la coordonnée menée vers le nord.

La pression et la température sont ainsi représentées par la direction de cette normale, et si, en deux points quelconque de la surface, les directions des normales aux plans tangents sont parallèles, alors la pression et ta températures sont les mêmes dans les deux états du corps correspondant à ces deux points.

Si nous voulons tracer sur un modèle réalisant la surface, une série de lignes d'égale pression, nous n'avons qu'à placer ce modèle au soleil, en le tournant de manière que les rayons du soleil soient parallèles au plan du volume et de l'énergie ; ces rayons font alors avec la ligne des volumes, un angle dont la tangente est proportionnelle à la pression. Par conséquent, si nous traçons sur la surface, la limite de l'ombre et de la lumière, la pression en tous les points de cette ligne sera la même.

De même, si nous plaçons le modèle de telle sorte que les rayons du soleil soient parallèles aux plans de l'entropie et de l'énergie, la limite de l'ombre et de la lumière sera la ligne d'égale température, température proportionnelle à la tangente de l'angle que font les rayons du soleil avec l'axe d'entropie.

Nous pouvons ainsi tracer sur le modèle deux séries de lignes ; lignes d'égale pression, que le professeur Gibbs appellent *isopiézométriques* (*isopiestics*) (1) et ligne d'égale température ou *isothermes*.

Outre ces lignes, nous pouvons tracer les trois systèmes de sections planes parallèles aux plans coordonnés, les lignes isométriques, ou d'égale volume, les isentropiques ou lignes d'égale entropie (que nous avons appelées avec Rankine, lignes adiabatiques) et les lignes isénergiques ou lignes d'égale énergie (2).

Le réseau formé par ces cinq systèmes de lignes fournit une représentation complète de la relation entre cinq quantités, volume, entropie, énergie, pression et température, pour tous les états du corps.

Il n'est nullement nécessaire de supposer que le corps soit homogène dans sa composition chimique, ou dans son état physique. Tout ce qu'il est nécessaire d'admettre, c'est que toutes les parties du corps soient à la même pression, et à la même température.

Au moyen de ce mode de représentation, le professeur Gibbs a résolu plusieurs problèmes importants relatifs aux relations thermodynamique entre deux portions d'un corps

(1) Ou lignes isobares. — *Trad.*
(2) Ou lignes isodynamiques. — *Trad.*

à deux états physiques différents, mais à la même pression
et à la même température.

Soit un corps susceptible d'exister sous deux états, à la
même température, et à la même pression. Nous voulons
savoir si ce corps tend de lui-même à passer d'un de ces
états à l'autre.

Plaçons le corps dans un cylindre, sous un piston, le tout
environné par un milieu à la température et sous la pression données, et supposons l'étendue de ce milieu assez
grande pour que sa pression et sa température ne soient
pas sensiblement altérées par les changements de volume
du corps, ou par la chaleur que ce corps abandonnera ou
absorbera.

Les deux états physiques (1) à comparer sont représentés par deux points sur la surface du modèle, et puisque la
pression et la température sont les mêmes, les plans tangents en ces points coïncident ou sont parallèles.

La surface représentant les propriétés thermiques du milieu doit être supposée construite sur une échelle proportionnelle à l'étendue de ce milieu.
Et comme nous admettons que la
masse de ce milieu est très grande,
l'échelle de la surface sera si
grande que nous pourrons traiter
la portion de surface dont nous
aurons à tenir compte comme une
surface plane. Or comme la pression et la température du milieu

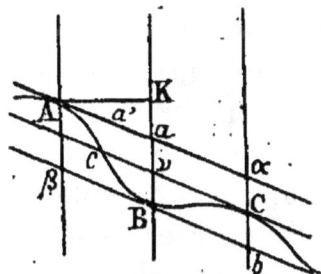

fig. 29.

sont les mêmes que celles du corps à l'état considéré,
cette surface plane sera parallèle au plan tangent au point
de la surface du modèle qui représente l'état considéré.

(1) Tout ce qui suit peut s'appliquer aussi à des changements
chimiques quelconques, mais réversibles et à tensions fixes. — *Trad.*

Soient A, B, C trois points du modèle, pour lesquels les plans tangents sont parallèles, l'énergie étant mesurée de haut en bas.

Soit Aα le plan tangent en A et considérons ce plan comme partie du modèle représentant le milieu extérieur, ce modèle étant placé de telle sorte que le volume, l'entropie et l'énergie du milieu soient mesurés dans une direction opposée à celle du modèle correspondant au corps considéré.

Supposons maintenant que ce corps passe de l'état A à l'état B, en passant par la série d'états représentés par les points sur l'isothermes qui réunit les points extrêmes A et B.

Puisque le corps et le milieu sont toujours à la même température, l'entropie perdue par l'un est égale à l'entropie gagnée par l'autre.

De plus, l'augmentation de volume de l'un est égale à la diminution de volume de l'autre.

Ainsi, pendant le passage du corps de l'état A à l'état B, l'état du milieu extérieur est toujours représenté par l'intersection du plan tangent avec la verticale menée par le point représentant l'état intermédiaire du corps, car le même mouvement horizontal qui représente une augmentation de volume ou d'entropie du corps, représente une égale diminution de volume ou d'entropie du milieu.

Par suite, quand l'état du corps est représenté par le point B, celui du milieu extérieur sera représenté par le point α, intersection de la verticale menée par B, avec le plan tangent passant A.

L'énergie du corps étant mesurée dans le sens αB, et celle du milieu dans le sens Bα, si l'on mène une horizontale AK, la longueur KB représentera l'accroissement d'énergie de la substance, et la longueur Kα, la perte d'énergie du milieu extérieur.

La ligne Ba, c'est-à dire la hauteur verticale du plan tangent au dessus du point B, représente l'accroissement d'énergie de tout le système, comprenant le corps et le milieu qui l'entoure, dans le passage de l'état A à l'état B. Mais l'énergie du système ne peut être augmentée, que si l'on accomplit du travail sur le système.

Or si le système peut, de lui-même, passer d'un état à un autre, le travail nécessaire pour produire le changement correspondant de configuration doit être emprunté à l'énergie du système, et l'énergie doit par conséquent diminuer.

Le fait, par conséquent, que dans le cas actuel l'énergie augmente montre que le passage de l'état A à l'état B, en présence d'un milieu de température et pression constantes, ne peut s'effectuer sans une dépense de travail par quelque agent extérieur au système.

Le corps ne peut donc passer spontanément de l'état A à l'état B, si B se trouve au-dessous du plan qui touche la surface en A.

Nous avons supposé que le corps passe de A à B, de manière que sa température soit toujours égale à celle du milieu extérieur. Dans ce cas l'entropie du système reste constante.

Si néanmoins la transmission de chaleur entre les deux corps a lieu sans qu'ils soient à la même température, l'entropie du système augmentera, et si, dans la figure l'accroissement d'entropie du corps est représenté par la projection horizontale de AB, la diminution d'entropie du milieu extérieur sera représentée par une quantité plus petite, telle que la projection horizontale de Aa'. De là il résulte que a' sera à gauche de a, et par conséquent plus haut. L'accroissement d'entropie du système sera donc représenté par la projection horizontale de aa'.

Or puisque la température est une quantité essentiellement positive, l'accroissement d'entropie, pour un volume
donné, implique un accroissement d'énergie. Par suite
l'accroissement d'énergie est plus grand quand l'entropie
augmente que lorsque cette quantité reste constante.

Il n'y a donc aucun moyen de faire passer le corps de
l'état A à l'état B, sans un accroissement d'énergie, qui
implique une dépense de travail par un agent extérieur.

Si donc le plan tangent en A est partout au-dessus de
la surface thermodynamique, l'état représenté par le point
A est essentiellement stable et le corps ne peut passer
de lui-même à un autre état tant qu'il reste exposé aux
mêmes influences extérieures de pression et de température.

Ce sera le cas si la surface tourne sa convexité vers le
haut ; mais si la surface, au point B, est concave dans
toute les directions, ou concave dans une direction, et
convexe dans une autre, il sera possible de tracer sur
cette surface une ligne passant par le point considéré et
située entièrement au-dessus du plan tangent mené par ce
point. Cette ligne représentera une série d'état par lesquels le corps peut passer de lui-même, sans l'intervention d'un agent extérieur.

Dans ce cas, le point de contact représente un état du
corps qui, s'il est réalisable physiquement pour un instant, est essentiellement instable et ne peut être permanent.

Il y a un troisième cas, néanmoins, dans lequel la surface,
comme au point C, étant convexe et une ligne tracée sur
la surface par le point de contact se trouvant au-dessous
du plan tangent, coupera néanmoins la surface en c, si le
plan tangent est suffisamment prolongé. Alors le point A
est nécessairement au-dessus du plan tangent.

Dans ce cas, le corps ne peut passer de l'état A à l'état C par une série quelconque continue d'états d'équilibre, c'est-à-dire une série réversible ; car une ligne quelconque menée sur la surface de C à A commence par plonger sous le plan tangent. Mais si une masse du corps à l'état A, si petite qu'elle soit, se trouve en contact physique avec le reste du corps à l'état C, des portions très-petites du corps passeront de suite de l'état C à l'état A sans passer par les états intermédiaires.

L'énergie mise en liberté par cette transformation accélérera la vitesse subséquente de transformation, de telle sorte que le phénomène sera d'une nature explosive.

C'est un phénomène de ce genre qui se produit quand un liquide, qui n'est pas en contact avec sa vapeur, est chauffé au-dessus de son point d'ébullition ; il en est de même quand un liquide est refroidi au-dessous de son point de congélation, ou quand la solution d'un sel ou d'un gaz est sursaturée.

Dans le premier de ces cas, le contact de la plus petite quantité de vapeur produira une évaporation par explosion ; dans le second cas, le contact de la glace produira une congélation soudaine ; dans le troisième cas, un cristal du sel produira une cristallisation brusque, et dans le quatrième, une bulle quelconque d'un gaz produira une effervescence subite.

Quand le plan tangent touche la surface en deux ou plusieurs points, et est au-dessus de la surface partout ailleurs, des portions du corps, sous les états représentés par les points de contact, peuvent exister en équilibre en présence les unes des autres, et le corps peut passer librement d'un état à l'autre dans n'importe quel sens.

L'état du corps quand une partie est dans un certain état physique, et la seconde partie dans un autre état, est représenté par un point de la ligne droite joignant les centres de gravité de deux masses égales respectivement aux masses du corps dans les deux états et placées aux points du modèle représentant ces deux états.

Par conséquent, outre la surface déjà considérée, que nous pouvons appeler *surface primitive*, et qui représente les propriétés du corps supposé homogène, il y a une surface secondaire engendrée par les lignes joignant les deux points de contact d'un même plan tangent. Cette surface secondaire représente les propriétés du corps quand une partie est dans un certain état, et l'autre partie dans un état différent.

Pour tracer cette surface secondaire, il faut faire rouler le plan doublement tangent sur la surface, qu'il touchera toujours aux deux points appelés le *couple nodal*.

Ces deux points de contact traceront ainsi deux courbes telles qu'à un point de l'une correspond un point de l'autre. Ces deux courbes sont appelées en géométrie les courbes *nodales*.

Puisque la surface secondaire est engendrée par une ligne qui se meut de manière à joindre toujours deux points corresdants de contact, c'est une surface développable, enveloppe du plan tangent.

Pour réaliser matériellement cette surface, il suffit de répandre une couche de graisse sur une plaque de verre, et de faire rouler cette plaque, sans glissement sur le modèle, en le touchant toujours en deux points au moins.

Aux points de contact, la graisse se fixera en partie du verre sur le modèle, et il y aura par conséquent des traces, sur le modèle, des courbes nodales, et sur le verre, des courbes planes correspondantes.

Si maintenant on reporte sur le papier la courbe tracée sur le verre, et si l'on découpe le papier suivant cette courbe, on pourra courber le papier ainsi découpé et l'appliquer sur le modèle de telle sorte que les bords s'appliquent sur les deux courbes nodales, et l'on réalisera de cette manière la surface dérivée] représentant l'état du corps quand une partie est à un certain état physique, et l'autre partie à un état différent.

Il y a une position du plan tangent dans laquelle ce plan touche la surface primitive en trois points. Ces points représentent les états solide, liquide et gazeux du corps quand la température et la pression sont telles que les trois états peuvent coexister en équilibre.

Le triangle plan dont ces points forment les sommets représente toutes les combinaisons possibles de ces trois états. Par exemple s'il y a S grammes à l'état solide, L grammes à l'état liquide, et V grammes à l'état de vapeur, cette condition du corps sera représentée par un point du triangle, point qui sera le centre de gravité des masses S, L et V placées aux sommets correspondants.

A partir de cette position limite, le plan tangent peut rouler sur la surface dans trois directions différentes, mais toujours en ayant deux points de contact avec la surface. On obtient ainsi trois nappes de la surface dérivée, la première reliant l'état solide et l'état liquide, la seconde l'état solide et l'état gazeux, et la troisième l'état gazeux et l'état solide. Ces trois surfaces développables constituent avec le triangle plan SLV, ce que le professeur Gibbs appelle la *surface d'énergie dissipée*.

De ces trois nappes, la première et la troisième, c'est-à-dire celles qui relient l'état solide avec les états liquides et gazeux n'ont été étudiées expérimentalement qu'à peu de distance du triangle SLV, mais la nappe qui relie l'état liquide et l'état gazeux a été complètement étudiée.

Les expériences de Cagniard de la Tour, et les déterminations numériques d'Andrews montrent que les courbes tracées par les deux points de contact du plan doublement tangent se réunissent en un point qui représente ce qu'Andrews appelle *l'état critique*. En ce point, les deux points de contact du plan tangent se confondent et si le plan continue à rouler sur la surface il ne la touchera plus qu'en un point seulement.

Si la surface primitive forme une nappe continue au-dessous de la surface d'énergie dissipée, elle ne peut être convexe en tous points. Car soit AD la ligne passant par deux points de contact correspondants du plan doublement tangent, et soit ABCD, la section de la surface par un plan vertical passant par AD. Il est manifeste que la courbe ABCD, doit, quelque part, devenir concave.

Mais un point de la surface primitive situé sur une partie concave représente un état essentiellement instable du corps. Une partie de la surface primitive, doit donc, si elle est continue, représenter des états essentiellement instables.

Fig. 30

Si donc la surface est continue, il y aura une région représentant des états essentiellement instables, parce que la surface sera en ces points, en partie ou totalement concave. Cette région est limité par ce qui est appelée en géométrie la courbe *d'inflexion (spinode)*. Au delà de cette courbe, la surface est convexe mais le plan tangent coupe toujours la surface à une distance plus ou moins grande de son contact avec la surface. Mais lorsqu'on arrive à la courbe nodale, alors le plan devient doublement tangent. Au-delà, le plan tangent est situé entièrement au-dessus de la surface, et l'état correspondant du corps est essentiellement stable.

La région comprise entre la courbe d'inflexion et la courbe nodale représente les états du corps. stables quand le corps est homogène, mais sujets à un changement brusque, s'il est en contact avec une portion à un autre état.

Chaque section verticale par deux points de contact. correspondant est traversée par la courbe d'inflexion aux points d'inflexion B et C mais la corde AD de la courbe nodale, et la corde BC de la courbe d'inflexion, doivent se confondre au point critique. Il en résulte, qu'en ce point, la courbe d'inflexion, et les deux branches de la courbe nodale se confondent et ont une tangente commune. Ce point est appelé en géométrie le point *tacnodal* (1).

LIGNES THERMIQUES SUR LA SURFACE
THERMODYNAMIQUE. ·

(fig. 31)

O. . . . . origine
Ov. . . . . axes des volumes
Os. . . . . axes des entropies
Ou. . . . . axes des énergies
P_1 . . P_6. Lignes *isobares* ou d'égale pression (parmis ces lignes P_1, représente une pression négative ; en d'autres termes, une tension, qui peut exister dans les solides et dans quelques liquïdes.
T_1 . . T_6. *Isothermes*, ou lignes d'égale température. (Les courbes T^3 et T^4 ont une branche en forme de boucle fermée).
FGHC . . A droite de cette ligne le corps est gazeux et

(1) Je dois ces noms à l'obligeance du Professeur Cayley — *Aut.*

SURFACE THERMODYNAMIQUE.

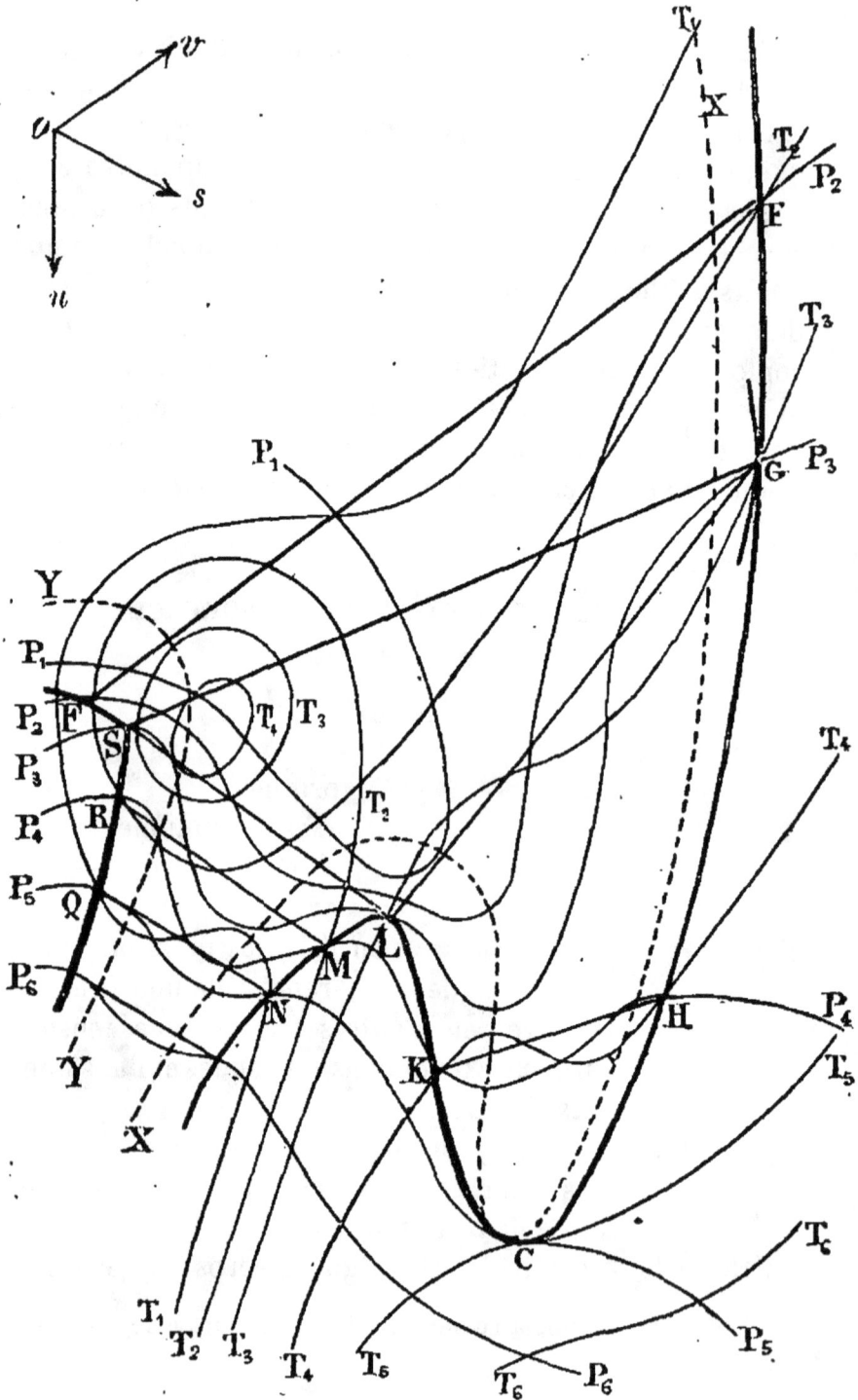

Fig. 31

absolument stable. A gauche de FG, il peut se condenser à l'état solide, et à gauche de GHC. il peut se condenser à l'état liquide.

CKLMN . Au-dessous de cette ligne, le corps est liquide et absolument stable. A droite de LKC, ilpeut s'évaporer : à gauche de LMN il peut se solidifier.

QRSE . . A gauche de cette ligne le corps est solide, et absolument stable. A droite de SRQ il peut se liquéfier, et au-dessus de SE il peut s'évaporer.

C   C est le point critique de l'état solide et de l'état gazeux — au dessous de ce point, il n'y a. pas discontinuité d'état. C est le point tacnodal.

Les courbes FG, GHCKL, LMN, QRS, et SE sont des branches de la courbe nodale. Les courbes XCX et VV sont des branches de la courbe d'inflexion. Au-dessous de cette courbe le corps est absolument instable. Entre cette courbe et la courbe nodale, le corps est stable, mais à condition d'être homogène.

Le triangle plan SLG représente cet état de pression et température invariables, où le corps peut être en partie solide, en partie liquide, en partie gazeux.

Les lignes droites représentent des états de pression et de température invariables, tels que deux de ces états son en équilibre :

SG et EF entre les états solide et gazeux,

GL et KH entre les états liquide et gazeux,

SG, RM, et QN, entre les états solides et liquides.

La surface d'énergie dissipée comprend le triangle plan SLG, et les trois surfaces développables dont les génératrices sont les lignes sus-mentionnées. Cette surface est au-dessus de la surface primitive thermodynamique, et la touche suivant la courbe nodale. (1)

(1) Dans le cas où les différentes parties du crops sont à des états différents, mais mélangées et où pas conséquent le corps est partiellement, ou complètement homogène, par exemple dans le cas de la dissociation de l'eau, ou du carbonate de baryte, la surface d'énergie dissipée n'est plus une surface développable, et le triangle S L G, n'est pas plan. — *Trad.*

CHAPITRE XIII

DÉTENTE DES GAZ SANS TRAVAIL EXTÉRIEUR (1).

Supposons qu'un fluide soit forcé de passer par une petite ouverture ou par un ou plusieurs tubes étroits, ou à travers un tampon poreux, de manière que le travail accompli par la pression soit entièrement dépensé à surmonter la résistance du fluide, et qu'ainsi ce fluide, après avoir traversé le tampon, ne possède plus qu'une vitesse très faible. Supposons aussi que ce fluide ne puisse perdre ou gagner de chaleur, et qu'aucun son ou autres vibrations ne puisse s'échapper de l'appareil, à part les vibrations dont l'énergie serait négligeable vis à vis de l'énergie correspondant à un changement sensible de température du fluide.

Nous supposerons enfin que le mouvement est permanent, c'est-à-dire que, dans chaque seconde, la même quantité de fluide passe par l'appareil.

Soient P et V la pression et le volume de l'unité de masse passant par la section A, située en avant du tampon. Soient p et v les quantités correspondantes passant par la section B, située après le tampon. Le travail accompli pendant le passage de l'unité de masse du fluide par la section A est égal à PV, et le travail accompli pour pas-

---

1. On comprendra mieux l'objet du chapitre en se reportant à l'expérience de Joub, page 276. *Trad.*

ser par la section B est égal à pv. La quantité de travail
pensée sur le fluide pour traverser le tampon est donc égale à

$$PV - pv$$

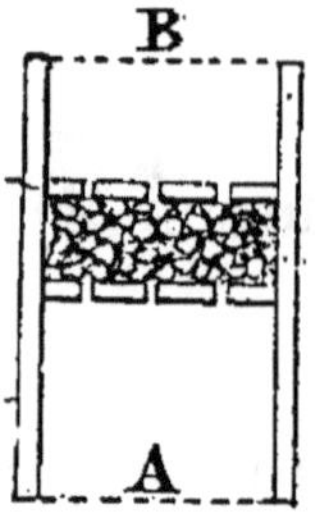

Par suite, si U est l'énergie de l'unité de
masse du fluide, lorsqu'il passe par la section
A, et u l'énergie de l'unité de masse sortant
par la section B, on a

$$u - U = PV - pv,$$

ou

$$U + PV = u + pv \qquad (1).$$

fig. 32

C'est-à-dire que la somme de l'énergie intrinsèque et du produit du volume par la
pression n'est pas changée après le passage par le tampon
poreux, pourvu qu'aucune quantité de chaleur n'ait été
empruntée ou abandonnée à l'extérieur.

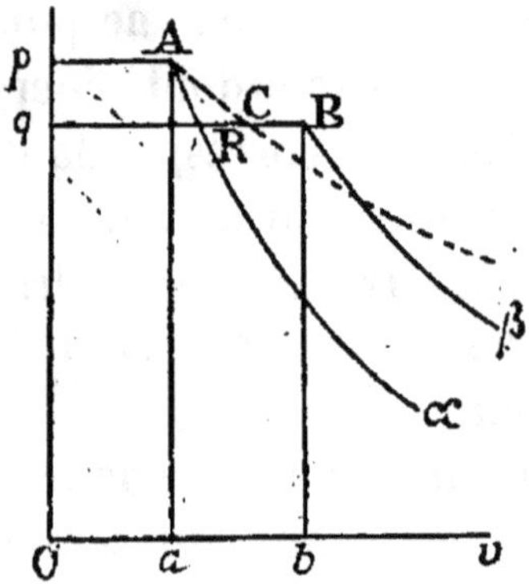

Or l'énergie intrinsèque est représentée sur le diagramme par
la surface comprise entre l'adiabatique Aα, la verticale Aa, et
la ligne de volume 0, abv, et le
produit PV est représentée par le
rectangle ApOa. Par suite, la surface limitée par αApOv, (les deux
lignes Aα et Ov étant prolongées
jusqu'à leur rencontre) représente
la quantité qui reste constante dans
le passage du fluide par le tam-

fig. 33.

pon. Il en résulte que, dans la figure, la surface ApqR est
égale à la surface comprise entre BR et deux adiabatiques
Rα et Bβ.

Nous allons rechercher maintenant les relations qui
existent entre les différentes propriétés du fluide, afin de

déterminer l'élévation de température correspondant à un passage par le tampon, la pression P passant à la pression p, et nous supposerons d'abord que P n'est pas beaucoup plus grand que p.

Soit AC une ligne isotherme passant par A, et coupant qB en C, et supposons que le passage du fluide de l'état représenté par A à l'état représenté par B s'effectue suivant l'isotherme AC, et soit accompagné d'une augmentation de volume de C à B. Plus la distance AB sera petite, plus sera faible la différence entre les opérations quelconques par lesquelles le fluide peut passer de l'état A à l'état B.

En passant de A à C, à la température constante θ, la pression diminue de P à p. La chaleur absorbée pendant cette opération, est égale, d'après la première relation thermodynamique (p. 220), à

$$(P - p)V\theta\,\alpha.$$

où α est la dilatation de l'unité de volume, sous pression constante, par degré de température.

En passant de C à B, le fluide se dilate sous pression constante et sa température s'élève de θ à $\theta + \tau$.

La chaleur nécessaire pour produire cette élévation de température est égale à

$$K_p\,\tau.$$

où K_p représente la chaleur spécifique du fluide sous pression constante.

La quantité totale de chaleur absorbée par le fluide pendant le passage de A à B est par conséquent égale à

$$(P - p)\,V\theta\alpha + K_p\,\tau$$

C'est l'aire de la surface comprise contre AB et les deux adiabatiques Aα, Bβ.

Mais cette aire est égale à l'aire ApqB, ou à

$$(P - p)V$$

Nous avons donc la relation :

$$K_p \, \tau = (P-p) \, V(1 - \theta \alpha) \quad (2)$$

où K_p indique la chaleur spécifique de l'unité de masse, sous pression constante, exprimée en mesure dynamique,

τ l'élévation de température après le passage par le tampon,

$P - p$ la petite différence de pression de chaque côté du tampon,

V le volume de l'unité de masse (quand $P - p$ est assez grand pour entraîner un grand changement de volume, cette quantité doit être traitée différemment) ;

θ la température absolue sur l'échelle dynamique ;

α la dilatation de l'unité de volume sous pression constante, par degré de température.

Il y a deux cas dans lesquels on peut utiliser l'observation de l'élévation (ou abaissement) de température pour déterminer des quantités qui ont une grande importance dans la science

1° Détermination de l'équivalent mécanique de la chaleur.

Le premier cas est celui où le fluide est un liquide, tel que l'eau ou le mercure, dont le volume n'est que faiblement modifié soit par la pression, soit par la température. Dans ce cas. V variera si peu que l'effet de sa variation ne peut entrer en ligne de compte que comme une correction nécessaire seulement dans les calculs d'une grande précision. La dilation α est aussi très faible, de sorte que le produit $\theta\alpha$, quoiqu'on ne puisse pas le négliger absolument, peut être évalué avec une exactitude suffisante sans qu'il soit nécessaire de connaître très exactement la valeur absolue de θ.

Si nous supposons que la pression est la pression d'hydrostatique d'un fluide sur une hauteur égale à H d'un côté du tampon, et à h de l'autre côté, alors on a

$$(P - p) = (H - h)\rho g$$

où ρ est la densité, et g la mesure numérique de la gravité. Mais on a

$$V\rho = 1$$

de telle sorte que l'équation (2) devient

$$K_p \tau = g (H - h) (1 - \theta\alpha)$$

équation qui nous permet de déterminer K_p quand nous connaissons τ, c'est-à-dire l'élévation de température, H— h, la différence de niveau du liquide, α son coefficient de dilatation par la chaleur, et θ la température absolue en degrés du même thermomètre employé pour déterminer τ.

La quantité K_p est la chaleur spécifique sous pression constante, c'est-à-dire la quantité de chaleur qui élèverait la température de l'unité de masse du fluide de 1 degré sur le thermomètre. On la suppose exprimée ici en mesures dynamiques.

Si la chaleur spécifique doit être exprimée en mesures empruntées à la gravitation, par exemple en kilogram-mètres, il faut diviser par g l'intensité de la gravité.

Si la chaleur spécifique doit être exprimée en fonction de la chaleur spécifique d'un corps donnée, comme, par exemple, de l'eau à son maximum de densité, il faut diviser par g, la chaleur spécifique de ce corps.

Nous avons déjà montré comment on peut, par une expérience directe, comparer la chaleur spécifique d'un corps quelconque avec celle de l'eau. Si la chaleur spécifique, exprimée de cette manière, est indiquée par C_p tandis que K_p est la même quantité exprimée en mesure dynamique, l'équivalent thermique de l'unité dynamique est alors

$$E = \frac{K_p}{C_p}$$

La quantité E est appelé l'équivalent mécanique de la chaleur de Joule, parce que Joule fut le pemier à déterminer sa valeur par une méthode exacte. On peut la définir comme la chaleur spécifique en mesure dynamique, de l'eau à son maximum de densité.

Elle est égale à 425 kilogrammètres (1) par kilogrammes d'eau. En changeant la masse unité, on modifie en même temps, dans la même proportion l'unité de travail, de telle sorte que E reste toujours exprimé par le même nombre. On peut exprimer le résultat de Joule en disant que le travail accompli par une quantité quelconque d'eau tombant de 425 mètres à Paris est suffisant pour élever d'un degré centigrade cette même masse d'eau. Pour rendre la définition indépendante de la valeur de la gravité en un lieu particulier, il suffit de calculer la vitesse d'un corps tombant de 425 mètres à Paris. L'énergie, correspondant à cette vitesse, d'une masse d'eau quelconque, suffira, convertie en chaleur, pour élever d'un degré centigrade la température de cette masse d'eau.

Il faut, pour obtenir la valeur de J par cette méthode, .

(1) La valeur indiquée par Joule est de 772 pieds-livres, à Manchester, par livre d'eau, la température étant mesurée en degrés Fahrenheit. Cela répond exactement à 423.55 kilogr. Sur le continent, on a adopté 425 kilog. pour simplifier. — *Trad.*

surmonter des difficultés considérables, même en employant
le mercure, pour lequel une pression de 14 mètres correspond à une élévation de température de 1° centigrade.

2° *Évaluation de la température à l'échelle thermodynamique.*

L'application la plus importante de la méthode exposée
plus haut consiste à établir la température θ, qui, à
l'échelle thermodynamique, correspond à la lecture t, enregistrée par un thermomètre quelconque, par exemple
un thermomètre centigrade.

La substance employée est l'air, ou un autre gaz quelconque, satisfaisant approximativement aux lois des gaz,
exprimées par la relation.

$$vp = v_0\, p_0\, (1 + \alpha_0\, t).$$

où v_0, p_0 sont le volume et la pression au zéro du thermomètre, et α_0 la dilatation en volume par degré de température, à cette température.

La dilatation en volume α à la température t, est par
conséquent

$$\alpha = \frac{\alpha_0}{1 + \alpha_0\, t}$$

de telle sorte que l'expression de $K_p \tau$ devient

$$K_p \tau = v_0\, p_0\, \frac{P - p}{p}\, (1 + \alpha^0 t - \alpha_0\, \theta)$$

Cette formule n'est strictement vraie que pour une très
petite variation de pression. Lorsque, comme dans l'expérience de Joule et Thomson, P est égal à plusieurs fois p,
il faut mesurer l'effet de la diminution graduelle de pression à l'aide de la méthode décrite au chapitre XIV, mé-

thode applicable dans ce cas puisque la variation de tempé-rature est faible. Le résultat est qu'il faut remplacer $\dfrac{P - p}{p}$

par $log\, \dfrac{P}{p}$ en logarithmes népériens, ou par 2.3026 $log\, \dfrac{P}{p}$ en logarithmes vulgaires. Par suite nous avons la relation :

$$\theta = t + \frac{1}{\alpha_0} - \frac{K\, p\, \tau}{\alpha_0 v_0 p_0} \cdot \frac{0.4343}{\log. P - \log p}$$

relation qui donne la température θ de la graduation ther-modynamique correspondant à la lecture t, d'un thermomè-tre ordinaire, les degrés de la graduation thermodynami-que étant égaux à ceux du thermomètre aux environs de la température de l'expérience.

Dans le cas de la plupart des gaz expérimentés par Joule et Thomson, il se produisait un faible refroidissement au passage à travers le tampon. En d'autres termes τ était négatif et la température absolue était par conséquent plus haute que celle indiquée par le thermomètre à gaz Le rapport de dilatation du gaz entre deux températures données, était donc plus grand que le rapport de ces tem-pératures sur la graduation thermodynamique. L'effet de refroidissement était beaucoup plus important avec l'acide carbonique qu'avec l'oxygène, l'azote, ou l'air comme on pouvait le prévoir d'après les expériences de Regnault ; car ces expériences ont montré que la dilatation de l'acide car-bonique est plus grande que celle de l'air. On trouva aussi pour ces gaz, que l'effet de refroidissement était moindre à une haute température, ce qui montre que, lorsque la température est de plus en plus élevée, la loi de dilata-tion des gaz se rapproche de plus en plus de la loi de pro-portionnalité avec la température absolue mesurée sur la graduation thermodynamique,

Le seul gaz qui s'écarta de la règle fut l'hydrogène, dans lequel on observa un faible réchauffement après le passage à travers le tampon.

Le résultat de l'expérience de Joule et Thomson a été de montrer que la température de la glace fondante est de 273°7 sur la graduation thermodynamique, la valeur du degré étant obtenue en divisant en 100 parties égales l'intervalle compris entre cette température et celle de la vapeur de l'eau bouillante, sous la pression normale.

Le zéro absolu sur la graduation thermodynamique est par conséquent — 273°7 centigrade, ou — 460°66 Fahrenheit.

On voit que dans les gaz qui se rapprochent le plus d'un gaz parfait, l'effet du refroidissement dû à l'expansion est presque exactement balancé par l'effet d'échauffement dû au travail accompli par l'expansion, quant ce travail est totalement dépensé à engendrer de la chaleur dans le gaz. Ce résultat avait déjà été obtenu, quoique à l'aide d'une méthode moins précise, par Joule [1], qui montra que l'énergie intrinsèque d'un gaz est la même à la même température, quel que soit le volume occupé par le gaz.

Pour le vérifier il comprima de l'air dans un récipient jusqu'à une pression d'environ 22 atmosphères, et fit le vide dans un autre récipient. Les deux récipients furent alors mis en communication par un tube formé par un robinet et le tout plongé dans l'eau. Après que l'eau eut été bien agitée pendant un temps suffisant, sa température fut mesurée à l'aide d'un thermomètre très sensible. On ouvrit alors le robinet avec une clé convenable, et l'air du récipient plein put se répandre dans le récipient vide, de manière que l'équilibre de pression s'établit entre les deux.

1. *Philosophical Magazine*, mai 1845.

Enfin l'eau fut agitée de nouveau, et sa température mesurée avec soin.

A la suite d'un grand nombre d'expériences de ce genre et en évitant soigneusement toutes les causes d'erreur, Joule fut conduit à cette conclusion *qu'il ne se produit aucun changement de température quand l'air se dilate de manière à n'accomplir aucun travail mécanique.*

Cette conclusion n'est pas tout à fait exacte comme cela résulte des expériences plus minutieuses faites ensuite par Joule et W. Thomson, car il y a un certain effet de refroidissement. Cet effet, néanmoins, est très faible, dans le cas des gaz permanents, et il diminue encore, quand par l'élévation de température, ou la diminution de pression, les gaz se raprochent davantage de la condition de gaz parfait.

Nous pouvons cependant dire, comme résultat de ces expériences, que la quantité de chaleur absorbée par un gaz dans sa détente à une température constante représente presque, quoique pas absolument, l'équivalent thermique du travail mécanique qui aurait été accompli par le gaz pendant sa détente. En fait nous savons que dans le cas de l'air, la chaleur absorbée est un peu plus grande, et dans l'hydrogène un peu plus faible que cette quantité.

C'es là une propriété très importante des gaz. Si nous renversons l'opération, nous trouvons que la chaleur développée en comprimant l'air à une température constante est l'équivalent thermique du travail accompli en exerçant la compression.

Ce n'est pas là une proposition évidente par elle-même. En fait, elle n'est pas exacte pour les corps qui ne sont pas à l'état de gaz, et même dans les gaz les plus imparfaits, elle s'écarte de l'exactitude. Par suite on ne peut regarder comme légitime le procédé de calcul de l'équivalent dynamique de la chaleur adopté par Mayer, en se fondant sur cette loi, à une époque cependant où son exactitude n'avait pas encore été prouvée expérimentalement (1).

1. L'auteur fait allusion à la controverse relative à la valeur comparative de l'œuvre de Joule et Mayer. Cf. Tait, *Lectures sur les sciences*. — *Trad.*

CHAPITRE XIV.

DÉTERMINATION DES HAUTEURS PAR LE BAROMÈTRE.

Le baromètre est un instrument au moyen duquel on peut mesurer la pression de l'air en un lieu particulier. Dans le baromètre à mercure, qui est l'instrument sous sa forme la plus appropriée, la pression de l'air sur la surface libre du mercure dans le réservoir est égale à la pression exercée par une colonne de mercure dont la hauteur serait égale à la différence entre le niveau du mercure dans le réservoir et dans le tube.

La pression de l'air est souvent exprimée en fonction de la hauteur de cette colonne. Aussi on parle d'une pression de 760 millimètres ou de 30 pouces de mercure.

Pour exprimer une pression en mesures absolues, il faut considérer la force qui s'exerce sur l'unité de surface. Dans ce but, il est nécessaire de calculer le poids d'une colonne de mercure de la hauteur donnée, et ayant une base égale à l'unité de surface.

Si h est la hauteur de la colonne, il en résulte que, puisque sa section est l'unité, son volume est exprimé par h.

Pour évaluer la masse de mercure contenue dans ce volume, il faut multiplier le volume par la densité du mercure. Si ρ est cette densité, la masse de la colonne est égale à ρh. La pression dont nous cherchons la valeur, est la force avec laquelle cette masse est attirée vers la terre. Si

g est la force d'attraction terrestre sur l'unité de masse,
la force exercée sur la colonne de mercure de hauteur h est
donnée par l'expression.

$$g \rho h$$

où h est la hauteur de la colonne, ρ la densité du mercure,
et g l'intensité de la pesanteur au lieu d'observation. La
densité du mercure diminue quand la température augmente et il est d'usage de réduire toutes les pressions mesurées de cette manière, à la hauteur d'une colonne de mercure à la température de la glace fondante.

Si deux baromètres, au même endroit, sont maintenus
à des températures différentes, les hauteurs barométriques
sont dans la proportion des volumes de mercure aux deux
températures.

L'intensité de la pesanteur varie en différents endroits ;
elle est moindre à l'équateur qu'aux pôles, et moindre au
sommet d'une montagne qu'au niveau de la mer. Il aussi
est d'usage de ramener les hauteurs barométriques observées, à la hauteur d'une colonne de mercure qui à la
température de la glace fondante, et au niveau de la mer,
sous la latitude de 45°, exercerait la même pression.

S'il n'existait ni vents, ni marées, et si la mer et l'air
étaient parfaitement calmes, dans toute la région comprise entre deux lieux, la pression de l'air à la surface de
la mer devait être la même dans ces deux lieux : car la
surface de la mer est partout normale à la force de la pesanteur, et si la pression sur la surface était différente en
deux endroits, l'eau s'écoulerait forcément du lieu de
plus grande pression au lieu de moindre pression, jusqu'à
ce que l'équilibre s'ensuive.

Aussi, quand, par un temps calme, on observe que le
baromètre se tient à des hauteurs différentes dans chaque

lieu d'observation, il faut en conclure que la pesanteur est plus forte au lieu où le baromètre est le plus bas.

Voyons maintenant comment on peut trouver la profondeur en dessous du niveau de la mer, à l'aide d'un baromètre descendu dans une cloche à plongeur.

Soient D la profondeur de la surface de l'eau dans la cloche, en contrebas de la surface de la mer, et p la pression de l'atmosphère sur la surface de la mer. La pression de l'air dans la cloche doit par conséquent surpasser celle de l'air à la surface de la mer, d'une quantité égale à la pression due à une colonne d'eau de hauteur D ; et si σ est la densité de l'eau de mer, cette pression est égale à $g\,\sigma\,D$.

Observons donc la hauteur du baromètre à la surface de la mer, et supposons que dans la cloche, la hauteur barométrique soit plus haute d'une quantité égale à h. La pression additionnelle accusée par cette accroissement de hauteur barométrique est égale à $g\rho h$, où ρ est la densité du mercure. De là on tire

$$g\,\sigma\,D = g\rho\,h$$

c'est-à-dire.

$$D = \frac{\rho}{\sigma}\,h = Sh$$

ou

$$S = \frac{\rho}{\sigma} = \frac{\text{densité de mercure}}{\text{densité de l'eau}} = \text{poids spécifique de mercure.}$$

La profondeur au-dessous de la surface de l'eau est donc égale au produit de l'élévation barométrique multipliée par le poids spécifique du mercure. Si l'eau est salée, il faut diviser ce résultat par le poids spécifique de l'eau salée au lieu d'observation.

Le calcul des profondeurs sous l'eau est, à l'aide de cette méthode rendu, relativement facile parce que, la densité de l'eau n'est pas très différente à différentes profondeurs. C'est seulement à de grandes profondeurs que le résultat serait sensiblement modifié par l'effet de la compression de l'eau.

Si la densité de l'air était aussi uniforme que celle de l'eau, la mesure des hauteurs dans l'atmosphère serait aussi aisée. Par exemple, si la densitée de l'air était égale à σ à toutes les pressions, on pourrait, en négligeant la variation de la pesanteur avec la hauteur, calculer comme il suit la hauteur H de l'atmosphère. Soient h la hauteur du baromètre, et ρ la densité du mercure ; la pression indiquée par le baromètre est

$$p = g\rho\, h$$

Si H est la hauteur d'une atmosphère de densité σ, la pression exercée par cette atmosphère est égale à

$$p = g\, \sigma\, H$$

d'où l'on tire

$$H = h\frac{\rho}{\sigma}$$

Telle serait la hauteur de l'atmosphère au dessus du lieu d'observation, basée sur la *fausse* supposition que sa densité est, à toutes les hauteurs, la même qu'au lieu d'observation. On désigne généralement cette hauteur fictive sous le nom de *hauteur de l'atmosphère supposée de densité uniforme*, ou plus brièvement et techniquement, sous le nom de hauteur de *l'atmosphère homogène*.

Voyons un peu ce que cette hauteur, qui n'a rien de commun avec la hauteur réelle de l'atmosphère, peut représenter. De l'équation

$$p = g\, \sigma\, H$$

on déduit

$$H = \frac{pv}{g}$$

si l'on se rappelle que σ, la densité de l'aide, est l'inverse du volume de l'unité de masse.

Ainsi la hauteur H est simplement égale au produit pv exprimé en unités empruntées à la pesanteur au lieu d'être exprimé en unités absolues.

Mais, en vertu de la loi de Mariotte, le produit de la pression par le volume est constant si la température est constante, et en vertu de la loi de Guy-Lussac, ce produit est proportionnel à la température absolue. Pour l'air sec à la température de la glace fondante, g étant égal à 9.81 on a

$$H = \frac{pv}{g} = 9079 \text{ mètres}$$

ou environ huit kilomètres.

Il est bien connu que M. Glaisher a atteint, en ballon, la hauteur de plus de onze kilomètres (sept milles). Le ballon à cette hauteur était cependant supporté par l'air, et quoique l'air, à cette grande hauteur, fût trois fois moins dense qu'à la surface de la terre, la respiration était encore possible. Il est donc certain que l'atmosphère s'étend au-delà de la hauteur H; déduite de cette fausse supposition que la densité est uniforme.

Mais bien que la densité de l'atmosphère, ne soit nullement uniforme dans toute son étendue en hauteur, cependant si nous ne considérons qu'une couche très faible, par exemple la millionième partie de H, c'est-à-dire, environ huit millimètres, ou un peu moins d'un centimètre, la densité ne variera que de la millionième partie de sa valeur de la base à la partie supérieure de cette couche, de sorte que nous pourrons supposer que la pression à la base surpasse la pression au sommet exactement de $1/1.000.000$.

Appliquons maintenant cette méthode à la détermination

de la hauteur d'une montagne, à l'aide du procédé théorique suivant, trop laborieux pour être recommandé, si ce n'est dans le but d'expliquer la méthode pratique (1).

Nous supposerons que nous commençons les opérations au sommet de la montagne, et qu'outre notre baromètre, nous avons un thermomètre pour déterminer la température du mercure, et un autre pour déterminer celle de l'air. Nous sommes aussi muni d'un hygromètre, pour déterminer la quantité de vapeur d'eau contenue dans l'air, de telle sorte qu'à l'aide du thermomètre et de l'hygromètre, nous pouvons calculer H, hauteur de l'atmosphère homogène, à chaque station d'observation.

Au sommet de la montagne donc, nous observons la hauteur p du baromètre.

Nous descendons alors jusqu'à ce que le mercure s'élève de 1/1 000.000 de sa hauteur. La hauteur barométrique à cette première station est donc égale à

$$p_1 = (1.000.001)\,p$$

La distance verticale descendue est de 1/1.000.000 de H, hauteur de l'atmosphère homogène à la température observée au premier étage de la descente. Comme il est impossible de mesurer les pressions, etc., à 1/1.000.000 de leur valeur, il est sans importance que H soit exactement au sommet de la montagne ou un centimètre plus bas.

Descendons maintenant encore un peu plus bas, de manière que la pression augmente de la millionième partie d'elle-même, de sorte que si p_2 est la nouvelle pression on a

$$p_2 = (1.000\,001)\,p_1,$$

(1) Il s'agit d'une intégration approximative — *Trad.*

et la hauteur dont on est descendu est égale à la millionième partie de H_2, hauteur de l'atmosphère homogène à la seconde station.

Si nous continuons ainsi n fois, jusqu'à ce que nous atteignions enfin le pied de la montagne, et si p_n est la pression en ce point, nous aurons

$$p_n = (1,000.001)\, p_{n-1}$$
$$= (1,000.001)^2\, p_{n-2}$$
$$\cdots\cdots$$
$$= (1.000.001)^n\, p$$

et la hauteur totale sera

$$h = \frac{H_1 + H_2 + \cdots + H_n}{1.000.000}$$

En admettant que la température et l'état hygrométrique restent les mêmes en tous les points, du sommet au pied de la montagne, on a

$$H_1 = H_2 = \ldots = H_n = H$$

et par suite

$$h = \frac{n\,H}{1.000000}$$

Si nous connaissons le nombre n des stations, la hauteur de la montagne peut être déterminée de cette manière. Mais il est facile de trouver n sans avoir à procéder à la laborieuse opération qui consisterait à descendre centimètre par centimètre, car puisque p_n est égal à la pression P au pied de la montagne, on a

$$P = (1,000.0001)^n\, p$$

Prenant les logarithmes des deux membres de l'équation, il vient :

$$\log P = n \log (1,000.001) + \log p$$

d'où l'on tire

$$n = \frac{\log P - \log p}{\log(1000.001)}$$

mais

$$\log 1,000.001 = 0,000\ 000\ 434\ 294\ 2648$$

Substituant cette valeur dans l'expression qui donne h, il vient :

$$h = \frac{H}{0,434\ 294} \cdot \log \cdot \frac{P}{p}$$

ou encore $h = 2.302\ 585\ H \log \frac{P}{p}$

où les logarithmes sont les logarithmes vulgaires, dont la base est 10.

Pour l'air sec, à la température de la glace fondante, H est égal 7990^m ; de là on tire :

$$h = \log \frac{P}{p} \times [18397 \times 46.74 \times \theta]$$

h étant la hauteur en mètres, pour une température θ sur l'échelle centigrade.

Pour des évaluations approchées, on peut admettre que la hauteur est donnée par la différence des logarithmes des hauteurs barométriques, multipliée par 18000.

CHAPITRE XV.

PROPAGATION DES ONDES PAR VIBRATIONS LONGITUDINALES.

La méthode que nous allons exposer, employée dans les recherches relatives à la propagation des ondes est due au Professeur Rankine. Elle implique seulement des principes et des opérations élémentaires, mais elle conduit à des résultats qui n'avaient été obtenus jusqu'ici que par des calculs empruntés aux plus hautes branches des mathématiques.

Les ondes particulières auxquelles s'appliquent cette méthode sont celles dues au mouvement du fluide parallèlement à la direction rectiligne suivant laquelle l'onde se propage. Nous ne considèrerons que les ondes qui se propagent avec une vitesse constante, et dont le type ne se modifie pas par ce mouvement de propagation.

En d'autres termes, si nous observons ce qui se passe dans le fluide en un point donné, quand l'onde parvient en ce point, et si, soudainement, nous nous transportons à une certaine distance, en avant dans la direction de la propagation de l'onde, nous observerons alors, au bout d'un certain temps, exactement les mêmes faits, se reproduisant dans le même ordre, au nouveau point d'observation, lorsqu'il est atteint par l'onde. Si nous déplaçons avec la vitesse de l'onde, nous n'observons aucun changement dans l'apparence présentée par le fluide. Tels sont les traits caractéristiques d'une onde de type permanent.

Nous considérerons d'abord la quantité de fluide qui passe dans l'unité de temps, par l'unité de surface d'une section plane que nous supposerons fixe et perpendiculaire à la direction du mouvement.

Soit u (1), la vitesse de ce mouvement que nous supposons uniforme ; dans l'unité de temps une portion du fluide de longueur u, passe par une section plane quelconque perpendiculaire à la direction du mouvement. Par suite le volume qui passe par l'unité de surface est représenté par u.

Soit maintenant Q la masse de ce volume de fluide, et soit v le volume de l'unité de masse. Le volume total est alors Qv, et il est égal à u, d'après ce que nous venons de dire.

Si la section considérée, au lieu d'être fixe, se meut en avant avec une vitesse U, la quantité qui passera par cette section ne dépendra pas de la vitesse absolue u, du fluide, mais de la vitesse relative $u - $ U, et si Q représente la quantité de fluide qui passe par la section mobile, *de droite à gauche* (1), on aura

$$Qv = U - u \qquad (1)$$

Imaginons maintenant un plan se déplaçant de gauche à droite avec la vitesse U, et supposons que U soit la vitesse de propagation de l'onde.

Quoique le plan se déplace, la valeur de u et de toutes les autres quantités dépendant de l'onde, restent les mêmes pour tous les points du plan A. Si u_1 est la vitesse absolue du fluide en A, v_1 le volume de l'unité de masse, et p_1 la

---

(1) Les vitesses U et u sont supposées dirigées de gauche à droite. *Trad.*

pression, toutes ces quantités seront constantes et l'on aura

$$Q_1 v_1 = U - u_1 \qquad (2)$$

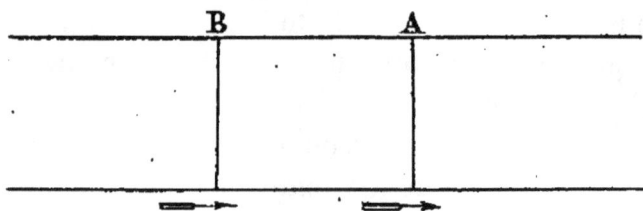

Figure 34

Si B est une autre section ayant même vitesse, et si Q_2, u_2, v_2, p_2, sont les valeurs correspondantes, on aura

$$Q_2 v_2 = U - u_2 \qquad (3)$$

La distance entre les sections B et A reste invariable, en raison de l'égalité des vitesses. Donc la quantité de fluide comprise entre ces deux sections reste constante, car la densité du fluide dans les points correspondants ne varie pas, puisque ces sections se déplacent avec l'onde.

D'où il suit que la quantité de matière qui pénètre dans l'espace compris entre A et B, doit être égale à la quantité qui en sort, c'est-à-dire que l'on a

$$Q_1 = Q_2 = Q \qquad (4)$$

Par suite. il vient :

$$\left. \begin{array}{l} u_1 = U - Q\,v_1 \\ u_2 = U - Q\,v_2 \end{array} \right\} \qquad (5)$$

Ainsi, quand nous connaissons U et Q, et le volume de l'unité de masse, nous pouvons en déduire u_1 et u_2.

Considérons maintenant les forces agissant sur la portion du fluide comprise entre A et B. Si p_1 est la pression en A_1 et p_2 la pression en B, la force résultante de ces pressions, et tendant à augmenter le mouvement de gauche à droite, est égale à

$$p_2 - p_1$$

Telle est, pendant l'unité de temps, la valeur du moment dû aux pressions extérieures agissant sur la portion du fluide comprise entre les sections A et B.

Il faut nous rappeler maintenant que, quoique les points correspondants du fluide situés dans cet intervalle se meuvent toujours de la même manière, la matière contenue entre A et B se renouvelle continuellement, une certaine quantité Q entrant en A, et une égale quantité Q sortant en B.

Mais la quantité Q qui entre en A a une vitesse u_1, et par conséquent un moment Qu_1, et celle qui sort en B a une vitesse u_2 et un moment Qu_2

Par suite, le moment du fluide entrant est supérieur au moment du fluide sortant d'une quantité égale à

$$Q (u_1 - u_2)$$

La seule cause qui puisse entraîner cette différence de moment ne saurait être que la différence d'action des pressions p_1 et p_2, car les actions mutuelles entre les molécules (*parts*) de la substance ne peuvent changer le moment de l'ensemble. Par suite, nous avons :

$$p_1 - p_2 = Q (u_1 - u_2)$$

En remplaçant u_1 et u_2 pas leurs valeurs tirées des équations (5), il vient

$$p_1 - p_2 = Q^2 (v_2 - v_1) \qquad (7)$$

d'où

$$p_1 + Q^2 v_1 = p_2 + Q^2 v_2 \qquad (8)$$

Or, la seule condition relative à la position du plan B est son invariabilité de distance à la section A : quelle que soit cette distance, l'équation ci-dessus est applicable.

Ainsi la quantité $p + Q_2 v$ doit rester constante pendant l'ensemble des changements dus au passage de l'onde. Représentant cette quantité par P, il vient

$$p = P - Q^2 v \qquad (9)$$

c'est-à-dire que la pression est égale à une constante P, diminuée d'une quantité proportionnelle au volume v.

Aucun des corps connus ne satisfait exactement à cette relation entre la pression et le volume. Dans tous les corps, une diminution de volume, est, il est bien vrai, accompagnée d'une augmentation de pression, mais cette augmentation n'est jamais strictement proportionnelle à la diminution de volume. Aussitôt que la diminution de volume devient considérable, la pression commence à augmenter dans un rapport plus grand que la diminution de volume.

Mais si nous ne considérons que de faibles changements de volume et de pression, nous pouvons employer notre ancienne définition de l'élasticité (page 140) — à savoir, le rapport du nombre exprimant l'augmentation de pression, au nombre exprimant la compression en volume. Appelant alors E l'élasticité, l'équation (7) nous donne :

$$E = v \frac{p_2 - p_1}{v_1 - v} = v Q^2 \qquad (10)$$

où v est le volume de l'unité de masse. Comme v_1 et v_2 sont des volumes presques égaux, nous pouvons prendre l'un ou l'autre comme valeur de v. De plus, v étant le volume de l'unité de masse aux points où le fluide n'est pas modifié par l'onde, et où par conséquent on a $u = o$, il vient :

$$U = Qv \qquad (11).$$

et par suite

$$U^2 = Q^2 v^2 = Ev \qquad (12)$$

ce qui montre que le carré de la vitesse de propagation d'une onde de vibrations longudinales, dans un fluide quelconque, est égal au produit de l'élasticité par le volume de l'unité de masse.

En calculant l'élasticité, il faut tenir compte des conditions dans lesquelles se produit la compression du fluide. Si, comme dans le cas des ondes sonores, cette compression est soudaine, de sorte que la chaleur développée ne peut se disperser, il faut calculer l'élasticité, en supposant qu'aucune quantité de chaleur ne soit perdue ou gagnée.

Dans le cas de l'air ou d'un gaz quelconque, l'élasticité à température constante est numériquement égale à la pression. Si nous indiquons, comme d'ordinaire, par le symbole γ, le rapport de la chaleur spécifique sous pression constante à la chaleur spécifique sous volume constant, l'élasticité, dans le cas où la chaleur ne peut se disperser, est égale à

$$E_s = \gamma p \qquad (13)$$

Par suite, si U est la vitesse du son, on a

$$U^2 = \gamma p v \qquad (14)$$

Nous savons que quand la température ne change pas le produit pv demeure constant. Par suite, la vitesse du son doit-être constante à une température déterminée, quelle que soit la pression de l'air.

Si H est la hauteur de l'atmosphère supposée homogène, — c'est-à-dire, la hauteur d'une colonne d'air de même densité que la densité réelle au lieu d'observation et exerçant par son poids une pression égale à la pression au lieu d'observation — si la section de cette colonne est égale à l'unité, que son volume, par conséquent, soit égal à H, — si enfin m est sa masse, on aura

$$H = mv$$

Le poids de cette colonne d'air est égal d'ailleurs à

$$p = mg$$

g étant l'intensité de la pesanteur.

Il vient par suite :

$$pv = gH$$

et

$$U^2 = g\gamma H$$

On peut comparer la vitesse du son à celle d'un corps tombant d'une cerrtaine hauteur sous l'action de la gravité. Si V est la vitesse d'un corps tombant d'une hauteur s, on a

$$V^2 = 2\,gs$$

Faisons $U = V$, et il vient :

$$S = \frac{1}{2}\,\gamma\,H$$

A la température de la glace fondante, H est égal à 7990^m, si l'intensité de la gravité est égale à 9.81.

A la même température, la vitesse du son dans l'air est, par expérience, de 332 mètres par seconde.

Le carré de ce nombre est égal à 110.254, tandis que le carré de la vitesse due à la moitié de la hauteur de l'atmosphère est égal à 78.381. — Or, γ étant le rapport de ces deux nombres, il s'ensuit que γ est égal à 1.408

La hauteur de l'atmosphère homogène est proportionnelle à la température comptée du zéro absolu. Par suite, la vitesse du son est proportionnelle à la racine carrée de

la température absolue. Dans plusieurs des gaz parfaits
la valeur de γ paraît être à peu près la même que dans
l'air. De là, la vitesse du son dans ces gaz est dans un
rapport inverse avec la racine carrée de leur poids spécifique comparé à celui de l'air.

Ces résultats seraient complètement exacts, quelque
grands que fussent les changements de pression et de densité dus au passage de l'onde sonore, pourvu que le fluide
fût tel, que dans tous ses changements réels de pression
et de volume, la quantité

$$p + Q^2 v$$

restât constante, Q étant la vitesse de propagation. Dans
tous les corps, comme nous l'avons vu, nous pouvons,
lorsque les valeurs de p et v sont très voisines de leurs valeurs moyennes, admettre une valeur de Q qui satisfera
approximativement à cette condition ; mais dans le cas de
sons très violents, ou d'autres dérangements considérables
de l'air, les variations de p et de v peuvent être assez grandes
pour que cette approximation cesse d'être admissible. Pour
comprendre ce qui a lieu dans ces cas, il faut se rappeler que les variations de p et de v ne sont pas proportionnelles l'une à l'autre, car, dans presque tous les corps,
p augmente d'autant plus rapidement pour une diminution
donnée de v, que la pression est plus grande.

Par suite la quantité Q, qui représente la masse de fluide
traversée par l'onde, sera plus grande dans les parties de
l'onde où la pression est plus grande, que dans celles où la
pression est plus faible ; c'est-à-dire que les portions con-
densées de l'onde voyageront plus vite que les portions ra-
réfiées. Le résultat sera que, si l'onde se compose primitivement d'une condensation graduelle, suivie d'une
raréfaction graduelle, la condensation deviendra plus rapide

et la raréfaction plus lente, à mesure que l'onde avancera dans l'air ; c'est de la même manière, et pour des raisons presque semblables, que les vagues (*waves*) (1) de la mer, lorsqu'elles arrivent en eau peu profonde, prennent une inclinaison de plus en plus forte vers l'avant, de plus en plus faible en arrière, jusqu'à ce qu'enfin elles se recourbent et déferlent sur le rivage.

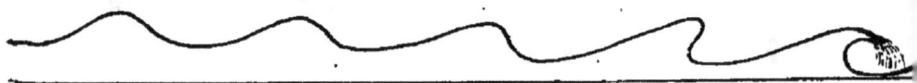

Fig. 35.

---

(1) En anglais un emploie le même mot *wave* comme terme général pour désigner les mouvements oscillatoires d'une solide élastique quelconque aussi bien que pour indiquer ceux qui se produisent à la surface de l'eau. — *Trad.*

CHAPITRE XVI

DU RAYONNEMENT.

Nous avons déjà appelé l'attention sur quelques-uns des phénomènes de rayonnement, et nous avons montré qu'ils ne relèvent pas, à proprement parler, de la science de la chaleur, et qu'ils doivent plutôt être étudiés avec le son et la lumière, comme une branche de la grande science du rayonnement (*radiation*).

Le phénomène du rayonnement consiste dans la transmission de l'énergie d'un corps à un autre par propagation à travers le milieu interposé, de telle manière que la marche du rayonnement se constate, après que l'énergie a quitté le premier corps, et avant qu'elle atteigne le second, voyageant à travers le milieu interposé avec une certaine vitesse, et laissant le milieu qu'elle abandonne dans les conditions où elle l'avait trouvé.

Nous avons déjà examiné un exemple de rayonnement, en traitant des ondes sonores. Dans ce cas, l'énergie communiquée à l'air par un corps vibrant se propage dans l'espace, et peut finalement mettre en mouvement quelqu'autre corps tel que la membrane du tympan. Pendant la propagation du son, cette énergie existe dans les porportions de l'air que le son traverse, partie sous forme de mouvement de va et vient de l'air, partie sous forme de condensation et de raréfaction. L'énergie correspondant

au son dans l'air est distincte de l'énergie calorifique parce
qu'elle se propage dans une direction définie, de telle sorte
qu'après un certain temps cette énergie a abandonné la
partie d'air considérée, et se trouve en un autre point. Mais
la chaleur n'abandonne jamais un corps chaud si ce n'est
pour passer dans un corps froid. L'énergie des ondes sonores ou toute autre forme d'énergie qui se propage de manière à quitter totalement une portion du milieu pour passer
dans une autre, ne peut donc être appelée chaleur.

Cependant le rayonnement produit certains effets thermiques; aussi ne peut-on bien comprendre la science de la
chaleur sans étudier quelques-uns des phénomènes du
rayonnement.

Lorsque la température d'un corps atteint un degré très
élevé, ce corps devient visible dans l'obscurité, et l'on dit
qu'il brille ou qu'il émet de la lumière. La vitesse de propagation de la lumière émise par le soleil et par des corps
très chauds a été approximativement mesurée, et elle est
comprise entre 290.000 et 305.900 kilomètres par seconde,
c'est-à-dire que la lumière voyage environ 900.000 fois
plus vite que le son dans l'air.

Le temps nécessaire pour que la lumière passe d'un point
à un autre dans l'espace limité d'un laboratoire est extrêmement court, et c'est seulement à l'aide de méthodes expérimentales des plus délicates qu'on a pu mesurer ce temps.
Il est certain, quoi qu'il en soit, qu'il y a un intervalle de
temps entre l'émission de la lumière par un corps et sa ré-
ception par un autre corps, et que pendant ce temps l'é-
nergie transmise d'un corps à l'autre a existé sous quelque
forme dans le milieu interposé.

Les opinions touchant la relation de la lumière avec la
chaleur ont varié, suivant que ces agents étaient regardés
comme des substances ou des accidents. A une certaine

époque, la lumière était considérée comme une substance projetée du corps lumineux, substance pouvant devenir chaude, comme tout autre substance, si le corps lumineux était chaud. La chaleur était donc considérée comme un accident de la substance lumière. Lorsque les progrès de la science permirent de mesurer les quantités de chaleur aussi exactement que le poids d'un gaz, la chaleur, sous le nom de calorique, fut classée dans la liste des substances. Puis les progrès accomplis indépendamment dans l'optique, conduisirent au rejet de la théorie corpusculaire de la lumière, et à l'adoption de la théorie des ondulations, théorie suivant laquelle la lumière consiste dans un mouvement d'un milieu déjà existant. La théorie du calorique persista, cependant, même après que la théorie corpusculaire de la lumière eût été rejetée, de telle sorte que les notions de lumière et de chaleur parurent presque avoir échangé leur position.

Quand enfin on eut reconnu l'inexactitude de la théorie du calorique, ce ne fut qu'à la suite de raisonnements indépendants de ceux qui avaient été employés dans le cas de la lumière.

Nous devons *à priori*, par conséquent, considérer à part la nature du rayonnement, soit de la lumière, soit de la chaleur, et nous avons à montrer pourquoi ce qui est appelé chaleur rayonnante est la même chose que ce qui est appelé lumière, et à expliquer que la différence consiste seulement dans le mode de perception. Le même rayonnement que nous appelons lumière quand il affecte nos yeux, nous l'appelons chaleur rayonnante, quand nous le percevons par la sensation de chaleur, ou que nous observons son effet sur un thermomètre.

En premier lieu, la chaleur rayonnante concorde avec la lumière par cette propriété de se propager toujours en ligne droite, à travers un milieu homogène quelconque. Elle ne se propage pas, par conséquent. par diffusion, comme dans le cas de la chaleur, lorsque celle-ci passe des régions chaudes aux régions froides d'un milieu, quelle que soit la direction déterminée par cette condition.

Le milieu traversé par la chaleur rayonnante ne s'échauffe pas, s'il est parfaitement diathermane, de même qu'un milieu parfaitement transparent, traversé par la lumière, ne devient pas lumineux. Mais si quelque impureté ou défaut de transparence a pour effet de rendre le milieu visible lorsqu'il est traversé par la lumière, ce même milieu, traversé par la chaleur rayonnante, s'échauffera et absorbera de la chaleur.

De plus, la chaleur rayonnante se réfléchit sur les surfaces polies suivant les mêmes lois que la lumière. Un miroir concave concentre les rayons du soleil au foyer brillamment éclairé.

Si ces rayons ainsi concentrés tombent sur un fragment de bois, le bois s'enflammera. Si les rayons lumineux sont concentrés par une lentille convexe, il se produit des effets analogues, ce qui montre que la chaleur rayonnante est réfractée quand elle passe d'un milieu transparent dans un autre de nature différente.

Lorsque la lumière est réfractée à travers un prisme, de sorte que sa direction se trouve considérablement déviée, elle se sépare en une série d'espèces de lumière qui se distinguent facilement les unes des autres par leurs teintes. La chaleur rayonnante réfractée par un prisme, s'étale aussi dans un espace angulaire considérable, ce qui montre qu'elle consiste aussi en rayons de diverses espèces. L'intensité lumineuse des différents rayons n'est évidemment pas proportionnelle à leurs effets calorifiques, car les rayons bleus et verts ont un pouvoir d'échauffement très faible, comparé à celui des rayons de l'extrême rouge.

Ceux-ci sont beaucoup moins lumineux, et les rayons calorifiques s'étendent bien au-delà du rouge, dans un espace absolument privé de lumière.

Il existe, pour séparer les différentes espèces de lumières, d'autres méthodes parfois plus commodes que celle qui consiste dans l'emploi d'un prisme. Beaucoup de corps sont plus transparents pour une espèce de lumière que pour une autre ; on les appelle en conséquence milieux colorés. De tels milieux absorbent certains rayons et transmettent les autres rayons. Si la lumière transmise par une couche d'un milieu coloré, passe ensuite à travers une autre couche d'un milieu de même nature, son intensité sera bien moins diminuée que lors de son passage à travers la première couche.

L'espèce de lumière qui est principalement absorbée par le mileu, a été en effet presque entièrement arrêtée par cette première couche, et ce qu'elle transmet est ce qui peut traverser le plus facilement la seconde couche.

Ainsi une couche très fine d'une solution de bichromate de potasse supprime toute la partie du spectre qui s'étend du milieu du vert jusqu'au violet, mais le reste de la lumière consistant en rayons rouges, oranges, jaunes, et partie des rayons verts, n'est que très faiblement diminué en intensité par son passage à travers une autre couche de la même solution.

Si la seconde couche est formée d'une substance différente, absorbant la plupart des rayons transmis par la première, elle supprimera à peu près toute lumière, bien qu'elle puisse être transparente aux rayons qui ne sont pas absorbés par la première couche. Aussi une solution de sulfate de cuivre absorbe presque tous les rayons transmis par le bichromate de potasse, à part quelques rayons verts.

Melloni a trouvé que des substances différentes absorbent des espèces différentes de rayons calorifiques et que la chaleur tamisée par un écran d'une matière quelconque passera à travers un écran de même nature, en proportion plus grande que ne passerait des rayons calorifiques non tamisés. Ces rayons tamisés seront au contraire arrêtés par un écran de nature différente en proportion plus grande que ne le seraient des rayons non tamisés.

Ces remarques permettent de mettre en évidence la similitude générale qui existe entre la lumière et la chaleur rayonnante. Nous avons maintenant à rechercher les raisons qui nous amènent à regarder la lumière comme liée à une espèce particulière de mouvement dans le milieu à travers lequel elle se propage. Ces raisons dérivent surtout des phénomènes d'interférence de la lumière. Elles sont exposées plus en détail dans les traités d'optiques, parce qu'il est beaucoup plus facile d'observer les phénomènes d'interférence par la vision qu'à l'aide d'un thermomètre. Nous serons donc aussi bref que possible.

Il y a différents moyens de décomposer un rayon de lumière émanant d'un petit corps lumineux en deux rayons qui, après avoir suivi des parcours faiblement différents finalement tombent sur un écran blanc. Là où les deux rayons lumineux empiètent l'un sur l'autre, on peut observer sur l'écran, une série de longues bandes étroites alternativement plus éclairées et plus sombres que l'intensité moyenne de l'éclairage de l'écran au voisinage. Lorsqu'on fait usage de la lumière blanche, ces bandes ont des bords colorés. En ayant recours à une lumière d'une seule espèce, telle que celle d'une lampe à esprit de vin dont la mèche a été trempée dans une dissolution saline, on observe un plus grand nombre de bandes ou franges, et une plus grande différence d'intensité lumineuse entre les bandes éclairées et les bandes sombres. Si nous interceptons l'un ou l'autre des rayons lumineux, le système entier des bandes disparaît, ce qui montre que ces bandes sont dues, non pas à l'un ou à l'autre de ces deux rayons séparément, mais à leur ensemble.

Si maintenant nous fixons notre attention sur l'une des bandes sombres, et que nous interceptions l'un des deux rayons de lumière, nous observerons que cette bande, au lieu de devenir plus sombre, devient en réalité plus brillante ; puis si nous rétablissons le rayon supprimé, elle redevient sombre. Il est donc possible de produire de l'obscurité par l'addition de deux rayons lumineux. Si la lumière est une substance, il ne peut y avoir une autre substance qui, ajoutée à la première, puisse produire de l'obscurité. Nous sommes donc forcé d'admettre que la lumière n'est pas une substance.

Mais y a-t-il d'autres exemples montrant que l'association de deux choses semblables en apparence diminue en réalité l'effet total ? Nous savons par les expériences faites sur les instruments de musique, qu'une combinaison de deux sons peut produire des effets moins intenses à l'audition que les effets produits par les sons entendus séparément, et l'on peut montrer que ces phénomènes se produisent, quand l'un des sons est en avance sur l'autre d'une demi-longueur d'onde. Ici, l'annulation mutuelle des sons provient de ce fait qu'un mouvement de l'air dirigé vers l'oreille est exactement contraire à un autre mouvement s'éloignant de l'oreille ; si les deux instruments sont placés de telle sorte que les mouvements qu'ils tendent à produire dans l'air, près de l'oreille, soient d'égale grandeur et dans des directions opposées, le résultat sera l'absence complète de mouvement. Mais il n'y a rien d'absurde à admettre qu'un mouvement soit l'exact opposé d'un autre, alors que la supposition qu'une substance soit l'exat opposé d'une autre substance est une absurdité, — supposition que l'on rencontre cependant dans quelques formes de la théorie des deux fluides en électricité.

On peut montrer aux yeux l'interférence des ondes en plongeant une fourchette à deux dents dans de l'eau ou du mercure. Les ondes qui divergent des deux centres d'ébranlement produisent un déplacement plus grand quand elles coïncident exactement que quand l'une dépasse l'autre.

Or on a trouvé, en mesurant les positions des bandes éclairées et sombres sur l'écran, que la différence des distances parcourues par les deux rayons de lumière est, pour les bandes éclairées, toujours un multiple exact d'une certaine distance très faible, que nous appellerons une longueur d'onde, tandis que pour les bandes sombres, elle est intermédiaire entre deux multiples de longueurs d'onde, soit $\frac{1}{2}$, 1 1/2, 2 1/2, fois cette longueur.

Nous conclurons donc que, quoi que ce soit qui existe ou ait lieu en un certain point d'un rayon lumineux, alors, au même instant, en un point en avance de 1/2 longueur d'onde ou de 1 longueur 1/2, il existe ou se passe quelque chose d'exactement contraire de sorte qu'en suivant un rayon, trouvons une alternance de conditions que nous pouvons nous appeler positives et négatives.

Dans l'exposé ordinaire de la théorie des ondulations, ces conditions sont considéréescomme des mouvements, en sens opposé, du milieu traversé. Le caractère essentiel de la théorie resterait le même si nous supposions au lieu d'un mouvement de va et vient, une autre succession quelconque de mouvements de directions opposées. Le professeur Rankine a suggéré des rotations opposées des molécules autour de leur axe, et j'ai suggéré des forces magnétiques et électromotrices de directions opposées ; mais l'adoption de l'une ou l'autre de ces hypothèses ne changerait en rien le caractère essentiel de la théorie des ondulations.

Or, on a trouvé que si une pile thermo-électrique, très mince, est substituée à l'écran, et déplacée de telle sorte qu'elle se trouve tantôt dans une bande éclairée, tantôt dans une bande sombre, le galvanomètre indique que la pile reçoit plus de chaleur dans les bandes éclairées que dans les bandes sombres ; quand un des deux rayons est intercepté, la chaleur des bandes sombres est augmentée. D'où il suit que dans les phénomènes d'interférence, les effets calorifiques obéissent aux mêmes lois que les effets lumineux.

On a même trouvé que quand la source du rayonnement est un corps chaud qui n'émet aucun rayon lumineux, on peut encore constater des phénomènes d'interférence, ce qui montre que deux rayons de chaleur sombre peuvent aussi bien interférer que deux raisons de lumière. Ainsi, tout ce qui a été établi des ondes lumineuses est applicable à la chaleur rayonnante, qui consiste par conséquent en une succession d'ondes.

On sait aussi, dans le cas de la lumière, qu'après avoir traversé une plaque de tourmaline taillée parallèlement à l'axe du cristal, le rayon transmis ne peut traverser une seconde plaque taillée de la même manière, mais placée de telle sorte que l'axe du second cristal soit perpendiculaire à l'axe du premier ; quand les axes ont une autre position relative quelconque, le rayon peut traverser le second cristal. De tels rayons, dont les propriétés varient suivant l'orientation de la seconde plaque, sont appelés rayons polarisés. Il y a beaucoup de manières de polariser un rayon de lumière, mais les résultats sont toujours semblables.

Cette propriété de la lumière polarisée montre que le mouvement qui constitue la lumière, ne peut se faire dans la direction du rayon, car il n'y aurait alors aucune différence entre les différents côtés du rayon. Le mouvement doit être transverse à la direction du rayon, de sorte que nous pouvons considérer un rayon de lumière comme résultant de déplacements perpendiculaires à la direction du rayon, et présentant des directions opposées à chaque demie longueur d'onde mesurée suivant le rayon. Depuis que le Principal J. D. Forbes a montré qu'un rayon de chaleur sombre peut être polarisé, nous pouvons tirer la même conclusion quant à la chaleur rayonnante.

Voyons maintenant quelles conséquences l'on peut déduire de ce fait que ce que nous appelons rayonnement, soit de chaleur, soit de lumière, soit de rayons invisibles qui agissent sur des préparations chimiques, consiste en des ondulation transversales dans un certain milieu.

Une ondulation transversale est complètement définie quand on connaît :

1º Sa longueur d'onde, c'est-à-dire la distance entre deux points où le déplacement est dans la même phase

2º son amplitude, ou la plus grande étendue de déplacement

3º Le plan dans lequel a lieu le déplacement.

4º La phase de l'onde en un point particulier.

5º La vitesse de propagation à travers le milieu.

Lorsque nous connaissons toutes les particularités d'une ondulation, elle se trouve complètement définie, et reste identique à elle-même tant qu'aucun de ces caractère n'est modifié.

En faisant passer un rayon comprenant un assemblage quelconque d'ondulations à travers un prisme, nous pouvons le diviser en rayons partiels, suivant les diverses longueurs d'ondes et choisir pour l'examen, les rayons d'une longueur d'onde déterminée. Parmi ceux-ci, nous pourrions à l'aide d'une plaque de tourmaline, isoler ceux dont le plan de polarisation est le plan principal de la tourmaline, mais cela est inutile pour notre dessein. Nous avons donc obtenu des rayons d'une longueur d'onde déterminée. La vitesse de propagation dépend seulement de la nature du rayon et du milieu, de sorte que nous ne pouvons la modifier arbitrairement, et la phase change si rapidement (plusieurs billions de fois par seconde) qu'on ne peut l'observer directement. La seule quantité variable est donc l'amplitude du déplacement, ou, en d'autres termes, l'intensité du rayon.

Mais on peut éprouver l'action du rayon de différentes manière.

On peut, s'il excite la sensation de la vue, le percevoir par les yeux. S'il affecte les composés chimiques, on peut observer l'effet qu'il produit sur ces composés. On peut encore recevoir le rayon sur une pile thermo-électrique et détermine son effet calorifique. Mais tous ces effets, étant dus à une même cause, doivent naître et disparaître ensemble. Un rayon de longueur d'onde déterminée, polarisé dans un plan déterminé, ne peut être le composé de plusieurs choses différentes, telles qu'un rayon de lumière, un rayon chimique, un rayon de chaleur. Ce doit être une seule et même chose, possédant des effets lumineux, thermiques, et chimiques, et tout ce qui augmente l'un de ces effets doit aussi augmenter les autres.

La raison principale qui fait que tout ce que l'on a écrit sur le sujet est empreint de la notion que la chaleur est une chose, et la lumière, une chose différente, paraît due à ce fait que les moyens d'obtenir des rayons d'une longueur d'onde déterminée sont assez compliqués. On est donc conduit à faire usage des rayons mixtes, dans lesquels les effets thermiques et lumineux sont en différentes proportions; tout ce qui altère alors la proportion des différents rayons alimentaires altère aussi la proportion des effets thermiques et lumineux, de même d'ailleurs que, généralement, la couleur de la lumière composée est aussi modifiée.

Nous avons vu que l'existence des rayons peut être constatée de différentes manières, par des préparations photographiques, par l'œil et par le thermomètre. Il ne peut cependant subsister aucun doute, quant à ce qui donne la vraie mesure de l'énergie transmise par le rayon. Cette énergie est exactement mesurée par l'effet calorifique du rayon, lorsqu'il est complètement absorbé par un corps quelconque.

Lorsque la longueur d'onde est supérieure à 812 millionièmes de millimètre, aucun effet lumineux n'est produit, quoique cependant l'effet sur ce thermomètre puisse être très grand. Quant la longueur d'onde est égale à 650 millionièmes de millimètre, le rayon est visible sous forme d'une lumière rouge, et l'on constate un effet calorifique considérable. Mais quand la longueur d'onde est égale à 500 millionièmes de millimètre, le rayon, qui offre une couleur d'un vert brillant, a beaucoup moins d'effet thermique que les rayons sombres ou rouges, et il est difficile d'obtenir des effets thermiques prononcés avec des rayons d'une plus petite longueur d'onde, même concentrés.

D'un autre côté, l'effet photographique du rayonnement sur les sels d'argent, qui est très faible avec les rayons rouges, et même avec les rayons verts, devient plus puissant à mesure que les longueurs d'onde sont plus faibles, jusqu'au rayon dont la longueur d'onde est égal à 400; ceux-ci sont faiblement colorés en violet et leur effet calorifique est encore plus faible, mais leur effet photographique est très puissant; et même au-delà du spectre visi-

ble, pour des longueurs d'onde inférieures à 200 millionièmes de millimètres, correspondant à des rayons tout à
fait invisibles, et sans effet appréciable sur le thermomètre,
l'effet photographique peut encore se constater. Cela montre
que ni l'effet lumineux, ni l'effet photographique ne sont
proportionnels à l'énergie du rayonnement, quand il s'agit
de rayons de différentes espèces. Il est probable que quand
le rayonnement produit un effet photographique, ce n'est
pas en dépensant de l'énergie sur le composé chimique,
mais plutôt en imprimant aux molécules une vibration
convenable, les déplaçant de la position d'équilibre presque indifférent dans laquelle ces molécules se trouvaient à
la suite des réactions chimiques antérieures, et les mettant
à même de se grouper suivant leurs affinités permanentes,
de manière à former des composés stables. Dans les cas de
cette espèce, l'effet n'est pas plus une mesure dynamique de
la cause que l'effet de la chute d'un arbre est une mesure de
l'énergie du vent qui le déracine.

Il est vrai que dans beaucoup de cas, l'importance du
rayonnement peut être très exactement mesurée au moyen
des effets chimiques, même quand ces effets tendent à diminuer l'énergie intrinsèque du système. Mais en évaluant
l'effet calorifique d'un rayonnement entièrement absorbé par
le corps qui s'échauffe, nous obtenons la vraie mesure de
l'énergie du rayonnement. On a reconnu qu'une surface
couverte de noir de fumée, absorbe la presque totalité des
rayons de toute nature qu'elle reçoit ; aussi les surfaces de
cette natures ont d'une grande utilité dans l'étude thermique du rayonnement.

Nous avons maintenant à étudier les conditions qui déterminent l'importance et les particularités du rayonnement
émanant d'un corps chaud. Nous devons bien nous rappeler
que la température est une propriété des corps chauds, et non

d'u rayonnement, et que les particularités telles que longueurs d'onde, etc., appartiennent au rayonnement, mais non à la chaleur qui le produit, ou qui en résulte.

THÉORIE DES ÉCHANGES DE PRÉVOST.

Quand un système de corps à différentes températures est abandonné à lui-même, le déplacement de chaleur qui se produit a toujours pour effet de tendre à égaliser les températures. Le déplacement de chaleur est toujours soumis d'ailleurs à cette condition de passer d'un corps chaud à un corps froid, que le déplacement ait lieu par conduction ou par rayonnement.

Considérons un certain nombre de corps à la même température, placés dans une chambre dont les murs sont maintenus à cette température, et ne laissent passer aucune chaleur par rayonnement (supposons que les murs soient métalliques, par exemple). Il ne se produira dans les corps aucun changement de température. Ils seront en équilibre thermique entr'eux, et avec les murs de la chambre. C'est une conséquence de la définition de l'égalité de température, p. 44. Or, si l'un des corps avait été enlevé de la chambre et placé au milieu de corps plus froids, il y aurait eu un déplacement de chaleur par rayonnement du corps chaud aux corps froids ; ou si l'un des corps froids avait été introduit dans la chambre, il se serait immédiatement échauffé, grâce au rayonnement émanant des corps chauds. Mais le corps froid n'est pas susceptible d'agir directement sur les corps chauds à distance, de manière à provoquer l'émission de rayons de chaleur, pas plus que les murs de la chambre n'ont la propriété d'empêcher le rayonnement des corps chauds qu'ils entourent. Nous concluons donc avec Prévost, qu'un corps chaud émet toujours des rayons de chaleur, même lorsqu'il n'existe aucun corps froid pour les recevoir, et que si la température d'un corps ne change pas quand il est dans une enceinte à la même température, c'est parce que ce corps reçoit de l'enceinte, par rayonnement, autant de chaleur qu'il en envoie à l'enceinte, également par rayonnement.

Si telle est la véritable explication de l'équilibre thermique par rayonnement, il s'ensuit que si deux corps ont la même température, les rayons émis par le premier et absorbés par le second sont équivalents aux rayons émis par le second et absorbés par le premier pendant le même temps.

Plus la température d'un corps est élevée, plus le rayonnement est considérable, de sorte que, quand les températures des corps sont inégales, les corps chauds émettront plus de chaleur rayonnante qu'ils n'en recevront des corps froids et par conséquent, les corps chauds perdront de la chaleur qui sera gagnée par les corps froids, jusqu'à ce que l'équilibre thermique soit atteint. Nous reviendrons sur ce sujet du rayonnement à différentes températures, quand nous aurons étudié les relations entre le rayonnement de différents corps à la même température.

On a étendu l'application de la théorie des échanges aux phénomènes de la chaleur, au fur et à mesure que ces phénomènes étaient successivement étudiés. Fourier a considéré la loi du rayonnement comme dépendant de l'angle que le rayon fait à la surface, et Leslie a étudié sa relation avec le poli de la surface ; mais c'est seulement à une époque récente, et grâce principalement aux recherches de B. Stewart, Kirchhoff et de la Provostaye qu'on a établi que la théorie des échanges était applicable, non seulement à la quantité totale de rayonnement, mais encore à chaque particularité de ce rayonnement.

En plaçant, par exemple, entre deux corps à la même
température, un appareil d'une nature analogue à celui
qui a été déjà décrit p. 304, de sorte que les rayons d'une
longeur d'onde déterminée, polarisés dans un plan déterminé, puissent seuls se transmettre, la loi générale sur
l'équilibre thermique se trouve réduite à une loi sur cette
espèce particulière de rayonnement. Nous pouvons, par
conséquent, la transformer dans la loi suivante, mieux définie :

Lorsque deux corps sont à la même température, le
rayonnement du premier corps concorde avec le rayonnement du second, non seulement dans son effet total, mais
encore en intensité, longueur d'onde, et plan de polarisation de chaque élément du rayonnement. Ainsi cette loi que
l'importance du rayonnement augmente avec la température doit être vraie, non seulement de tout le rayonnement
mais encore de chacun de ses éléments, distingués par
sa longueur d'onde et son plan de polarisation.

Les conséquences de ces deux lois, appliquées à chaque
espèce de rayons considérés dans leurs effets thermiques
ou lumineux sont si nombreuses et si variées que nous ne
pouvons tenter de les énumérer toutes dans le présent ouvrage. Nous nous bornerons à un petit nombre d'exemples.

Quand un rayon tombe sur un corps, partie du rayon est
réfléchie, partie pénètre dans le corps. Cette dernière partie peut être soit complètement absorbée par le corps, soit
partiellement absorbée et partiellement transmise.

Or le noir de fumée réfléchit à peine les rayons qu'il reçoit et n'en transmet aucun ; presque tout est absorbé.

L'argent poli réfléchit presque tous les rayons, n'en absorbe que la quarantième partie, et n'en transmet aucun.

Le sel gemme réfléchit moins de la douzième partie de

ce qu'il reçoit, n'absorbe presque rien, et transmet 90 0/0. .

Ces trois substances, par conséquent, peuvent être respectivement prises comme types d'absorption, réflexion et transmission.

Supposons que ces propriétés aient été observées, à la température par exemple de 100°, et que les substances précitées soient placées dans une enceinte dont les parois soient à la même température.

La quantité de chaleur émise par le noir de fumée qui est absorbé par les deux autres substances est très petite, comme nous l'avons vu, mais le noir de fumée absorbe tous les rayons émis par l'argent ou le sel gemme. Il suit de là que le rayonnement de ces substances doit être très faible, c'est-à-dire d'une manière plus précise :

Le rayonnement d'une substance à une température déterminée (ou pouvoir émissif) est au rayonnement du noir de fumée, à la même température, comme la quantité totale de chaleur absorbée par cette substance à la dite température est à la quantité totale émise.

D'où il suit qu'un corps dont la surface est en argent poli aura un pouvoir émissif moins grand qu'un corps dont la surface est couverte de noir de fumée. Plus la surface d'une théière sera brillante, plus longtemps elle retiendra la chaleur du thé ; et si sur la surface d'une plaque métallique, il y a des parties polies, d'autres rugueuses, et d'autres noircies, lorsque la plaque sera chauffée au rouge, les parties noircies apparaîtront les plus brillantes, les parties rugueuses ne seront pas aussi brillantes, et les parties polies seront les plus sombres. On peut constater ce phénomène quand le plomb fondu est porté au rouge. Quand une partie des impuretés est enlevée, la surface polie du métal en fusion, quoique réellement plus chaude que les impuretés, est d'un rouge moins brillant.

Un morceau de verre chauffé au rouge et retiré du feu paraît d'un rouge très faible, comparé à un morceau de fer retiré du même feu, bien que le verre soit réellement plus chaud que ce fer, mais il n'abandonne pas sa chaleur aussi rapidement.

L'air ou tout autre gaz transparent, même lorsqu'il est à la température qui correspond, au rouge blanc des corps opaques, émet si peu de lumière, que la lumière émise peut à peine être observée dans l'obscurité, au moins quand la densité de l'air chauffé n'est pas trop forte.

Encore, quand un corps, à une température donnée, absorbe certains rayons et en transmet d'autres, il n'émet à cette température que les rayons qu'il absorbe. La vapeur de sodium en fournit un exemple remarquable. Cette substance, lorsqu'elle est chauffée, émet deux rayons déterminés, dont les longueurs d'onde sont respectivement de $0^{mm},000.590.53$ et $0^{mm},000.589.89$. Ces rayons sont lumineux et peuvent être aperçus sous forme de deux lignes brillantes, si l'on dirige un spectroscope sur une flamme contenant un composé sodique quelconque.

Maintenant, si la lumière émise par un corps solide porté à une très haute température, tel qu'un morceau de craie, (lumière oxhydrique), passe à travers de la vapeur de sodium à une température plus basse que celle de la craie, on observe au spectroscope que les deux lignes brillantes sont remplacées par deux lignes sombres, ce qui montre que la vapeur de sodium absorbe les rayons de même espèce que ceux qu'elle émet.

Si l'on élève la température de la vapeur de sodium par exemple en employant un bec Bunsen, au lieu de la lampe à alcool, ou si l'on abaisse la température de la craie, jusqu'à ce qu'elle soit égale à celle de la vapeur, les lignes sombres disparaissent, parce qu'alors la vapeur de so-

dium émet exactement autant de lumière qu'elle en absorbe du morceau de craie à la même température. Si la
flamme de sodium est plus chaude que la craie, les lignes
brillantes reparaissent.

C'est là un exemple du principe de Kirchhoff que le rayonnement de chaque espèce augmente avec la température.

En décrivant l'expérience, nous avons supposé que la
lumière émise par la craie traverse la flamme de sodium
avant d'atteindre la fente du spectroscope. Si cependant la
flamme est interposée entre la fente et l'œil ou l'écran sur
lequel le spectre est projeté, ou peut voir distinctement les
lignes sombres, même quand la température de la flamme
du sodium est plus élevée que celle de la craie. Car dans
les parties du spectre qui avoisinent les lignes en question,
la lumière se compose maintenant de la lumière analysée
émise par la craie et de la lumière directe, émise par la
flamme de sodium, tandis qu'à l'emplacement des lignes
elles-mêmes la lumière du spectre de la craie est intercep-
tée, et il ne reste que la lumière de la flamme de sodium,
ce qui fait que les lignes apparaissent plus sombres que
le reste du spectre.

Ce serait sortir des limites du présent ouvrage que d'essayer de parcourir le champ immense de recherche ouvert à la science par l'application du spectroscope à l'é-
tude des différentes vapeurs incandescentes, étude qui a
contribué à accroître dans une grande mesure nos connaissances relatives aux corps célestes.

Si la densité d'un milieu, tel que la vapeur de sodium,
qui absorbe et émet des rayons déterminés, est très grande
et si la température est très élevée, la lumière émise aura
exactement la même composition que celle du noir de fumée à la même température ; car bien que certaines espèces
de rayons soient beaucoup plus faiblement émis que d'au-

tres, ceux-ci sont si faiblement absorbés qu'ils peuvent atteindre la surface, malgré l'immense profondeur du point d'émission, tandis que les rayons si abondamment émis, sont si rapidement absorbés que c'est seulement au voisinage immédiat de la surface qu'ils peuvent s'échapper du milieu. Ainsi la profondeur et la densité d'un gaz incandescent tendent à donner aux rayons qu'il émet le caractère d'un spectre continu.

Lorsque la température d'un corps s'élève graduellement, non seulement l'intensité de chaque espèce de rayon augmente, mais encore de nouvelles espèces de rayons sont émises. Les corps à basse température n'émettent que des rayons d'une grande longueur d'onde. A mesure que la température s'élève, ces rayons deviennent plus intenses, mais en même temps des rayons d'une plus petite longueur d'onde prennent naissance. Quand la température est suffisamment élevée, une partie des rayons sont lumineux et d'une couleur rouge, les rayons lumineux qui ont la plus grande longueur d'onde étant rouges. A une température plus élevée encore, d'autres rayons lumineux apparaissent dans l'ordre du spectre, mais chaque élévation de température augmente l'intensité de tous les rayons qui ont déjà fait leur apparence. Un corps chauffé au rouge blanc émet plus de rayons rouges qu'un corps chauffé au rouge, et plus de rayons sombres qu'un corps non lumineux.

La valeur thermique totale du rayonnement à une température quelconque, dépend de la valeur de chacune des espèces de rayons dont il se compose et ne peut être vraisemblablement une fonction simple de la température. Cependant Dulong et Petit ont réussi a trouver une formule qui rend compte des faits observés avec une exactitude suffisante. Cette formule est de la forme

$$R = ma^{\theta}$$

où R est la perte totale de chaleur dans l'unité de temps par le rayonnement de l'unité de surface du corps à la température θ, m une quantité constante ne dépendant que de la nature du corps et de sa surface, et a une quantité numérique, égale à 1.0077 si θ est évalué en degrés centigrades.

Si le corps est placé dans une enceinte vide d'air, et dont les parois sont à la température t, la chaleur émise par les parois et aborbée par le corps sera égale à

$$r = ma^t$$

de sorte que la perte réelle de chaleur sera égale à

$$R - r = ma^\theta - ma^t$$

L'invariabilité de la quantité de chaleur perdue par rayonnement entre les mêmes surfaces à la même température sert de base à une méthode très commode pour mesurer les quantités de chaleur. Nous avons mentionné cette méthode dans notre chapitre sur la calorimétrie, p. 96, sous le nom de méthode du refroidissement.

Le corps à examiner est chauffé, puis porté dans un récipient en cuivre à paroi mince et dont la surface extérieure est noircie, ou tout au moins, supposée dans le même état rugueux ou poli, pendant toute la durée de l'expérience. Ce récipient est placé dans un récipient en cuivre plus large, de manière à ne pas le toucher, et le récipient extérieur est placé lui-même dans de l'eau maintenue à température constante. On observe de temps en temps la température du corps contenu dans le plus petit récipient, ou ce qui est préférable, on note les moments auxquels le thermomètre en contact avec le corps indique un nombre exact de degrés. On enregistre de cette manière la durée du refroidissement, par exemple de 100 à 90°, de 90° à 80°, la

température du récipient extérieur étant toujours maintenue constante.

Supposons que la durée du refroidissement soit d'abord
observée quand le récipient est rempli d'eau, puis quand
quelqu'autre corps y est placé. Le rapport suivant lequel la
chaleur s'échappe par rayonnement est le même pour la
même température, dans les deux expériences. La quantité
de chaleur qui s'échappe pendant le refroidissement de
100° à 90° par exemple, dans les deux expériences, est
proportionnelle à la durée du refroidissement. D'où il suit
que la capacité calorifique du récipient et de son contenu
dans la première expérience est à sa capacité dans la seconde expérience comme la durée de refroidissement de
100° à 90° dans l'une des expériences est à la durée du
refoidissement de 100° à 90° dans l'autre expérience.

La méthode du refroidissement est très commode dans
certains cas, mais il est nécessaire de maintenir la température de la totalité du corps dans le récipient intérieur,
aussi uniforme que possible. Cette méthode ne peut donc
s'appliquer qu'aux liquides, ceux-ci pouvant être agités, ou
aux solides dont la conductibilité est grande et qui peuvent
être découpés en petits morceaux et immergés dans un liquide.

On a reconnu que la méthode du refroidissement est très
facilement applicable à la mesure des quantités de chaleur
transmise par conduction. (Voir le chapitre sur la conduction).

EFFET DU RAYONNEMENT SUR LES THERMOMÈTRES.

Par suite du rayonnement qui a lieu dans toutes les directions à travers l'atmosphère, il est très difficile de déterminer la vraie température de l'air, en n'importe quel lieu à l'extérieur.

Si le thermomètre est exposé aux rayons du soleil, la température observée est naturellement trop élevée ; mais si nous le mettons à l'ombre, elle peut être trop basse parce que le thermomètre peut émettre plus de chaleur qu'il n'en reçoit du ciel clair. Le sol, les murs des maisons, les nuages, et les aménagements spéciaux pour soustraire le thermomètre au rayonnement, peuvent tous devenir des sources d'erreur, en émettant des rayons absorbés, en partie, par le réservoir du thermomètre, dans une proportion inconnue. Dans les cas ordinaires de la pratique on peut diminuer fortement les effets du rayonnement en donnant au réservoir une surface en argent poli, dont l'absorption, comme nous l'avons vu, n'est que de 1/40 de celle du noir de fumée.

Une seule méthode, décrite par le Dr. Joule dans une communication à la « *Philosophical Society of Manchester, 26 novembre 1867,* » semble échapper à toute cause d'erreur. Le thermomètre est placé dans un long tube en cuivre, ouvert aux deux extrémités, mais muni d'un couvercle pour fermer l'extrémité inférieure, couvercle qui peut être placé ou enlevé sans que la chaleur de la main puisse l'échauffer. Quelle que soit l'importance du rayonnement, ce rayonnement se produit entre le thermomètre et l'intérieur du tube, et si le thermomètre et le tube sont à la même température, le rayonnement n'aura aucune influence sur le thermomètre. Par suite, si nous sommes sûr que si le tube et l'air qu'il contient sont à la même température que celle de l'atmosphère, et si le thermomètre est en équilibre thermique, la lecture du thermomètre indiquera la vraie température de l'air.

Or, si l'air à l'intérieur du tube est à la même température que l'air extérieur, il aura la même densité et sera en équilibre statique. Plus chaud, il sera plus léger et un courant ascendant se formera si l'on retire le couvercle. Plus froid, le courant sera descendant.

Pour découvrir ces courants, on suspend un fil en spirale dans le tube, à l'aide d'une fibre très fine, de sorte qu'un courant ascendant, entraînera une torsion de la fibre, et le mouvement de torsion se constatera à l'aide d'un petit miroir attaché à la spirale.

Afin de pouvoir donner au tube la température convenable, on le place à l'intérieur d'un tube plus grand, et en versant de l'eau chaude ou froide, on peut faire varier la température de manière à éviter tout courant dans l'air intérieur.

Il est évident alors que l'air est à la même température à l'intérieur et à l'extérieur. Mais le tube doit être aussi à cette température, sans quoi il modifierait la température de l'air et un courant se produirait. Enfin, si le thermomètre est stationnaire, sa température est celle de l'atmosphère, car l'air en contact avec le thermomètre et le tube, et les parois du tube qui seules peuvent rayonner sur le thermomètre ont la même température que l'atmosphère.

CHAPITRE XVII.

COURANTS DE CONVECTION.

Lorsqu'un fluide se dilate ou se contracte sous l'action de la chaleur, il devient alors plus dense ou moins dense que les parties voisines qui ne subissent pas la même action ; et si en même temps le fluide est soumis à l'action de la gravité, un courant ascendant ou descendant tend à se former dans la partie du fluide considérée, ce qui entraîne nécessairement un courant d'un sens opposé dans d'autres partie du fluide. Il s'accomplit donc une circulation du fluide ; de nouvelles masses sont amenées dans le voisinage de la source de chaleur, s'échauffent alors, puis s'éloignent en emportant de la chaleur avec laquelle ces masses échauffent d'autres régions. On a donné à ces courants, résultant de l'action de la chaleur, et la transmettant, le nom de *courants de convection* (1). Ils jouent un rôle important dans les phénomènes naturels, en augmentant la rapidité de la diffusion de la chaleur résultant de la conductibilité des corps, diffusion qui serait beaucoup plus lente, si les corps n'étaient pas à l'état fluide. Naturellement, la diffusion de la chaleur est due, en fait, à la conductibilité, mais, par suite du mouvement intérieur du fluide, les surfaces isothermes sont si étendues, et parfois si contournées, que leur aire est grandement augmentée, tandis que leurs distances de l'une à l'autre deviennent très faibles. La conduction se fait donc beaucoup plus rapidement que dans le cas où le fluide est en repos.

(1) *Convection*, circulation transport. — *Trad.*

Les courants de convection dépendent des variations de densité à l'intérieur d'un fluide soumis à l'action de la gravité. Lorsque les changements de température sont sans influence sur la densité, comme dans le cas de l'eau à la température de 4° environ, aucun courant ne se produit. Si le fluide n'était pas soumis à la gravité, comme ce serait le cas s'il se trouvait à une distance suffisante de la terre et des autres corps célestes, aucun courant ne se produirait encore. Il n'est pas facile de réaliser cette condition, mais nous pouvons considérer le cas d'un récipient contenant un fluide et tombant suivant la loi de la chute libre des corps. La pression à l'intérieur de ce fluide sera la même dans chaque partie (1), et un changement de densité dans une partie quelconque du fluide ne déterminera aucun courant.

Pour éviter la formation de courants de convection, il faut faire en sorte que pendant tout le cours de l'expérience, la densité de chaque couche horizontale soit la même partout, et que la densité augmente avec la profondeur. Par exemple, dans l'étude de la conductibilité d'un fluide qui se dilate sous l'action de la chaleur, il faut s'arranger pour que la chaleur se propage de haut en bas, à travers le fluide. Et si nous voulons déterminer les lois de la diffusion des fluides, nous devons placer le fluide le plus dense, au-dessous du fluide le plus léger.

Les courants de convection se produisent encore dans le cas de changements de densité qui tiennent à d'autres causes qu'à la chaleur. Ainsi lorsqu'un cristal d'un sel soluble est suspendu dans un récipient rempli d'eau, l'eau en contact avec le cristal, en dissoudra une partie, et devenant plus

(1). Il n'y a aucune pression entre deux corps contigus animés d'une accélération égale à celle qu'ils prendraient si chacun était libre. — *Trad.*

dense, commencera à descendre, et sera remplacée par de
l'eau pure. Il se formera ainsi un courant descendant, ce
qui entraînera un courant ascendant d'eau pure; d'où une
circulation qui se maintiendra jusqu'à ce que le sel soit
entièrement dissout, ou que l'eau devienne saturée de sel
jusqu'au niveau du sommet du cristal. Dans ce cas, c'est le
sel qui est entraîné à travers le liquide par la circulation.

Un courant peut encore avoir pour effet de répandre
l'électricité.

Si un conducteur se terminant par une pointe effilée est
fortement électrisé, les particules d'air voisines du conducteur se chargeront d'électricité, et se dirigeront vers toute
surface électrisée dans un sens opposé. Il se formera ainsi
un courant d'air électrisé ; cet air se diffusera autour de
la chambre, et atteindra généralement les murs où il adhé-
rera aux parois électrisées en sens contraire, et quelquefois mettra longtemps à se décharger.

C'est Hope qui, paraît-il, a le premier employé pour déterminer la température correspondant au maximum de
densité de l'eau, une méthode fondée sur les courants de
convection. Il refroidit la partie moyenne d'un récipient
de forme surélevée en entourant cette partie d'un mélange
réfrigérant. Tant que la température est au-dessus de 4°,
l'eau refroidie descend, ce qui entraîne un abaissement de
température des régions inférieures, comme on le constate
par un thermomètre qui y est placé. Un autre thermomètre placé dans la partie supérieure reste stationnaire. Mais,
quand la température est inférieure à 4°, l'eau refroidie
par le mélange réfrigérant devient moins dense, et monte
à la partie supérieure, de sorte que le thermomètre placé
dans cette partie indique un abaissement de température,
alors que le thermomètre inférieur reste stationnaire.

Les expériences sur la densité maximum de l'eau ont été

très perfectionnées par Joule, qui a fait aussi usage de la méthode basée sur les courants de convection.

Il a employé un récipient composé de deux cylindres verticaux, chacun de $1^m 35$ de hauteur et de $0^m 15$ de diamètre, communiquant à la partie inférieure par un tube assez large, muni d'un robinet et à la partie supérieure par une gouttière. Le tout était rempli d'eau jusqu'à un niveau tel que l'eau pût circuler librement par la gouttière. Une perle en verre, pouvant flotter sur l'eau, était placée dans la gouttière et servait à indiquer le mouvement de l'eau. La plus faible différence de densité entre l'eau des deux cylindres suffisait évidemment pour produire un courant révélé par un mouvement du flotteur.

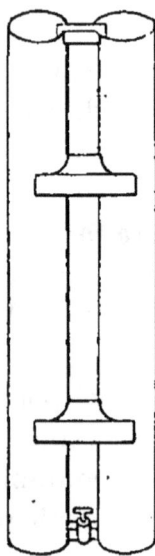

fig. 36.

Le robinet du tube inférieur étant fermé, et l'eau bien agitée dans chaque récipient de manière à uniformiser la température, celle-ci était observée lorsque tout se trouvait stationnaire. Puis le robinet était ouvert ; si l'on observait un courant dans la gouttière, c'est que l'eau dans le cylindre vers lequel se dirigeait le courant était plus dense. En amenant donc à l'eau deux températures correspondant à une égale densité, on était sûr que la température du maximum de densité était comprise entre ces deux températures. En réalisant une série de ces couples de températures telle que la différence des deux températures devint de plus en plus faible, Joule détermina la température correspondant au maximum de densité de l'eau, température qui est exactement de $3°9$ (1).

(1) En France on admet généralement $4°$ ou $4°1$. — *Trad.*

CHAPITRE XVIII

Toutes les fois que les différentes parties d'un corps sont à des températures différentes, la chaleur passe par conduction des parties les plus chaudes aux parties les plus froides. Pour obtenir une idée exacte de la conduction, considérons une vaste chaudière ayant un fond plat d'une épaisseur c. Le feu maintient la surface inférieure à la température T et la chaleur se propage vers le haut à travers le fond, de la chaudière jusqu'à la face supérieure, qui est en contact avec l'eau à une température plus basse, S.

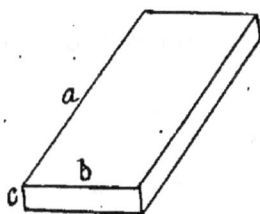

Fig. 37.

Ne considérons qu'une portion rectangulaire du fond de la chaudière, ayant une longueur a, une largeur b, et une épaisseur c.

Ce qui intéresse dans la question, ce sont les dimensions du conducteur, la nature de la substance dont il est composé, les températures de ses face inférieures et supérieure, et le courant de chaleur que ces conditions déterminent. En premier lieu on observe que quand la différence de température S et T n'est pas assez grande pour changer les propriétés de la substance à ces deux températures, la quantité de chaleur qui se transmet est exactement proportionnelle à la température, toutes chose égales d'ailleurs.

Supposons que a, b et c soient égaux à l'unité de longueur, et que la différence entre T et S soit d'un degré. Supposons aussi que le courant permanent de chaleur soit tel que la quantité de chaleur qui est absorbée par la la surface inférieur et qui se dégage par la surface supérieure soit égale à k; on dit alors que k est la conductibilité thermique spécifique de la substance. Supposons maintenant que les dimensions de la plaque et les températures soient quelconques. Pour trouver la quantité de chaleur Q qui passe dans un temps t, à travers la plaque, il faut considérer cette plaque comme formée de tranches d'une épaisseur égale à l'unité, et chaque tranche comme composée de parties de forme carrée ayant une surface égale à l'unité.

Puisque le courant de chaleur est permanent, la différence de température des faces inférieure et supérieure de chaque cube sera égale à $\dfrac{1}{c}$ (T — S)

Le courant de chaleur à travers chaque section carrée sera, dans l'unité de temps, égal à

$$\frac{k}{c}. (T - S)$$

mais comme chaque tranche contient un nombre de cubes égal à ab, et que la durée considérée est égale à t, la quantité de chaleur transmise est égale à

$$Q = \frac{abtk}{c} (T - S)$$

où ab est la surface, c l'épaisseur de la plaque, t la durée, T — S, la différence de température d'où résulte le flux de chaleur, et k la conductibilité thermique spécifique de la plaque.

On voit donc que la chaleur transmise est directement proportiônnelle à la surface de la plaque, à la durée, à la différence de température, et à la conductibilité et inversement proportionnelle à l'épaisseur de la plaque.

Dimensions de la conductibilité spécifique thermique, k.

De l'équation précédente, on tire :

$$k = \frac{cH}{abt(T-S)}$$

Si donc [L] est l'unité de longueur, [T] l'unité de temps, [Q], l'unité de chaleur et [Θ] l'unité de température, les dimensions (1) de k seront :

$$\frac{[Q]}{[LT\,\Theta]}$$

Les dimensions de k dépendent, d'ailleurs, du mode de mesure des quantités de chaleur, et des températures.

1° Si la chaleur est mesurée par l'énergie mécanique équivalente, les dimensions de la quantité de chaleur seront, [M] étant l'unité de masse,

$$\left[\frac{L^2 M}{T^2}\right]$$

---

(1) k est *la quantité de chaleur*, transmise dans l'unité de temps, par une plaque carrée dont les dimensions sont égales à l'unité de longueur, la différence des températures étant égale à l'unité de graduation. Le *nombre* qui mesure k, dépend donc, pour une substance donnée, des unités de longueur, temps, température, et quantité de chaleur c'est-à-dire du choix de la *grandeur absolue* de ces unités. Ce sont ces grandeurs absolues que Maxwell désigne sous le nom de *dimensions* de k. Et, pour bien marquer qu'il s'agit non pas de *nombre* mais de *grandeurs* Maxwell enferme entre [] les symboles littéraux qui représentent ces grandeurs. — *Trad.*

et celles de k deviendront :

$$\left[\frac{L\,M}{T^3\,\Theta}\right]$$

C'est ce qu'on peut appeler la mesure *dynamique* de la conductibilité (1).

2° Si la chaleur est mesurée en unités thermiques, telles que chaque unité soit capable d'élever d'un degré l'unité de masse de la substance prise comme terme de comparaison, les dimensions de Q seront.

$$[\mathrm{M}\;\Theta]$$

et celles de k seront

$$\left[\frac{M}{L\,T}\right]$$

C'est ce qu'on peut appeler la mesure *calorimétrique* de la conductibilité.

3° — En prenant pour unité de chaleur, la quantité de chaleur qui élève d'un degré, la température de l'unité de volume de la substance, les dimensions de Q seront,

$$[\mathrm{L^3}\;\Theta]$$

et celles de k seront

$$\left[\frac{L^2}{T}\right]$$

_____

(1) Le travail mécanique dans l'unité de temps est égal à $\dfrac{mge}{t}$ m étant la masse, g l'accélération, et e l'espace parcouru dans le temps t. Mais l'accélération est égale à $\dfrac{d^2e}{dt^2}$ c'est-à-dire à un rapport entre une longueur et une durée. Par suite les « *dimensions* » du travail sont celles de l'unité de longueur [L] au carré, de l'unité de masse [N] et de l'unité de temps [T] au carré. — *Trad.*

C'est ce qu'on peut appeler la mesure *thermométrique* de
la conductibilité.

Surfaces isothermes.

Pour donner une idée bien distincte de ce qu'est un flux
de chaleur à travers un corps solide, supposons qu'à un
moment donné nous connaissions la température de chaque point du corps. Concevons maintenant la surface ou
interface, à l'intérieur du corps, telle qu'en tous les points
de cette surface, la température du corps ait une valeur
donnée T^o, et désignons cette surface sous le nom d'interface isotherme T^o. (Naturellement, en concevant cette surface, nous ne voulons pas dire qu'il faut supposer le corps
modifié d'une manière quelconque, comme si, par exemple, il était réellement découpé en deux parties). Cette interface isotherme sépare les parties du corps qui ont une
température supérieure à T^o, de celles qui ont une température inférieure à T^o.

Supposons maintenant que l'on trace toutes les interfaces isothermes pour chaque degré de température depuis
les régions les plus chaudes du corps jusqu'aux régions les
plus froides. Ces interfaces peuvent se contourner d'une
manière quelconque, mais sans que jamais deux surfaces
différentes puissent se rencontrer, puisqu'un même point
du corps ne peut être à la fois à deux températures différentes. Les interfaces diviseront donc le corps en couches
concentriques et la couche comprise entre deux interfaces
isothermes de températures différant de 1° aura une épaisseur faible mais variable.

En chaque point de cette couche existe un flux de chaleur de la face la plus chaude à la face la plus froide, à travers l'épaisseur de la couche.

La direction de ce courant est perpendiculaire à la surface de la couche, et sa vitesse est d'autant plus grande que l'épaisseur de la couche est plus faible, et sa conductibilité plus grande.

Concevons une ligne perpendiculaire à la surface de la couche, et de longueur unité. Si c est l'épaisseur de la couche, et si les couches voisines ont sensiblement la même épaisseur, cette ligne traversera un nombre de couches égal à $\dfrac{1}{c}$ et ce nombre exprime la différence de température entre deux points du corps situés sur une perpendiculaire aux couches, et à l'unité de distance l'un de l'autre. Le flux de chaleur entre ces deux points est donc mesuré par $\dfrac{k}{c}$, k étant la conductibilité spécifique.

Nous pouvons maintenant nous représenter à l'aide des interfaces isothermes l'état du corps à un moment donné. Partout où il y a inégalité de température entre deux régions voisines du corps, il y a flux de chaleur. Ce courant est perpendiculaire partout à la direction des interfaces isothermes, et l'intensité du courant (1) à travers l'unité de surface dans l'unité de temps est égale à la conductibilité divisée par la distance de deux surfaces isothermes.

La connaissance de l'état thermique du corps, et de la loi de conduction de la chaleur, nous permet donc de déterminer le flux de chaleur en chaque point du corps. Si le courant est tel que la quantité de chaleur qui passe dans une portion quelconque du corps est exactement égale à celle qui en sort, l'état thermique de cette portion du corps

---

(1) C'est-à-dire la quantité de chaleur transmise. — *Trad.*

demeurera le même aussi longtemps que le courant satisfera à cette condition.

Cet état de chose est ce qu'on appelle un *flux permanent
de chaleur*. Il ne peut exister que si la chaleur est fournie
aux parties les plus chaudes de la surface du corps, par
quelque source extérieure, et si une égale quantité est soustraite aux parties les plus froides de la surface par quelque milieu réfrigérant, ou par rayonnement.

La permanence du courant exige qu'en tout point du
corps, une certaine condition soit réalisée, condition semblable à celle réalisée dans le courant d'un fluide incom-
pressible.

Lorsque cette condition n'est pas remplie, la quantité
de chaleur qui pénètre dans une portion quelconque du
corps peut être plus grande ou plus petite que celle qui
s'en échappe. Dans l'un des cas, la chaleur s'accumulera,
et la température s'élèvera. — Dans le cas contraire, la
chaleur diminuera, et la température s'abaissera. La valeur de cette élévation ou de cet abaissement de température sera mesurée numériquement par la perte ou le gain
de chaleur, divisé par la capacité calorifique de la partie
du corps considérée.

Si la partie considérée a un volume égal à l'unité, et si
la chaleur est mesurée par la troisième méthode, indiquée
précédemment, c'est-à-dire par la quantité nécessaire pour
élever d'un degré l'unité de volume de la substance, l'élévation de température sera égale numériquement à l'intensité
du flux de chaleur.

Il nous est possible, maintenant, si nous connaissons
complètement l'état thermique d'un corps à un moment donné, de déterminer le rapport suivant lequel la
température variera en chaque point, et par conséquent
de prédire quel sera l'état thermique au moment suivant.

Connaissant ce nouvel état, nous pouvons prédire l'état qui suit, et ainsi de suite.

Les seules parties du corps auxquelles cette méthode ne s'applique pas sont les parties de sa surface qui absorbent ou dégagent de la chaleur sous l'influence des agents extérieurs. Il faut alors tenir compte de la chaleur dégagée ou absorbée en chaque point de la surface, ou de la température de chacun de ses points à un moment quelconque. L'une ou l'autre de ces données, jointe à celles relatives à l'état thermique du corps nous fournira tous les éléments nécessaires pour calculer la température en un point quelconque du corps à un moment quelconque.

La discussion de ce problème est le sujet du grand ouvrage de Joseph Fourier sur la *Théorie de la chaleur*.

Il est impossible, dans les limites du présent ouvrage, de reproduire ou même d'expliquer les méthodes analytiques puissantes employées par Fourier pour exprimer les conditions variées auxquelles le corps peut se trouver soumis, quant à la forme de sa surface et à son état thermique primitif. Ces méthodes appartiennent plutôt à la théorie générale de l'application des mathématiques aux sciences physiques (1) ; car dans chaque branche de ces sciences, lorsque les recherches conduisent à exprimer des conditions arbitraires, nous devons suivre la méthode que Fourier a été le premier à signaler dans sa « Théorie de la chaleur ».

Je ne mentionnerai qu'un ou deux des résultats donnés par Fourier, résultats dans lesquels les complications provenant des conditions arbitraires du problème sont évitées.

Le premier cas est celui où le solide est supposé d'une étendue indéfinie et de la même conductibilité en chaque point.

_____

(1) C'est-à-dire à la physique mathématique. — *Trad.*

La température de chaque point du corps à un moment donné est supposée connue, et l'on cherche à déterminer la température d'un point quelconque au bout du temps t.

Fourier a fourni une solution complète de ce problème, solution dont nous pouvons donner quelque idée par les considérations suivantes. Soit k la conductibilité, mesurée par la troisième méthode, suivant laquelle l'unité de chaleur adopté est celle qui élèvera d'un degré l'unité de volume de la substance.

Si nous posons

$$k\, t = \alpha^2$$

α représentera une ligne dont la longueur sera proportionnelle à la racine carrée du temps.

Soit Q un point quelconque du corps, et soit r sa distance au point P. Soit θ la température primitive de Q. Considérons maintenant, d'une part une masse proportionnelle à l'expression

$$e^{-\frac{r^2}{4kt}}$$

et à la température θ.

et d'autre part les différentes portions du corps prises en masses proportionnelles à $e^{-\frac{r^2}{4kt}}$ et à la température qu'elles ont dans le corps. Puis mélangeons la première masse avec les masses partielles : la température moyenne de chaque partie, sera égale à la température du point P au bout du temps t.

En d'autres termes, la température du point P, au bout du temps t peut, en quelque sorte, être regardée comme la moyenne de toutes les températures des différents points du corps à son état primitif. Pour prendre cette moyenne, cependant il faut supposer à chaque partie une certaine

masse, dépendant de sa distance au point P, les parties·
voisines de P ayant plus d'influence sur le résultat que
celles qui en sont à une plus grande distance.

La formule mathématique qui indique la masse à supposer à chaque partie pour obtenir la moyenne des températures, est très importante. On la retrouve dans différentes branches des sciences physiques, notamment dans
la théorie des erreurs, et dans celle du mouvement des
systèmes de molécules.

Il résulte de ce qui vient d'être exposé, que pour calculer
la température du point P, il faut tenir compte de la température de tous les autres points Q, quelles que soient
leurs distances au point P, si court que soit le temps pendant lequel la chaleur s'est propagée. D'où pour parler
strictement, l'influence des parties les plus chaudes d'un
corps s'étend aux parties les plus froides et dans un in-
tervale de temps inappréciable, de telle sorte qu'il est impossible d'assigner à la propagation de la chaleur une
vitesse déterminée. La vitesse de propagation des effets
thermiques dépend entièrement de la grandeur des effets
que nous sommes en mesure de constater ; et s'il n'existait
pas de limites à la sensibilité de nos instruments, il n'y
aurait aucune limite à la rapidité avec laquelle nous pourrions découvrir l'action de la chaleur sur des parties
éloignées du corps (1). Mais bien que cette action sur des
points éloignés puisse s'exprimer mathématiquement, dès
le premier instant, sa valeur numérique est excessivement
faible, tant que la distance n'est pas devenue comparable
à la distance r du point P au point Q. En tenant compte
de cette considération et de ce fait que nous ne pouvons

_____

(1) Ce n'est là qu'une donnée et non le résultat des formules de
Fourier. — *Trad.*

constater des changements de température avec nos instruments que quand ils sont comparables aux différences primitives de températures [entre les points du corps], nous comprendrons comment la propagation sensible de la chaleur, loin d'être instantanée, est extrêmement lente, et pourquoi le temps nécessaire pour produire un changement de température semblable dans deux systèmes semblables de dimensions différentes est proportionnel au *carré* de leurs dimensions linéaires. Par exemple, un boulet de $0^m 10$ de diamètre chauffé au rouge et projeté dans un banc de sable, élève en une heure la température du sable jusqu'à 0^m15 de son centre, de $5°$ et un boulet de 0^m20 de diamètre élèverait en 4 heures de $5°$ la température du sable, à 0^m30 du centre.

Cette conclusion sur la durée du refroidissement où du réchauffement des corps de forme quelconque est très importante en pratique. Elle peut d'ailleurs se déduire directement de la considération des dimensions de la quantité k, savoir le quotient du carré d'une longueur par une durée. Il suit de là que, si dans deux systèmes inégalement chauffés, et de formes semblables, mais de dimensions différentes les conductibilités et les températures sont au début les mêmes aux points correspondants, la diffusion de la chaleur suivra des lois différentes dans chaque systèmé, mais des lois telles que les températures des points correspondants seront les mêmes dans les deux systèmes, à des intervalles de temps qui, comptés du début, seront proportionnels au carré des dimensions linéaires des deux systèmes.

La méthode qui vient d'être exposée permet de déterminer complètement la température d'un point quelconque d'un solide homogène indéfini, à un moment quelconque, connaissant la température de chacun des points du solide au moment à partir duquel on compte les durées. Mais quand on cherche à déduire de l'état thermique actuel d'un corps, son état thermique à une époque antérieure quelconque, la méthode précédente cesse d'être applicable.

Pour faire cette recherche, à l'aide des formules de Fourier il faudrait donner à t, symbole du temps, une valeur négative. En adoptant la méthode qui consiste à prendre la moyenne des températures de toutes les particules du solide sous une certaine masse, nous trouvons que cette masse, conformément à la formule, devient plus grande pour les particules éloignées que pour les particules voisines du point considéré, résultat suffisamment étonnant en lui-même. Mais de plus, pour prendre la moyenne il faudrait, après avoir fait la somme des produits des températures par les facteurs convenables, diviser cette somme par la racine carrée de t qui est une quantité négative, ce qui est impossible, et ce qui n'a aucune signification physique [concrète]. Si la racine carrée d'une quantité négatives peut, à la vérité, être interprétée géométriquement, elle est absolument sans signification quant à une durée.

On voit donc que la solution du problème de Fourier, quoique complète quand il s'agit de l'état futur, n'est plus applicable pour découvrir l'état antérieur du corps.

Dans le diagramme de la figure 38, les courbes indiquent la distribution des températures dans une masse indéfinie, à différents moments, comptés à dater de l'introduction soudaine d'une couche chaude horizontale au milieu du solide. La température est représentée par la distance horizontale à droite de la verticale, et la couche chaude est supposée placée au milieu de la figure.

Les courbes représentent les températures des différentes

couches une heure, quatre heures, et seize heures après l'introduction de la couche chaude.

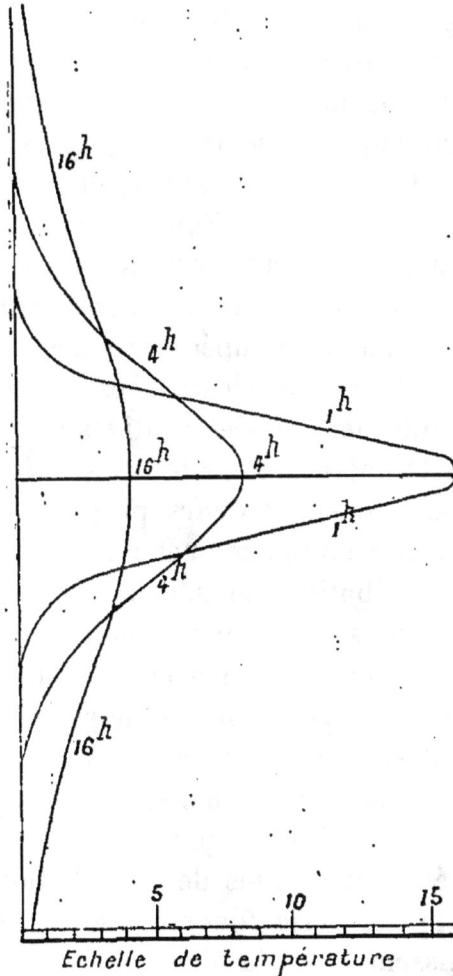

Echelle de température

Fig. 38.

La diffusion graduelle de la chaleur est évidente, ainsi que la diminution graduelle de la rapidité de la diffusion à mesure qu'elle s'exerce sur un champ plus étendu.

Le problème de la diffusion de la chaleur dans un solide indéfini ne présente pas les difficultés que l'on rencontre quand on considère un solide de forme limitée. Ces difficultés proviennent des conditions auxquelles la surface du solide peut être assujettie; par exemple on peut supposer connues les températures sur une partie de la surface, et les quantités de chaleur fournies sur une autre partie, ou bien on peut supposer seulement que la surface est exposée à l'air maintenu à une certaine température.

La méthode qui a guidé Fourier dans la solution de beaucoup de questions de cette espèce repose sur la considération des distributions harmoniques de chaleur.

Supposons que les températures des différents points du corps soient telles que si le corps est abandonné à lui-même dans les conditions données relatives à sa surface, les différences des températures de tous les points avec la température finale restent toujours proportionnelles entr'elles, pendant la durée du phénomène de diffusion ; on dit alors que cette distribution de chaleur est une *distribution harmonique*. Si l'on suppose que la température finale est prise pour zéro, les températures en distribution harmonique diminuent en progression géométrique quand les temps augmentent en progression arithmétique, et la vitesse du refroidissement est la même en tous les points du corps.

Chacun des cas étudiés par Fourier comporte une infinité de séries différentes de distributions harmoniques. On peut appeler série fondamentale celle dont la vitesse de refroidissement est la plus faible : les vitesses correspondant aux autres séries sont proportionnelles aux carrés des nombres naturels.

Le corps étant primitivement à un état thermique quelconque, Fourier montre comment les températures primitives peuvent se représenter par la somme de séries harmoniques. Lorsque le corps est abandonné à lui-même, la partie correspondant aux harmoniques les plus hautes disparaît rapidement, de sorte qu'après un certain temps, la distribution de la chaleur se rapproche de plus en plus de celle correspondant à l'harmonique fondamentale, qui représente par conséquent la loi du refroidissement après que la diffusion de la chaleur s'est continuée pendant une longue durée.

Sir William Thomson a montré, dans un mémoire publié dans le « *Cambridge and Dublin Mathematical Journal* » en 1844, comment on pouvait déduire, dans certains cas, l'état thermique d'un corps à un moment antérieur, de son état thermique actuel.

Dans ce but, il faut exprimer, comme on peut toujours le faire, la distribution actuelle de température par la somme d'une série de distributions harmoniques. Chacune de ces distributions harmoniques est telle que la différence de température d'un point quelconque avec la température finale diminue en progression géométrique, quand le temps augmente en progression arithmétique, la raison de la progression géométrique étant d'autant plus grande que le degré de la distribution harmonique est plus élevé.

Si maintenant nous donnons à t une valeur négative, et si nous recherchons la distribution de température, en remontant le cours du temps, nous constaterons que chaque distribution harmonique augmente au fur et à mesure qu'on s'éloigne de l'instant considéré, et que les harmoniques les plus hautes augmentent plus rapidement que les harmoniques les plus basses.

On peut calculer la distribution de température à un moment antérieur quelconque ; mais, et c'est généralement le cas, quand la série des harmoniques est indéfinie, la température ne peut être calculée que quand il y a convergence. Dans le moment considéré, et pour les époques ultérieures, il y a toujours convergence, mais pour les époques antérieures, la divergence se produit si l'on remonte à un moment suffisamment éloigné.

La valeur négative de t pour laquelle la série devient divergente représente un certain moment antérieur tel que la distribution actuelle de température ne peut être la conséquence d'une distribution quelconque à un moment encore plus éloigné, par la voie de la diffusion ordinaire. Il faut qu'outre cette diffusion, d'autres phénomènes aient eu lieu depuis ce moment, pour que l'état actuel des choses ait pu se réaliser.

C'est là seulement un des cas dans lesquels la considération d'une dissipation d'énergie conduit à une limite supérieure de l'ancienneté de l'ordre de chose observé.

Il y a une autre classe très importante de problèmes ; c'est celle qui comprend les cas d'un flux permanent de chaleur absorbée par un corps en un point de sa surface et dégagée en un autre.

La distribution de température qui s'établit dans ce cas ne change plus ; c'est ce que l'on appelle une distribution permanente. Si la distribution primitive diffère de celle-ci l'effet de la diffusion de chaleur sera de modifier cette distribution primitive de telle sorte qu'elle s'approche de plus en plus et indéfiniment de la distribution permanente. Les questions relatives à la distribution permanente et au flux permanent de chaleur sont en général moins difficiles à traiter que celles qui se rapportent aux cas où l'état permanent n'est pas établi.

Une autre classe très importante de problème est celle où la chaleur est fournie périodiquement à une portion de la surface, comme dans le cas de la surface de la terre qui reçoit et dégage de la chaleur suivant les périodes du jour et de la nuit, et celles plus longues, de l'été et de l'hiver.

.L'effet de ces changements périodiques de température
à la surface est de produire des ondes de chaleur qui des-
cendent dans l'intérieur de la terre où elles disparaissent. La
longueur de ces ondes est proportionnelle à la racine carrée
de la durée de la période. En considérant l'onde à une profondeur telle qu'elle soit à la température la plus élevée
quand la surface est à la température la plus froide, la variation de température à cette profondur est seulement
de $\frac{1}{23}$ de sa valeur à la surface. Dans les terrains qui forment le sol de l'Angleterre, cette profondeur est d'environ
7 à 8 mètres pour les variations annuelles.

Dans le diagramme de la figure 39, la distribution de
température dans les différentes couches est représentée à
deux moments différents. Si nous supposons qu'il s'agisse
de représenter les variations diurnes de température, les
courbes indiquent les températures à 2 heures et 8 heures
du matin. Si nous supposons qu'il s'agisse de représenter
les variations annuelles, alors les courbes correspondent
aux mois de janvier et d'avril. Puisque la profondeur de
l'onde varie comme la racine carrée de la durée de la période, la longueur d'onde correspondant à la variation annuelle sera environ dix-neuf fois plus grande que celle correspondant à la variation diurne. A une profondeur d'environ 15 mètres la variation de température annuelle est
d'environ une année en retard.

La variation effective de température à la surface ne
suit pas la loi qui donne une simple onde harmonique,
mais quelque compliquées que puissent être les variations
effectives, Fourier montre comment on peut les décomposer en un certain nombre d'ondes harmoniques dont ces variations sont la somme.

A mesure qu'on pénètre dans l'intérieur de la terre, ces
ondes disparaissent, les plus courtes plus rapidement, de

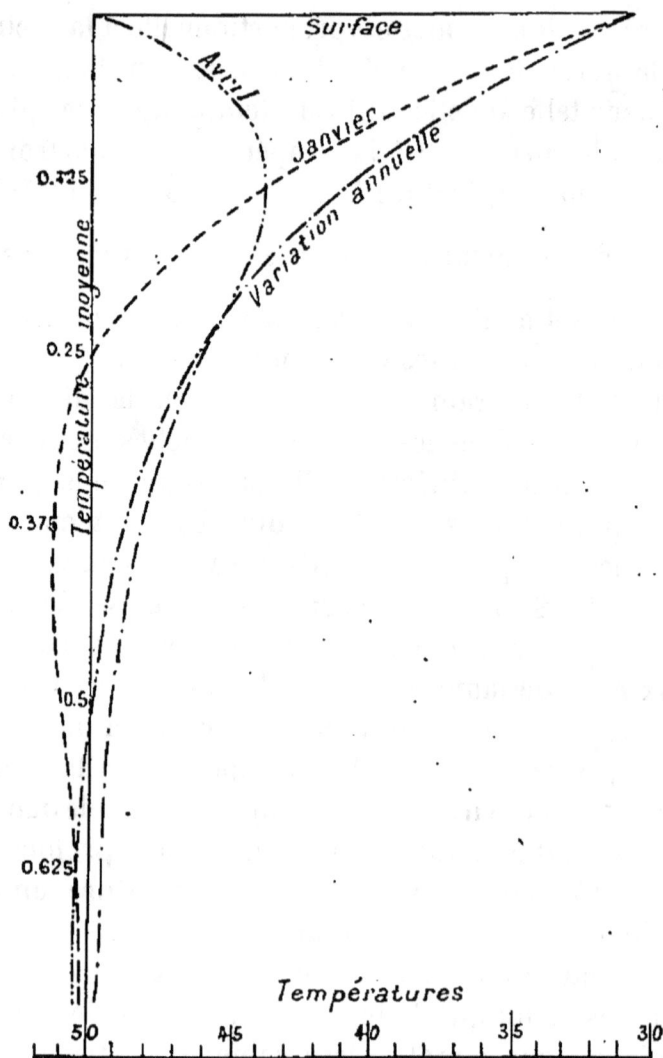

Fig. 39.

telle sorte qu'à quelques centimètres on perd les traces des
irrégulantes des variations diurnes, et à quelques déci-

mères les traces des variations diurnes elles-mêmes. La variation annuelle est appréciable sur une plus grande profondeur, mais à la profondeur de 15 mètres et au-delà, la température reste sensiblement constante pendant toute l'année, la variation n'étant que de 0,05 de la variation à la surface.

Mais si nous comparons les températures moyennes à différentes profondeurs, nous constatons qu'à mesure que nous descendons, la température moyenne augmente, et qu'après avoir traversé la dernière couche où l'on puisse encore observer des variations périodiques de température, cette augmentation continue jusqu'aux plus grandes profondeurs connues. En Angleterre l'augmentation de température se produit à raison environ de 1° pour 31 mètres de profondeur (1).

Ce fait que la température des couches terrestres est plus élevée en profondeur, montre qu'il y a un courant de chaleur venant de l'intérieur. La quantité de chaleur qui s'écoule ainsi pendant une année à travers une surface de un mètre carré peut se calculer facilement, quand on connaît la conductibilité de la substance que la chaleur traverse. On a mesuré la conductibilité de différentes natures de terrains, au moyen d'expériences de laboratoire faites sur des fragments. Mais il est préférable d'employer une méthode qui consiste à enregistrer la température à différentes profondeur pendant toute l'année, et à déterminer à l'aide de ces résultats l'onde annuelle de température ou le rapport de sa réduction en profondeur. De l'une ou l'autre de ces données on peut déduire la conductibilité des terrains sans avoir à opérer sur des portions limitées.

En faisant des observations de cette nature en différents

1) Cf. Lapparent, Traité de géologie, p. 370. — *Trad.*

point de la surface de la terre, on pourrait déterminer la quantité de chaleur que dégage la terre dans une année. On ne peut faire ce calcul que très grossièrement à cause du petit nombre d'observations qui ont été faites jusqu'à ce jour, mais nous en savons assez pour être certain qu'une grande quantité de chaleur, s'échappe chaque année de la surface de la terre. Il n'est guère probable qu'une grande partie de cette chaleur soit engendrée à l'intérieur de la terre par des actions chimiques. Par conséquent il faut en conclure qu'il y a moins de chaleur actuellement dans l'intérieur de la terre qu'il n'y en a eu dans les anciennes périodes de son existence, et que les régions intérieures étaient autrefois à une température beaucoup plus haute que leur température actuelle.

Sir W. Thomson a calculé, de cette manière, que si aucun changement n'a eu lieu dans l'ordre des choses, il n'y a pas plus de 200.000.000 d'années que la terre se trouvait sous la forme d'une masse en fusion, à la surface de laquelle une croûte commençait à se former.

DÉTERMINATION DES CONDUCTIBILITÉS THERMIQUÉS.

La méthode la plus naturelle pour déterminer la conductibilité d'une substance consiste à la mettre sous forme d'une plaque d'épaisseur uniforme, à porter l'une des faces à une température connue, maintenir l'autre à une température plus basse, et à déterminer la quantité de chaleur transmise dans un temps donné.

Par exemple, si nous portons l'une des faces à la température de l'eau bouillante à l'aide d'un courant de vapeur, et si nous maintenons l'autre à la température de congélation de l'eau, à l'aide de la glace, nous pouvons mesurer la chaleur transmise, soit par la quantité de vapeur condensée, soit par la quantité de glace fondue.

La principale difficulté qui se présente dans l'application de cette méthode est que la face de la plaque n'acquiert pas la température de la vapeur ou de la glace avec laquelle elle est en contact, et qu'il est difficile de déterminer sa température réelle, avec l'exactitude nécessaire pour une évaluation de ce genre.

La plupart des déterminations effectives de conductibilité ont été faites d'une manière indirecte, — en observant la distribution permanente de température dans une barre dont une extrémité est maintenue à une haute température, tandis que le reste de la surface est exposée à l'action du refroidissement atmosphérique.

Les températures d'une série de points de la barre sont mesurées au moyen de thermomètres insérés dans des cavités percées dans la barre, et mis en contact avec la matière de la barre, au moyen d'un métal fluide entourant les réservoirs des thermomètres.

On peut, de cette manière, déterminer la vitesse de la diminution de température suivant la distance, en différents points de la barre.

Pour calculer la conductibilité, il faut comparer la vitesse de variation de la température avec le flux de chaleur. C'est dans la détermination de l'intensité de ce flux de chaleur que réside le caractère indirect de la méthode. La méthode la plus sûre de mesurer cette intensité, est celle employée par le Principal Forbes dans ses expériences sur la conduction de la chaleur dans une barre de fer (1). Il prit une barre ayant exactement la même section et composée

(1) *Transactions of the Royal Society of Edimburgh*, 1861. 2.

de la même substance que la barre expérimentée, et après l'avoir chauffée uniformément, il la laissa se refroidir dans l'air toujours à la même température. En observant la température à différents moments de la période de refroidissement, il put calculer la quantité de chaleur qui s'échappe de la barre, cette chaleur étant mesurée en fonction de la quantité de chaleur nécessaire pour élever d'un degré l'unité de volume de *la barre*. Cette perte de chaleur dépendait naturellement de la température de la barre, et il forma ainsi une table faisant connaître la perte de chaleur subie par mètre courant de la barre, dans une minute, à une température quelconque.

Mais dans la barre expérimentée, on connaissait la température de chaque point, et par conséquent, en faisant usage de la table, on pouvait calculer la perte de chaleur d'une portion donné quelconque de la barre. Pour déterminer le courant de chaleur à travers une section quelconque, il était nécessaire de faire la somme de toutes les pertes de chaleur subies par toutes les parties de la barre situées au-delà de la section, et cela fait, on pouvait en déduire la conductibilité de barre à la température de la section considérée, en comparant le courant de chaleur à travers la section avec la vitesse de diminution de la température par mètre linéaire dans la courbe de température. Le Principal Forbes a trouvé ainsi que la coductibilité thermique du fer diminue à mesure que sa température augmente.

La conductibilité déterminée par cette méthode est exprimée en fonction de la quantité de chaleur nécessaire pour élever de 1° l'unité de volume *de la substance*.

Si nous voulons l'exprimer de la manière ordinaire en fonction de l'unité thermique définie par rapport à l'eau à son maximum de densité, il faut multiplier le résultat par la chaleur spécifique de la substance et par sa densité ; car la quantité de chaleur nécessaire pour élever de 1^0 l'unité de masse de la substance est sa chaleur spécifique, et le nombre d'unités de masse dans l'unité de volume est sa densité.

Tant que nous ne nous occupons que de questions relatives à la diffusion de la chaleur et aux ondes de température dans une même substance, la quantité dont le phénomène dépend est la conductibilité thermique exprimée en fonction de la substance elle-même ; mais partout où nous avons à tenir compte des effets du courant de chaleur sur d'autres corps, comme dans le cas de parois de chaudières, de condenseur, etc., il faut employer une unité thermique définie, et exprimer la conductibilité calorifique en fonction de cette unité. Le Professeur Tyndal a montré que l'onde de température voyage plus vite dans le bismuth que dans le fer, quoique la conductibilité du bismuth soit moindre que celle du fer. La raison est que la capacité thermique du fer est beaucoup plus grande que celle d'un égal volume de bismuth.

Forbes a été le premier à remarquer que l'ordre dans lequel se suivent les métaux comparés au point de vue de leur conductibilité thermique est presque le même que l'ordre de conductibilité électrique. Cette remarque est très importante, en ce qui concerne certains métaux, mais il ne faut pas l'étendre trop loin, car il y a des substences qui sont des isolateurs électriques presque parfaits tandis qu'il est impossible de trouver une substance qui ne transmette pas la chaleur.

La conductibilité électrique des métaux diminue quand la température s'élève. La conductibilité thermique du fer diminue aussi, mais dans une proportion plus faible.

Le Professeur Tait a indiqué les raisons qui tendent à faire

croire que la conductibilité thermique des métaux peut
être en raison inverse de leur température absolue.

La conductibilité électrique de la plupart des corps
non métallique et de tous les'électrolytes et diélectriques
augmente quand la température s'élève. Nous n'avons pas
de données suffisantes pour déterminer comment leur conductibilité thermique varie avec la température. D'après
la théorie moléculaire exposée au chapitre XXII la conductibilité thermique des gaz doit augmenter avec la température.

CONDUCTIBILITÉ DES FLUIDES.

La conductibilité thermique des fluides est très difficile
à déterminer, parce que la variation des températures qui
forme une partie du phénomène produit une variation de
densité ; à moins que les surfaces d'égale température ne
soient horizontales, et que les couches les plus supérieures
ne soient les plus chaudes, il se produira dans le fluide des
courants qui masqueront entièrement le vrai phénomène
de la vraie conduction.

Une autre difficulté provient de ce fait que la plupart
des fluides ont une conductibilité très faible comparée à
celle des corps solides. Par suite les parois du récipient
contenant le fluide sont souvent la voie principale de conduction de la chaleur.

Dans le cas de fluides aériformes, la difficulté est augmentée par la plus grande mobilité de leurs parties, et par
la grande variation de densité avec le changement de température. Leur conductibilité est extrèmement faible, et la
masse du gaz est généralement petite comparée à celle du

récipient qui le contient. Outre cela, l'effet du rayonnement direct de la source de chaleur à travers ce gaz sur le thermomètre produit une élévation de température qui peut, en quelques cas, masquer complètement l'effet de la conduction. Pour toutes ces raisons, la détermination de la conductibilité thermique d'un gaz présente des difficultés extrêmes (voir l'appendice).

APPLICATION DE LA THÉORIE.

La grande conductibilité des métaux, et surtout du cuivre, permet de réaliser des effets calorifiques nombreux, dans des conditions convenables. Par exemple, pour maintenir un corps à haute température au moyen d'une source de chaleur placée à quelque distance, on peut faire usage d'une tige en cuivre, d'un certain diamètre, conduisant la chaleur de la source au corps qu'il s'agit d'échauffer ; et si l'on tient à chauffer l'air d'une pièce au moyen d'un conduit de chaleur de petite dimensions, on peut en accroître grandement l'effet en recouvrant le conduit par des plaques en cuivre qui s'échauffent par conduction et constituent une grande surface sur laquelle peut s'opérer l'échauffement de l'air.

Pour établir une uniformité complète de température en tous les points d'un corps, on peut le placer dans une étuve formée par d'épaisses feuilles de cuivre. Si la température n'est pas tout à fait uniforme en dehors de cette étuve, une différence de température entre deux points de la surface extérieure produira un tel flux de chaleur dans le cuivre que la température de la surface intérieure sera presque uniforme. Pour maintenir l'étuve à une haute température uniforme à l'aide d'une flamme, comme cela est quelquefois nécessaire, on peut la placer dans un récipient encore plus grand, suspendu par des fils, ou supporté sur des pieds, de telle sorte qu'une faible quantité de chaleur seulement puisse se transmettre par conduction directe de la paroi extérieure à la paroi intérieure. On réalise ainsi en premier lieu une enveloppe extérieure en cuivre de grande conductibilité, en second lieu une enveloppe gazeuse très peu conductrice de la chaleur, mais où néanmoins la température tend à s'uniformiser au moyen des courants circulatoires ; puis une autre enveloppe en cuivre, de grande conductibilité et enfin l'étuve. Cette combinaison facilite la transmission de chaleur parallèlement aux parois des récipients, et empêche la transmission perpendiculaire aux parois. Mais, des différences de température à l'intérieur de l'étuve, doit résulter une transmission de chaleur à travers l'étuve, de l'extérieur à l'intérieur, ou dans la direction opposée, et le courant de chaleur qui traverse ainsi les différentes enveloppes tend seulement à égaliser les températures.

D'où il suit que par la combinaison d'enveloppes successives alternativement bonnes et mauvaises conductrices, et encore mieux si l'enveloppe de faible conductibilité est un fluide, on peut maintenir une uniformité presque complète de température à l'intérieur de l'étuve, même quand la chaleur n'est transmise que par un seul point de l'enveloppe extérieure.

Cette disposition a été employée par M. Fizeau dans ses recherches sur la dilatation des corps par la chaleur.

CHAPITRE XIV.

DIFFUSION DES FLUIDES.

Il y a beaucoup de liquides qui ayant été agités ensemble de manière à se mélanger, restent mélangés, et quoique de densité différente, ne se séparent pas comme le font l'eau et l'huile. Lorsque des liquides qui peuvent ainsi se mélanger sont mis en présence, le mélange se fait lentement et graduellement, et continue jusqu'à ce que la composition du mélange soit la même en tout point.

Ainsi, remplissons d'une dissolution concentrée d'un sel quelconque, la partie inférieure d'un grand flacon, et versons de l'eau doucement sur un petit flotteur en bois, pour achever de remplir le flacon sans troubler la solution. Le phénomène de diffusion se produira alors entre l'eau et la dissolution, et se poursuivra pendant des semaines ou des mois, suivant la nature du sel et la hauteur du flacon.

Si la solution saline est fortement colorée, comme dans le cas de sulfate de cuivre, du bichromate de potasse, etc., nous pouvons suivre le progrès de la diffusion par l'extension graduelle de la coloration dans la partie supérieure du flacon, et son affaiblissement dans la partie inférieure. Sir William Thomson a employé une méthode plus exacte en plaçant dans le flacon un certain nombre de globules dont les poids spécifiques étaient intermédiaires entre le

poids spécifique de la solution concentrée et celui de l'eau
D'abord tous les globules flottent à la surface de séparation
entre les deux liquides, mais à mesure que la diffusion
s'opère, ils se séparent les uns des autres et indiquent par
leurs positions le poids spécifique du mélange à différentes hauteurs. Il convient de chasser complètement l'air des
deux liquides par l'ébullition avant de procéder à l'expérience. Car si cela n'est pas fait, l'air se sépare des liquides et adhère aux globules de telle sorte que ceux-ci n'indiquent plus le poids spécifique exact du liquide, dans lequel ils flottent. Pour déterminer le degré de la solution
en un point quelconque, correspondant à la position de l'un
des globules, il suffit de mesurer la quantité de sel qu'il
faut ajouter à une quantité connue d'eau pure, pour que le
globule puissent nager dans la solution.

Voit a étudié le phénomène de la diffusion dans une solution sucrée, en faisant passer un rayon de lumière polarisée à travers le liquide à des profondeurs diverses.
Une solution sucrée a pour effet de faire tourner le plan
de polarisation d'un certain angle, et l'on peut déduire le
degré d'une solution de la valeur de cet angle de rotation,
sans avoir à agir mécaniquement sur le liquide.

Il y a beaucoup de couples de liquides qui ne se diffusent
pas les uns dans les autres, et il y en a d'autres pour lesquelles la diffusion, après s'être opérée pendant quelque
temps, s'arrête ausitôt, qu'une petite proportion du liquide
le plus lourd s'est mélangée avec le liquide le plus léger,
et qu'une petite proportion de ce dernier liquide s'est mélangée avec le liquide le plus lourd.

Dans le cas des gaz, cependant, la diffusion n'est pas
ainsi limitée. Tout gaz se diffuse dans un autre gaz quelconque, de telle sorte que, quelque différents que soient
les poids spécifiques de deux gaz, il est impossible d'éviter

leur mélange s'ils sont placés dans le même récipient, même lorsque le gaz le plus dense est placé sous le gaz le plus raréfié.

C'est Priestley qui, le premier, a remarqué le phénomène de diffusion des gaz. Les lois de ce phénomène ont été d'abord observées par Graham. La rapidité avec laquelle s'opère la diffusion d'une substance est, dans chaque cas, proportionnelle à la vitesse de variation de la proportion de cette substance contenue dans le fluide, en suivant la direction de la diffusion. Chaque substance dans le mélange, se répand des points où elle existe en plus grande quantité, aux points où elle est le moins abondante.

La loi de la diffusion de la matière est donc exactement semblable à la loi de diffusion de la chaleur par conduction, et l'on peut, directement appliquer aux phénomènes de diffusion de la matière, les propriétés que nous connaissons relativement à la conduction de la chaleur.

Pour fixer les idées, supposons que le fluide soit contenu dans un récipient présentant des parois verticales, et considérons une tranche horizontale du fluide, d'une épaisseur c. Indiquons par A la composition du fluide à la partie supérieure de cette tranche, et par B, sa composition à la partie inférieure.

L'effet de la diffusion qui s'opère sera le même que si un certain volume de fluide de composition A avait traversé la tranche de haut en bas, et qu'un égal volume de fluide de composition B, avait en même temps suivi le même chemin en sens inverse.

Soit d l'épaisseur de la couche que l'un ou l'autre de ces volumes égaux formerait dans le récipient ; d est évidemment proportionnel à : ‑

1° la durée de la diffusion,

2° à l'inverse de l'épaisseur de la couche à travers laquelle s'opère la diffusion.

3° à un coefficient dépendant de la nature des deux substances examinées. Par suite, si t est la durée de la diffusion et k le coefficient de diffusion, on a

$$d = k\,\frac{t}{c}$$

ou

$$k = \frac{cd}{t}$$

On trouve ainsi que les dimensions de k, coefficient de diffusion sont représentées par le carré d'une longueur divisée par une durée.

Il s'ensuit que dans l'expérience faite avec le flacon, la distance verticale entre les couches de densités correspondantes, indiquées par les globules qu'elles contiennent varie, depuis le commencement de la diffusion, comme la racine carrée du temps.

Quand la pénétration de deux liquides ou de deux gaz s'effectue d'une manière plus rapide, grâce à l'agitation du mélange, cette action mécanique n'a pour effet que d'augmenter l'aire des surfaces suivant lesquelles s'opère la diffusion. La surface de séparation des deux fluides au lieu d'avoir la forme d'un simple plan horizontal affecte beaucoup de circonvolutions, et prend une grande étendue ; La diffusion peut donc s'opérer seulement sur la distance comprise entre deux nappes voisines de la surface de séparation au lieu d'avoir à s'étendre sur la demi-hauteur du récipient.

Il est aisé de voir, puisque le temps nécessaire à la diffusion varie comme le carré de la distance à laquelle s'accomplit la diffusion, qu'en agitant la solution contenue dans un flacon avec l'eau qui la surmonte, on peut en quelques secondes affectuer un mélange complet, qui aurait demandé des mois pour se réaliser, si le flacon était resté en repos. Mais que le mélange intime ne s'effectue pas instantanément par l'agitation, cela peut se constater facilement en observant que, pendant l'opération, le fluide apparaît sillonné de trainées qui lui font perdre sa transparence : Ces apparences sont dues à l'inégale réfrangibilité des différentes parties du mélange, amenées au contact par l'agitation. Les surfaces de séparation sont tellement étirées et contournées que la masse entière prend une apparence floconneuse, car aucun rayon lumineux ne peut la traverser sans être dévié de sa direction un grand nombre de fois.

On peut observer la même apparence quond on mélange l'eau chaude avec l'eau froide, ou même quand de l'air chaud est mélangé avec de l'air froid. Cela montre que ce qu'on appelle l'égalisation de température par les courants de convection s'opère par conduction entre les portions de la substance amenées au contact par ces courants.

En observant le phénomène de la diffusion à l'aide des microscopes les plus puissants, il est impossible de suivre le mouvement des parties individuelles des fluides. On ne peut distinguer un point où le fluide inférieur remonte, et un autre où le fluide supérieur descende. Il n'y a aucun courant visible et le déplacement des substances matérielles s'opère d'une manière aussi imperceptible que la conduction de la chaleur ou de l'électricité. Par suite le déplacement qui constitue la diffusion doit être distinguée de ces mouvements que l'on peut mettre en évidence à l'aide de flotteurs. On peut définir la diffusion domme un mouvement des fluides, non par masses, mais par molécules.

Jusqu'ici nous n'avons fait aucune allusion aux théories moléculaires, parce que nous avons voulu établir une séparation tranchée entre cette partie de notre sujet qui n'a trait qu'aux axiomes généraux de la dynamique, combinés avec les observations des propriétés des corps, et cette autre partie qui contient l'exposé des tentatives faites pour arriver à une explication des propriétés en question, en attribuant certains mouvements à des particules très petites de matière qui jusqu'à présent nous sont restées invisibles.

La théorie de la diffusion considérée comme mouvement moléculaire est une des théories que nous aurons à justifier quand nous traiterons de la science moléculaire. Pour le moment néanmoins, nous emploierons l'expression : « mouvement moléculaire » comme un moyen commode de définir le déplacement d'un fluide quand on ne peut observer directement le mouvement de ses parties sensibles.

Graham a observé que la diffusion des liquides, comme des gaz, peut s'opérer à travers des corps solides poreux, tels que le plâtre et la plombagine compacte, presqu'aussi vite que quand aucun corps n'est interposé, et lors même que le corps solide interposé peut empêcher tout courant ordinaire, et supporter des différences de pression considérables.

En se basant sur les vitesses différentes avec lesquelles divers liquides ou gaz traversent de telles substances, Graham a pu effectuer des analyses importantes et il a été conduit à considérer la constitution de certains corps sous de nouveaux points de vue.

Mais il existe une autre catégorie de cas dans lesquels un liquide ou un gaz peut traverser un diaphragme, qu'on ne peut cependant considérer comme poreux, dans le sens ordinaire du mot. Par exemple quand l'acide carbonique

renfermé dans une bulle de savon se dégage peu à peu.
Le liquide absorbe le gaz par sa surface intérieure, du côté
où la densité de l'acide est le plus grand, et du côté extérieur, où la densité de l'acide est plus faible, le gaz se diffuse dans l'atmosphère. Le gaz, dans son passage à travers la membrane liquide, est à l'état de solution dans l'eau
On a aussi constaté que l'hydrogène et d'autres gaz peuvent traverser une membrane de caoutchouc. La vitesse
avec laquelle ces gaz traverse cette substance est différente
de la vitesse avec laquelle ils traverseraient des corps poreux. Graham a montré que ces vitesses dépendent des relations chimiques entre les gaz et le caoutchouc, et que le
déplacement ne se fait pas par des pores dans le sens ordinaire de ce mot. .

Suivant la théorie de Graham, le caoutchouc est une substance *colloïde* — c'est-à-dire une substance capable de s'u-
nir d'une manière temporaire et peu étroitement à d'autres substances dans des proportions variées, de même que
la colle forme une gelée avec l'eau. Une autre classe de
substances, que Graham désigne sous le nom de *cristalloïdes*, se distinguent des premières en présentant toujours
une composition définie et n'admettent pas ces associa-
tions temporaires. Lorsqu'une substance colloïde contient
en différents points de sa masse, différentes proportions
d'eau, d'alcool ou d'autres corps cristalloïdes, la diffusion
s'opère au milieu de la substance colloïde bien qu'en aucun point, la masse ne soit à l'état liquide.

D'un autre côté, une solution d'une substance colloïde
se diffuse à peine à travers un corps solide poreux, ou à
travers une autre substance colloïde. Ainsi si une solution
de gomme dans une solution saline est placé en contact
avec une gelée solide de gélatine, contenant de l'alcool, le
sel et l'eau se diffuseront dans la gélatine et l'alcool se dif-

fusera dans la gomme, mais il ne se produira aucune pénétration de gomme et de gélatine.

C'est par cette théorie que Graham a pu expliquer les relations qui existent entre certains métaux et certains gaz. Par exemple, on peut faire passer l'hydrogène à travers le fer et le palladium à haute température, et l'acide carbonique à travers le fer. Ces gaz forment des unions colloïdales avec les métaux et s'y diffusent comme l'eau se diffuse à travers une gelée.

Graham a fait beaucoup de déterminations de la diffusibilité relative de différents sels. Il est très utile d'avoir des déterminations exactes des coefficients de diffusion des liquides et des gaz, car ces coefficients constituent des données importantes dans la théorie moléculaire des corps — Les déterminations de cette espèce les plus précieuses sont celles des coefficients de diffusion entre les gaz, faites par le professeur J. Loschmidt de Vienne (1).

Il a déterminé les coefficients de diffusion à travers un mètre carré, par heure, pour dix couples des gaz les plus importants. Nous aurons à revenir sur ces résultats quand nous traiterons de la théorie moléculaire des gaz.

(1) *Experimental Untersuchungen über die Diffusion von Gasen ohne poröse Scheidevände. Sitzb, d. k. Akad. Wissensh. Bd. LXI,* (mars et juillet 1870). (voir l'appendice).

CHAPITRE XX.

CAPILLARITÉ.

Jusqu'ici nous n'avons considéré l'énergie d'un corps que comme fonction de sa température et de son volume. L'énergie totale d'un gaz, et la plus grande partie de l'énergie des liquides peut s'exprimer de cette manière, mais une proportion importante de l'énergie d'un corps solide dépend de la forme qui lui est imposée aussi bien que de son volume. Nous reviendrons sur ce sujet en traitant de l'élasticité et de la viscosité, et pour le moment nous ne considérerons que cette partie de l'énergie d'un liquide qui dépend de la nature et de l'étendue de sa surface.

Il y a beaucoup de cas où deux substances placées en contact ne se diffusent pas l'une dans l'autre, et se séparent lorsque après les avoir mélangées, on les abandonne à elles-mêmes. Ainsi, lorsqu'on mélange de l'eau avec de l'alcool, ces deux liquides se diffusent l'un dans l'autre, mais si l'on essaie de mélanger de l'huile avec ce mélange d'alcool et d'eau, les deux liquides se séparent ensuite l'un de l'autre, et ce phénomène de séparation développe une force suffisante pour mettre en mouvement des masses considérables de fluide, spécialement lorsque, comme dans l'expérience de Plateau, le mélange d'eau et d'alcool possède la même densité que l'huile.

Le travail nécessaire pour produire ces mouvements est emprunté au système lui-même, puisqu'aucun travail n'est accompli par un agent extérieur.

Par conséquent le système de deux fluides possède plus d'énergie quand ces fluides sont mélangés, que quand ils sont séparés.

Or la seule différence entre ces deux états n'est qu'une différence d'arrangement ; un plus grand nombre de particules de l'un ou l'autre fluide sont plus voisines de la surface de séparation quand les fluides sont mélangés que quand ils sont séparés.

Nous concluons donc que l'énergie d'une particule de fluide est plus grande quand elle est très voisine de la surface que quand elle s'en trouve à une plus grande distance. Il est probable que c'est seulement à une distance d'un millième de millimètre, peut-être moins encore, que cette augmentation de l'énergie devient sensible.

Un effet de cette propriété consiste dans ce que les particules voisines de la surface sont attirées vers l'intérieur de la masse du fluide dont elles font partie, mais comme cette force agit également sur toutes les particules de la surface, elle ne fait qu'augmenter la pression intérieure d'une quantité constante, et ne produit aucun effet visible.

Nous pourrions calculer toute l'énergie d'un système de deux fluides si nous connaissions leur arrangement. Chaque fluide occupe le même volume total quelle que soit la disposition relative de ses particules : et si l'énergie de chaque particule était la même, l'énergie totale ne dépendrait pas de l'arrangement.

Mais puisque les particules d'une couche superficielle d'épaisseur très faible ont une plus grande énergie que celles de l'intérieur du fluide, l'excédent d'énergie due à

cette cause sera proportionnel à l'aire de la surface totale
de séparation.

D'où il suit que l'énergie du système comprend deux
parties : la première dépendant du volume de la température, etc., des fluides, et indépendante de leur snrface, la
seconde partie proportionnelle à l'aire de la.surface séparant les deux fluides.

C'est de cette seconde partie que dépend le phénomène
connu sous le nom d'attraction capillaire.

Dans le cas d'une bulle de savon, l'énergie est d'autant
plus grande que l'étendue de la surface exposée à l'air est
plus grande. La valeur de cette énergie pour une bulle de
savon à la température ordinaire est, suivant Plateau, d'environ 5,6 gramme-mètres par mètre carré, en mesure de
gravité. C'est le travail nécessaire pour souffler une bulle
de savon dont la surface extérieure est d'un mètre carré.
Comme une bulle de savon présente deux surfaces exposées à l'air, l'énergie correspondant à une seule surface est
seulement de 2,8 gramme-mètres par mètre carré.

Nous la désignerons sous le nom d'*énergie de surface* de
la bulle de savon. Elle est mesurée par l'énergie par unité
de surfaces, et ses dimensions, exprimées en mesure dynamique, sont par conséquent, les suivantes :

$$\frac{\text{Energie}}{\text{aire}} = \frac{L^2 M}{T^2} \frac{1}{L^2} = \frac{M}{T^2}$$

c'est-à-dire qu'elle n'a qu'une dimension comme masse,
deux dimensions inverses comme temps, et qu'elle est indépendante de l'unité de longueur. L'énergie de surface dépend de la nature des deux milieux que sépare la surface.
Ces milieux doivent être tels qu'ils ne se mélangent pas
l'un avec l'autre, autrement la diffusion s'accomplirait, et
la surface de séparation cesserait d'être définie ; mais il

existe un coefficient d'énergie spécial à chaque surface séparant deux liquides qui ne se mélangent pas, par exemple un liquide et un gaz, ou la propre vapeur du liquide, ou séparant un liquide et un solide, que ce solide se dissolve ou ne se dissolve pas dans le liquide. Il existe aussi un coefficient d'énergie de surface entre un gaz et un solide, ou entre un solide et un autre solide ; mais non entre deux gaz, car ceux-ci se diffusant l'un dans l'autre, ne peuvent présenter aucune surface de séparation.

Tension de surface.

Pour augmenter l'aire de la surface extérieure, il faut accomplir du travail ; et quand on abandonne la surface à elle-même, elle se contracte en accomplissant du travail sur d'autres corps. Par conséquent elle agit comme une menbrane tendue de caoutchouc, et possède une tension de même nature.

Soit une ligne droite PQ menée dans la surface ABDC ; soit F la tension exercée suivant cette ligne par toutes les parties de la surface ; la tension de surface est égale à la tension sur l'unité de longueur, mesurée suivant la ligne PQ et si T est cette tension de surface, on aura donc

$$F = T \times PQ$$

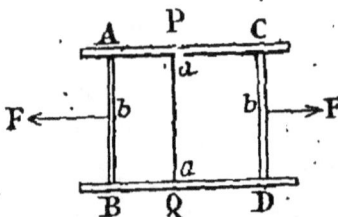

Supposons maintenant que les lignes AB et CD aient été primitivement en contact, et que la surface ait été obtenue en séparant les deux lignes CD et AB à l'aide de la force F.

fig. 40.

On peut admettre par exemple que AB et BC sont deux baguettes réunies côte à côte, et recouvertes d'eau de savon. En les séparant parallèlement à elles-mêmes, on pourra ainsi former une membrane d'eau de savon ABCD.

En représentant par S l'énergie superficielle par unité d'aire, le travail accompli sera égal à

$$S \times AB \times AC$$

Mais si F est la force nécessaire pour séparer AB de CD, le même travail peut se représenter par

$$F \times AC$$

d'où, en remplaçant F par sa valeur en fonction de T, on a

$$S \times AB \times AC = T \times PQ \times AC$$
$$= T \times AB \times AC$$

et par suite

$$S = T$$

c'est-à-dire que la valeur numérique de l'énergie de surface par unité d'aire est égale à la valeur numérique de la tension de surface par unité de longueur. Cette quantité est ordinairement appelée *coefficient de capillarité*, parce qu'on l'a d'abord considéré au point de vue de l'élévation des liquides dans les tubes capillaires. Ces tubes doivent leur nom à l'étroitesse de leur calibre qui n'a que la grosseur d'un cheveux (*capillu*). J'ai fait usage des expressions « énergie de surface » et « tension de surface » parce que je crois que ces expressions nous aident à concentrer notre attention sur les faits, et à bien comprendre les phénomènes variés que présentent les surfaces des liquides. C'est un résultat qui ne peut être que difficilement obtenu avec un nom purement technique et qui a été la source déjà de beaucoup d'erreurs lorsqu'il a été employé sans être bien compris. Si le lecteur, en lisant le présent ouvrage, ou de tout autre manière, s'est formé une conception claire du phénomène véritable appelé ordinairement *attraction capillaire* et *capillarité*, nous pourrons employer ces mots sans inconvénient. La théorie, comme nous l'établirons, ne diffère pas essentiellement de celle qui a été donnée primitivement par Laplace, quoique en ayant recours à la notion de tension de surface, nous puissions éviter quelques-unes des opérations mathématiques nécessaires pour calculer les conditions du phénomène dans l'hypothèse des actions moléculaires.

Nous supposerons maintenant que l'on connaisse la tension de surface pour chaque couple des milieux que nous aurons à considérer. Par exemple, nous pouvons désigner par T_{ab} la tension de surface de la surface qui sépare le milieu a du milieu b.

Soient trois fluides a, b, c, et supposons que la surface de séparation entre a et b coupe la surface de séparation entre b et c suivant une ligne de forme quelconque mais de courbure continue. Soit O un point de cette ligne, et admettons que le plan de la figure soit une section perpendiculaire à cette ligne,

Les trois tensions T_{ab}, T_{bc}, et T_{ca} doivent être en équilibre suivant cette ligne, et comme nous connaissons ces tensions nous pouvons déterminer les angles qu'elles font les unes avec les autres. Si nous construisons un triangle ABC dont les côtés soient proportionnels à ces tensions, les angles extérieurs de ce triangle seront égaux aux angles formés par les trois surfaces de séparation.

Or, la trigonométrie montre que l'on a :

$$\frac{T_{bc}}{\sin A} = \frac{T_{ca}}{\sin B} = \frac{T_{ab}}{\sin C}$$

Il en résulte que toutes les fois que trois milieux fluides

sont en contact et en équilibre, les angles entre leurs surfaces de séparation ne dépendent que des valeurs des tensions de surfaces et sont toujours les mêmes pour les trois
mêmes fluides.

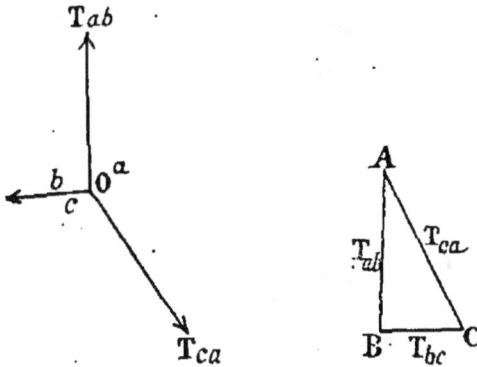

Fig. 41

Mais il n'est pas toujours possible de construire un triangle avec trois droites données. Si l'une des lignes est plus
grande que la somme des deux autres, le triangle ne peut
être construit. Pour la même raison, si l'une des tensions
est plus grande que la somme des deux autres, les trois
fluides au contact, ne peuvent être en équilibre.

Par exemple si la tension de la surface séparant l'air et
l'eau est plus grande que la somme des tensions des surfaces séparant l'air et l'huile, et l'huile et l'eau, une goutte
d'huile ne peut se trouver en équilibre à la surface de l'eau.
L'arête de la goutte, là où l'huile l'air et l'eau sont en contact
devient de plus en plus aiguë ; et même quand l'angle est
excessivement faible, la tension de la surface libre de l'eau
est toujours supérieure aux tensions des deux surfaces de
l'huile, de telle sorte que l'huile s'étend en une nappe de
plus en plus fine, jusqu'à ce qu'elle couvre une grande surface d'eau. En réalité ce phénomène persiste jusqu'à ce que

la couche d'huile ait une épaisseur si faible, et contienne un si petit nombre de molécules dans cette épaisseur, qu'elle n'ait plus les propriétés d'un liquide pris en masse.

Lorsqu'un corps solide est en contact avec deux fluides, si la tension de la surface de séparation entre le corps solide et l'un des fluides, est supérieure à la somme des tensions des deux autres surfaces de séparation, le premier fluide se rassemblera en une goutte, et le second s'étendra sur la surface. Si l'un des fluides est l'air et l'autre un liquide, le liquide se formera en gouttes sans mouiller la surface, ou se répandra sur la surface entière suivant que la tension de sa surface de séparation avec le corps solide sera supérieure ou inférieure aux deux autres tensions réunies.

Quand la tension de la surface séparant les deux fluides est plus grande que la différence des tensions des surfaces qui les séparent du solide, cette surface formera un angle fini avec la surface du solide — Ainsi si a et b sont les deux fluides, et c le solide il faut, pour trouver cet angle POQ. faire :

$$PO = T_{ab}$$

et

$$OQ = T_{bc} - T_{ac}$$

Cet angle est ce que l'on appelle *l'angle de capillarité*.

ELÉVATION D'UN LIQUIDE DANS UN TUBE.

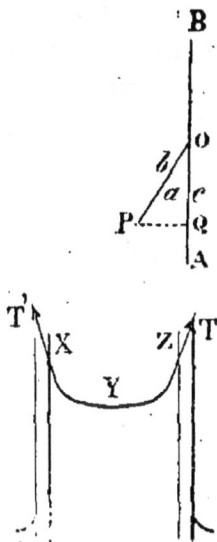

Supposons que a soit un liquide, renfermé dans un tube formé d'une substance c, tube dont le rayon est r. Supposons que le fluide b soit l'air, ou un autre fluide quelconque. La circonférence de la section du tube est égale à $2\omega r$. Tout le long de cette circonférence, il y a une tension T_{ab} faisant avec la verticale un angle égal à α, l'angle de capillarité. La force verticale est égale à

$$2\pi r\, T_{ab} \cos \alpha.$$

Si cette force élève le liquide à une hauteur h, le poids de liquide supporté, en négligeant la partie concave XYZ est égal à

$$\pi \rho g r^2 h$$

fig. 42.

En égalant la force au poids qu'elle supporte on obtient

$$h = 2\,\frac{T_{ab} \cos \alpha}{\rho g r}$$

Par suite la hauteur à laquelle le fluide s'élève est en raison inverse du rayon du tube.

Un liquide s'élève de la même manière dans l'espace compris entre deux plaques parallèles placées à la distance d l'une de l'autre.

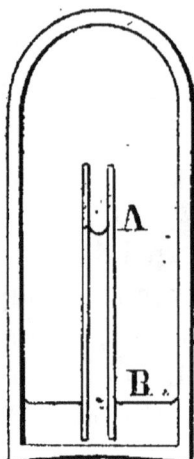

fig. 43.

Si nous supposons que la figure 43 représente une section de la couche liquide, dont la largeur horizontale est égale à l, la tension de surface du liquide le long de la ligne qui sépare les parties sèches et mouillées de chaque plaque est égale à Tl, et cette tension fait un angle α avec la verticale. La force totale, résultant des tensions superficielles, et tendant à élever le liquide est donc égale à

$$2 \, Tl \cos\alpha$$

Le poids de liquide élevé est égal à

$$\rho g h l d$$

En égalant ces deux expressions on trouve

$$h = 2 \, \frac{T \cos\alpha}{\rho g d}$$

Cette formule diffère de celle applicable au tube cylindrique, seulement par la substitution de d, distance entre les deux plaques parallèles, à r, rayon du tube. Par suite la hauteur à laquelle s'élèvera un liquide entre deux plaques, est égale à la hauteur à laquelle il s'élèverait dans un tube dont le rayon serait égale à la distance entre ces deux plaque.

Sir W. Thomson (1) a récemment fait une application remarquable de la thermodynamique aux phénomènes de capillarité.

Supposons (fig 43), qu'un tube de faible diamètre, soit placé dans un liquide, et que le tout soit renfermé dans

(1) *Proceedings of the Royal Society of Edinburgh*, Tab. 7. 1870.

un récipient dont l'air a été exclus, de sorte que tout l'espace au-dessus du liquide est rempli de sa vapeur et de rien autre.

Supposons que le niveau permanent du liquide soit en A dans le tube, et en B dans le récipient, et admettons que la température soit la même dans tout l'appareil.

Il y a un état d'équilibre entre le liquide et sa vapeur, à la fois en A et en B, autrement l'évaporation ou la condensation auraient lieu, et l'état permanent n'existerait pas.

Mais la pression de la vapeur en B, excède celle en A de la pression due à une colonne de vapeur de la hauteur AB.

Il s'ensuit que la vapeur est en équilibre avec le liquide à une pression plus basse, là où la surface du liquide est concave, comme en A, que là où elle est plane, comme en B.

Fermons maintenant l'extrémité inférieure du tube,, et enlevons une partie du liquide du tube de manière que le niveau n'atteigne plus le point A.

Alors la vapeur se condensera à l'intérieur du tube, par suite de la concavité de la surface, et cette condensation continuera jusqu'à ce que le tube soit au niveau A, le même que si le tube avait été ouvert à l'extrémité inférieure.

Par suite, si en un point quelconque de la surface d'un liquide, r et r' sont les rayons principaux de courbures de cette surface, et si π est la pression de la vapeur en équilibre avec une surface plane de son liquide à la température donnée ; si enfin p est la pression de la vapeur en équilibre avec la surface courbe, on aura

$$p = \pi - \frac{T\,\sigma}{\rho - \sigma}\left(\frac{1}{r} + \frac{1}{r'}\right)$$

où σ est la densité de la vapeur et ρ celle du liquide.

Si h est la hauteur à laquelle le liquide s'élèverait en

vertu de la courbure de sa surface, dans un tube capillaire
et si H est la hauteur d'une atmosphère homogène de la vapeur on aurait

$$p = \pi \left(1 - \frac{H}{h} \right)$$

Sir W. Thomson a calculé que dans un tube dont le rayon
serait d'environ un millième de millimètre, et dans lequel
l'eau s'élèverait d'environ 13 mètres au-dessus du niveau
plan, la pression d'équilibre de la vapeur aqueuse serait
inférieure à celle qui s'exerce sur une surface plane d'eau
d'environ un millième de sa propre valeur.

Il pense qu'il est probable que l'absorption de l'humidité de l'air par des substances végétales telles que le coton,
le drap, etc. à des températures bien supérieures à celle
qui correspond à la rosée, peut s'expliquer par la condensation de l'eau dans les vaiseeaux étroits et les cellules des
tissus végétaux.

Dans le cas d'une bulle sphérique de vapeur contenue à
l'intérieur de l'eau, l'augmentation ou la diminution du
diamètre dépend de la température et de la pression de la
bulle de vapeur ; et la condition pour que l'ébullition puisse
avoir lieu, est que la pression de la vapeur saturée à la
température du liquide excède la pression effective du liquide d'une pression déterminée. Cette pression est égale
à celle d'une colonne de liquide qui aurait pour hauteur la
hauteur à laquelle le liquide s'élèverait dans un tube de
même diamètre que la bulle.

Si le liquide contient un gaz quelconque en solution, ou
un liquide plus volatil, ou si l'on fait passer de l'air ou
de la vapeur en bulles à travers le liquide, alors il se formera des bulles d'un diamètre appréciable, et l'ébullition
sera entretenue par l'évaporation à la surface de ces bulles.

Mais si par une ébullition prolongée, ou autrement, le liquide est privé de toute substance plus volatile, et si les parois du récipient dans lequel il est contenu sont d'une nature telle que le liquide y adhère fortement, (de telle sorte que les bulles qui pourraient se former sur la paroi se rassembleront sous une forme sphérique plutôt que de s'étendre), on pourra alors élever la température du liquide beaucoup au-dessus du point d'ébullition, sans que le phénomène d'ébullition se manifeste, et quand enfin l'ébullition commencera, elle se produira presque d'une manière explosive, et le liquide sera soulevé violemment sur le fond du récipient.

On ne peut dire qu'on connaisse exactement la plus haute température à laquelle l'eau puisse être portée sans que l'ébullition se manifeste sous la pression atmosphérique, car chaque perfectionnement dans les moyens de se débarrasser de l'air dissous, etc., a permis toujours d'élever l'eau à une plus haute température. Dans une expérience due à Dufour, l'eau au lieu de toucher les parois du récipient, est versée dans un mélange d'huile de lin et d'huile de girofle de même densité environ que l'eau elle-même. Par ce moyen on peut produire des gouttes de liquide qui nagent encore dans le mélange à la température de 180°. La pression de la vapeur aqueuse à cette température est d'environ 10 atmosphères, ou environ $10^k 33$ par centimètre carré, Par suite, la cohésion de l'eau est suffisante pour résister au moins à cette pression.

Nous pouvons aussi appliquer le principe de Sir W. Thomson au phénomène de l'évaporation d'une petite goutte de liquide. Dans ce cas la surface du liquide est convexe, et si r est le rayon de la goutte, on a

$$ p = \pi + \mathrm{T} \frac{\tau}{\rho - \sigma} \cdot \frac{2}{r} $$

où π est·la pression de la vapeur saturée correspondant à la température donnée, quand la surface du liquide est plane, et p la pression nécessaire pour empêcher l'évaporation de la goutte. Une goutte d'eau pourra donc s'évaporer dans un air suffisamment humide alors qu'une surface plane provoque la condensation de la vapeur d'eau contenue dans l'air.

Il suit de là que si une vapeur ne contenant aucune particule solide ou liquide, et sans contact avec un corps solide quelconque excepté avec tout corps plus chaud que la vapeur, est refroidie par expansion, il est probable que, conformément à ce qui a été suggéré par le Professeur Thomson, la température de la vapeur pourra s'abaisser au-dessous du point ordinaire de condensation sans que la condensation ait lieu, car le premier effet de la condensation serait de produire des gouttes de liquide extrèmement petites, et celles-ci, comme nous l'avons vu, ne tendent pas à s'accroître, quand la vapeur qui les entoure n'est pas plus que saturée.

La formation de nuage au milieu de la vapeur se fait souvent très soudainement, comme si elle avait été retardée par quelque cause semblable, de sorte que, quand enfin le nuage est formé, la condensation s'opère avec une grande rapidité, rappelant ainsi le phénomène inverse de l'ébullition rapide d'un liquide surchauffé.

Les gouttes d'eau d'un nuage, pour une raison identique, ne peuvent conserver la même grandeur, même si elles ne se choquent pas les unes contre les autres, car les plus petites gouttes s'évaporent, tandis que les plus grosse s'accroissent par la condensation, de sorte que des gouttes visibles à l'œil nu se forment simplement par la condensation sans qu'il soit nécessaire d'en expliquer la formation par la coalescence des gouttes les plus petites.

Jusqu'ici, nous n'avons pas considéré l'influence de la chaleur sur la valeur de la tension de surface des liquides. Dans tous les liquides expérimentés, la tension de surface diminue quand la température s'élève ; elle est maximum au point de congélation et nulle au point critique, où les états gazeux et liquides sont en continuité.

Il en résulte donc que le phénomène de capillarité est intimement lié à la discontinuité apparente entre les états liquides et gazeux, et qu'il doit être étudié en tenant compte des conditions d'évaporation et de la chaleur latente. C'est là un point de vue très important, comportant des recherches qui peuvent être à peine considérées jusqu'à présent comme commencées.

Sir W. Thomson a appliqué les principes de la thermodynamique au cas d'une membrane liquide développée sous l'action d'une certaine force, et a montré que pour maintenir constante la température de la membrane, il faut fournir une quantité de chaleur presque égale, en mesure dynamique, à la moitié du travail nécessaire pour étendre la membrane.

En fait, la troisième relation thermodynamique peut être appliquée de suite au cas en question, en substituant la tension de surface à la pression et l'aire au volume. Nous trouvons ainsi que la chaleur latente par l'unité d'aire est égale au produit de la température absolue par la diminution de tension de surface par degré de température. A des températures ordinaires, il résulte d'expériences, que ce produit est environ la moitié de la tension de surface. Par suite, la chaleur d'extension est en mesure dynamique environ la moitié du travail d'extension. Le lecteur peut aussi appliquer au cas de l'extension d'une membrane liquide les considérations sur la chaleur latente exposées au chapitre X.

La table suivante, empruntée au mémoire de M. Quincke, fait connaître les tensions de surface de différents liquides en contact avec l'air, l'eau et le mercure. La tension est mesurée en grammes par mètre linéraire, et la température est de 20°.

Liquides	Poids spécifiques	Tension de la surface séparant le liquide de		
		Air	Eau	Mercure
Eau.................	1.0	8.253	0	42.58
Mercure............	13.5432	55.03	42.58	0
Sulfure de carbonne...	1.2687	3.274	4.256	37.97
Chloroforme	1.4878	3.120	3.010	20.71
Alcool..............	0.7906	2.599	—	40.71
Huile d'olive.........	0.9136	3.760	2.096	34.19
Térébenthine.........	0.8867	3.030	1.177	25.54
Pétrole	0.7977	3.233	2.834	28.94
Acide chlorhydrique...	1.1	7.15	—	38.41
Solution d'hyposulfite de soude...........	1.1248	7.903	—	45.11

On voit, d'après cette table, que l'eau, parmi tous les liquides ordinaires, a la plus grande tension de surface. Il est très difficile, pour cette raison, de conserver une surface d'eau pure. Il suffit de toucher une partie quelconque de cette surface avec une baguette enduite d'un corps gras, pour réduire sa tension considérablement. La plus faible quantité de n'importe quelle espèce d'huile se répand immédiatement sur la surface et en modifie complètement la tension. C'est pourquoi il est important, dans toutes les expériences sur les tensions de surface, que le récipient soit absolument propre. C'est une précaution qui a été bien indiquée par M. Tomlinson dans ses recherhes sur les « cohesion figures of liquids. »

Quand l'un des liquides est soluble dans l'autre, les effets de la tension superficielle sont très remarquables.

Par exemple, si une goutte d'alcool est placée sur la surface d'une tranche d'eau de très faible épaisseur, la tension se réduit immédiatement à 2,6 là où l'alcool est pur, et varie de 2,6 à 8,25 depuis ce point jusqu'aux points où l'eau est pure. Il en résulte que l'équilibre de la surface est détruit, et la membrane superficielle de liquide se met en mouvement, dans la direction de l'alcool, vers l'eau. Si l'eau est peu profonde, ce mouvement de la surface entraînera la totalité de l'eau et une partie du fond du récipient sera mis à nu. On peut former une ride sur la surface de l'eau en exposant une goutte d'éther à une faible distance de cette surface. La vapeur d'éther, condensée sur la surface de l'eau, est suffisante pour causer le courant extérieur qui vient d'être décrit.

Le vin contient de l'alcool et de l'eau, et quand il est exposé à l'air, l'alcool s'évapore plus vite que l'eau, de sorte que la couche superficielle devient moins alcoolique. Quand le vin est dans un vase profond, les forces en alcool s'égalisent promptement par diffusion ; mais dans le cas de la couche de vin de faible épaisseur qui adhère aux parois d'un verre à boire, le liquide devient rapidement moins alcoolique. La tension de surface s'augmente sur les parois du verre, et la surface est attirée du vin fort au vin faible en alcool. Celui-ci est toujours à la partie supérieure et remonte sur les parois du verre, entraînant le vin fort jusqu'à ce que la quantité de liquide devienne si grande que les différentes parties se mélangent et que les gouttes redescendent dans le liquide le long des parois.

Ce phénomène, connu sous le nom des *larmes du vin*, a été pour la première fois expliqué d'après ces principes par le professeur James Thomson. C'est à ce phénomène, probablement, qu'il est fait allusion dans les *Proverbes*, XXIII, 31, comme indication de la force du vin. Le mouvement cesse dans une bouteille bouchée, aussitôt qu'il s'est formé assez de vapeur d'alcool pour faire équilibre à l'alcool liquide contenu dans le vin.

Les huiles grasses ont une plus grande tension de surface que l'essence de térébenthine, la benzine ou l'éther. Par suite, s'il existe une tache de graisse sur un morceau de drap, et si la surface de ce drap est imbibée avec l'une de ces substances, la tension est plus grande du côté de la tache de graisse, et les portions consistant en un mélange de benzine et de graisse se meuvent de la benzine vers la graisse.

Si, pour enlever la tache, nous commençons par imbiber de benzine le milieu de cette tache, nous chassons la graisse dans les parties propres du drap. Il faut, par conséquent, appliquer d'abord la benzine sur le pourtour de la tache et s'approcher graduellement du centre en mettant le drap en contact avec une substance absorbante, telle que du papier buvard, de manière que quand la graisse, chassée par la benzine, s'accumule au milieu de la tache, elle puisse être absorbée par le papier buvard au lieu de rester en globules sur la surface, prête à se répandre de nouveau dans le drap quand la benzine s'évapore.

Une autre méthode très efficace pour enlever les taches de graisse est fondée sur le fait que la tension de surface d'une substance diminue quand sa température s'élève. En appliquant par conséquent un fer chaud sur un côté du drap et du papier buvard de l'autre côté, la graisse est chassée principalement dans le papier situé du côté opposé au fer chaud.

CHAPITRE XXI

ÉLASTICITÉ ET VISCOSITÉ

Efforts et déformations.

Lorsque la forme d'un système à liaison se modifie, cette modification de forme est appelée *déformation* (*strain*). La force (ou le système de forces) est appelé *effort* (*stress*) correspondant à la déformation. Il y a plusieurs espèces de déformations et plusieurs espèces d'efforts correspondants.

Le seul cas que cas que nous ayons considéré jusqu'ici est celui dans lequel les efforts dans la direction de trois axes sont égaux. Dans ce cas, on dit qu'il y a *pression hydrostatique*. C'est le seul effort qui puisse exister dans un fluide au repos.

Il y a une classe très importante d'efforts que l'on appelle efforts de *cisaillement* (*shearing stress*): ce sont deux efforts longitudinaux égaux, l'un étant une tension, et l'autre une pression agissant perpendiculairement l'un à l'autre(1). Quand on emploie une paire de ciseaux pour couper quelque chose, les deux branches produisent un effort de cisaillement sur la matière qui les sépare et tendent à en faire glisser une portion sur l'autre.

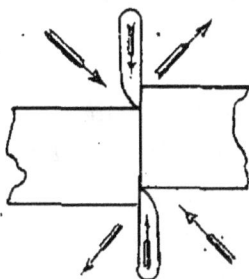

Fig. 44.

(1) Maxwell entend évidemment par là l'action de deux pressions ou de deux tensions égales, de même direction et agissant dans un sens opposé, sur deux points infiniment voisins. — *Trad.*

Nous avons maintenant à étudier les propriétés des corps quand ils sont soumis à différents genres d'efforts.

Un corps qui, soumis à un efforts, n'éprouverait pas de déformation, serait appelé un corps *parfaitement solide*. Il n'existe pas de pareil corps, et cette définition ne sert qu'à faire connaître ce que l'on entend par une solidité parfaite.

Un corps qui, soumis à un effort donné, à une certaine température, subit une déformation limitée, quelque soit la durée pendant laquelle s'exerce l'effort, est appelé corps *parfaitement élastique* dans les cas où cette déformation disparaît complètement quand l'effet cesse d'agir.

Les gaz et les liquides et peut-être la plupart des solides sont parfaitement élastiques sous l'action des efforts uniformes dans toutes les directions, mais on n'a pas encore trouvé de corps parfaitement élastique sous l'action des efforts de cisaillement, excepté, peut-être, quand ces efforts sont excessivement faibles.

Supposons maintenant que des efforts du même genre, mais d'intensités croissantes soient successivement exercés sur un corps. Aussi longtemps que le corps reprend sa forme primitive, quand l'effort disparait il est parfaitement élastique sous l'action de l'effort.

Mais si l'on constate que la forme du corps est modifiée d'une manière permanente quand l'effort excède une certaine valeur, on dit que le corps est *mou* ou *plastique*, et l'état du corps quand la modification est sur le point de s'opérer, est appelé *limite de l'élasticité parfaite*.

Si l'effort est augmenté jusqu'à ce qu'il y ait rupture, ou que le corps cède de toute autre manière, la valeur de l'effort est appelée la *Résistance* du corps à cette espèce d'effort.

Si la rupture a lieu avant qu'une déformation permamente se produise. on dit que le corps est *fragile*.

Quand l'effort, maintenu constant, produit une déforma-tion ou un déplacement qui au lieu de se limiter après un certain temps, augmente continuellement avec le temps, on dit que le corps est *visqueux*.

Lorsque cette déformation progressive n'est produite que sous des efforts excédant une certaine valeur, le corps est dit *corps solide*, quelque mou qu'il soit.

Quand le plus faible effort, agissant pendant un temps suffisamment long, produit une déformation indéfiniment croissante, le corps doit être regardé comme un fluide vis-queux, quelque dur qu'il puisse être.

Ainsi une chandelle de suif est beaucoup plus molle qu'un bâton de cire à cacheter; mais si la chandelle et le bâton de cire sont posés horizontalement entre deux sup-ports, le bâton de cire ploiera, en peu de semaines en été, sous l'action de son propre poids, tandis que la chandelle restera rectiligne. La chandelle est par conséquent un corps solide mou, et la cire à cacheter, un fluide très visqueux.

Ce qui caractérise un solide c'est que sa déformation ne se produit que sous l'action d'une force dépassant un cer-taine valeur, et que cette déformation est immédiate. Dans le cas d'un fluide visqueux c'est le *temps* qui est nécessaire pour opérer la déformation, et si le temps est suffisamment long la force la plus faible produira un effet sensible, qui, pour être produit immédiatement nécessiterait l'application d'une force très grande.

Ainsi l'amas de résine qui gît au pied d'un arbre peut être assez dur pour qu'il ne soit pas possible d'y laisser une empreinte en appuyant le genoux sur la résine ; cepen-dant, à la longue, cet amas s'affaissera de lui-même, sous son propre poids, et s'écoulera en bas de la colline, comme le ferait un courant d'eau.

M. F. Kohlrausch (1) a reconnu qu'une fibre de verre se tord de plus en plus, en la soumettant à une petite force de torsion obtenue par l'action terrestre sur un petit aimant suspendu à la fibre. J'ai constaté des changements lents dans la torsion d'un fils d'acier, changements qui se produisaient pendant bien des jours après que la torsion permanente avait été atteinte et sir William Thomson a étudié sur d'autres métaux des faits analogues, c'est-à-dire des faits de viscosité.

Il y a donc des exemples de viscosité parmi des corps très durs.

Retournant à l'exemple de la résine : nous pouvons la mélanger dans des proportions variées avec le goudron de manière à former une série continue de composés, passant de l'état solide en apparence de la résine, à l'état fluide du goudron, ce dernier corps pouvant être considéré comme type des fluides visqueux. En mélangeant le goudron avec l'essence de térébenthine, la viscosité se réduit encore davantage, et nous pourrons ainsi former une série de fluides de viscosité de plus en plus faible, jusqu'à ce que nous arrivions aux fluides les plus mobiles tels que l'éther.

DÉFINITION DU COEFFICIENT DE VISCOSITÉ

Considérons une couche d'une certaine substance, couche d'une épaisseur c et contenue entre le plan horizontal fixe AB, et le plan CD, qui se meut horizontalement de C vers D.

avec la vitesse V. Supposons que cette substance soit aussi

(1) *Pogg.* 1863.

en mouvement, la couche en contact avec CD se mouvant avec la vitesse V, tandis que la vitesse d'une couche intermédiaire quelconque est proportionnelle à sa hauteur au-dessus de AB.

$$C \underline{\hspace{3cm}} D$$

$$A \underline{\hspace{3cm}} B$$

Fig. 45.

La substance en question subit un effort de cisaillement, et la vitesse suivant laquelle cet effort s'accroit est mesurée par la vitessse V du plan supérieur divisée par la distance c, entre les plans, ou $\dfrac{V}{c}$.

L'effort F ou effort de cisaillement, est mesuré par la force horizontale exercée par la substance sur l'unité d'aire de l'un des plans, agissant de A vers B sur le plan inférieur, et de D vers C, sur le plan supérieur.

Le rapport de cette force à la vitesse d'accroissement de l'effort de cisaillement est appelé le coefficient de viscosité, et se représente par le symbole μ. Nous pouvons donc écrire :

$$F = \mu\, \frac{V}{c}$$

Si R est la valeur de l'effort agissant sur une aire rectangulaire de longueur a et de largeur b, on a

$$R = ab\, F$$
$$= \mu\, \frac{ab}{c}\, V$$

d'où

$$\mu = \frac{Rc}{Vab}$$

Si v, a, b et *c* sont chacun égal à l'unité on a alors

$$\mu = R$$

Définition. — La viscosité d'une substance est mesurée
par la force tangentielle sur l'unité d'aire de l'un des deux
plans situés à l'unité de distance, l'un des plans étant fixe,
tandis que l'autre se meut avec l'unité de vitesse.

On peut déterminer aisément les dimensions de μ. Si R
est la force qui engendrerait une certaine vitesse v dans la
masse u, dans le temps t, ou a alors

$$R = \frac{M\,v}{t}$$

et

$$\mu = \frac{Mvc}{t Vab}$$

Ici a, b, c sont des lignes et V et v des vitesses de telle sorte
que les dimensions de μ sont $[M\,L-^{1}\,T-^{1}]$ où M, L, et T
sont les unités de masse, de longueur, et de temps.

Lorsque nous voulons exprimer les forces absolues mises
en jeu par la viscosité d'une substance, nous devons employer l'unité ordinaire de masse (livre, grain, ou gramme);
mais si nous voulons seulement étudier le mouvement de
la substance visqueuse, il est plus commode de prendre
comme unité de masse, celle de l'unité de volume de la
substance elle-même. Si ρ est la densité de la substance, ou
la masse de l'unité de volume, la viscosité ν mesurée ainsi
cinématiquement est liée à μ, sa valeur mesurée dynamiquement, par la relation

$$\mu = \nu\rho.$$

Les dimensions de ν, coefficient cinématique de viscosité,
sont $[L^{2}\,T-^{1}]$.

Des recherches sur la valeur de la viscosité, ont été faites sur les solides, par Sir W. Thomson, sur les liquides, par Poiseuille, Graham, O. E. Meyer et Helmholtz, et sur les gaz par Graham, Stokes, O.E Meyer, et moi-même.

J'ai trouvé que la valeur de μ pour l'air à $0°$ est

$$\mu = 0.000\ 1878\ (1 + 0.00366\ \theta),$$

le centimètre, gramme, et seconde étant les unités.

En mesures anglaises, employant comme unité le pied, le grain, la seconde, et la graduation Farenheit, cette formule devient :

$$\mu = 0.000\ 179\ (461 + \theta).$$

La vicosité μ est proportionnelle à la température absolue, et indépendante de la pression, restant la même sous une pression de un centimètre et sous celle de 50 centimètres de mercure. On verra la signification de ce résultat remarquable quand nous en viendrons à la théorie moléculaire des gaz.

La mesure cinématique de la viscosité se trouve en divisant μ par la densité. Elle est donc directement proportionnelle au carré de la température absolue et inversement proportionnelle à la pression.

La valeur de μ pour l'hydrogène est inférieure à la moitié de celle de l'air. L'oxygène, d'un autre côté, a une viscosité plus grande que celle de l'air. Celle de l'acide carbonique est inférieure à celle de l'air.

Applications aux nuages, poussières, etc.

Il résulte des calculs du professeur Stokes, combinés avec la valeur de la viscosité, de l'air indiquée plus haut, qu'une goutte d'eau tombant à travers de l'air d'une densité mille fois moins grande que celle de l'eau (ce que nous pouvons supposer être le cas à la hauteur ordinaire d'un nuage) tomberait avec une vitesse d'environ deux centimètres par seconde si son diamètre était égal à 1/40 de millimètre.

Si ce diamètre était encore dix fois plus faible, la vitesse de chute serait cent fois plus petite, c'est-à-dire de douze millimètres par minute. Si un nuage est formé de petites goutelettes d'eau de cette grandeur, leur mouvement dans l'air sera si lent, qu'il échappera à l'observation, et le mouvement du nuage, autant qu'on peut l'observer, sera le même que le mouvement de l'air en ce lieu. En fait, la chute à travers l'air, de très petites particules, telles que les fines gouttelettes des vapeurs ou des cascades, et de toute espèce de poussière et de fumée est un phénomène qui s'accomplit avec lenteur, et la durée de la chute sur une hauteur donnée, varie en raison inverse des dimensions des particules, leur densité et leur forme restant les mêmes.

Si néanmoins un nuage de fine poussière contient tant de particules, que la masse d'un pied cube d'air chargé de poussière est sensiblement plus grande que celle d'un pied cube d'air pur, l'air chargé de poussière descendra en masse en dessous du niveau de l'air pur, comme le ferait un fluide de plus grande densité ; c'est ainsi qu'une chambre peut contenir dans la zône inférieure, de l'air chargé de poussière, séparé par une surface de niveau de l'air pur situé au-dessus.

Il y a des sortes de brouillards dont la densité est plus grande que celle de l'air pur dans le voisinage, et ces brouillards s'étalent dans les creux, formant pour ainsi dire des lacs, d'où ils s'écoulent dans les vallées comme le feraient des cours d'eau. D'un autre côté, la densité moyenne d'un nuage peut être moindre que celle de l'air environnant, et dans ce cas, le nuage s'élèvera.

Dans le cas de la fumée, à la fois l'air et les particules de charbon sont échauffés par le feu, avant de s'échapper dans l'atmosphère, mais indépendamment de cette action d'échauffement, si le soleil rayonne sur un nuage de poussière ou de fumée, les particules solides absorbent la chaleur, qu'elles communiquent ensuite à l'air qui les entoure ; c'est ainsi que, bien que les particules elles-mêmes soient beaucoup plus denses que l'air du voisinage, elles peuvent transmettre au nuage qu'elles forment, assez de chaleur pour le rendre plus léger que l'air pur environnant.

Dans le cas d'un nuage formé par des particules d'eau, outre ce phénomène, il s'en produit un autre, qui dépend de l'évaporation à la surface des gouttelettes. La vapeur de l'eau est beaucoup moins dense que l'air, et l'air humide est plus léger que l'air sec à la même température et à la même pression. Or, les gouttelettes dont le nuage est formé rendent l'air humide, et la densité moyenne du nuage peut devenir ainsi inférieure à celle de l'air environnant, de sorte que le nuage s'élèvera, comme dans le cas précédent.

CHAPITRE XII

THÉORIE MOLÉCULAIRE DE LA CONSTITUTION
DES CORPS.

Nous avons déjà montré que la chaleur est une forme d'énergie, et que quand un corps est chaud, il possède une réserve d'énergie dont une partie au moins peut ensuite être mise sous forme de travail sensible.

Or l'énergie nous est connue sous deux formes. Sous l'une de ces formes, c'est l'*énergie cinétique* ou de mouvement. Un corps en mouvement possède une énergie cinétique qu'il doit communiquer à quelque autre corps avant de passer à l'état de repos. C'est là la forme fondamentale de l'énergie. Quand nous avons acquis la notion de la matière en mouvement, et que nous savons ce que l'on entend par l'énergie de ce mouvement, *nous sommes incapable* d'aller plus loin, et de concevoir qu'une addition quelconque possible à nos connaissances puisse expliquer l'énergie de mouvement, ou nous en donner une connaissance plus complète que celle que nous en avons déjà.

Un corps peut encore posséder de l'énergie sous une autre forme. Cette énergie dépend alors non pas de l'état du corps, mais de sa position par rapport à d'autres corps.

C'est ce qu'on appelle l'*énergie potentielle*. Le contrepoids en plomb d'une horloge, quand il est remonté, possède une énergie potentielle qu'il perd quand il descend, énergie qui est dépensée à faire marcher l'horloge. Cette énergie dépend non pas du morceau de plomb, considéré en lui même, mais de la position du plomb par rapport à un autre corps — la terre — qui l'attire.

Dans une montre, lorsqu'elle est remontée, le grand ressort a une énergie potentielle qui sert à mener les aiguilles de la montre. Cette énergie provient de l'enroulement du ressort, opération dans laquelle on change la position relative de ses parties. Dans les deux cas, jusqu'à ce que l'horloge ou la montre soit mise en marche, l'existence de l'énergie potentielle, soit dans le contrepoids de l'horloge, soit dans le ressort de montre, n'est accompagné d'aucun mouvement sensible. Nous devons donc admettre que l'énergie potentielle peut exister dans un corps ou un système de corps dont toutes les parties sont au repos.

Il faut observer, néanmoins, que le progrès de la science ouvre continuellement de nouvelles vues sur les formes et les relations des différentes espèces d'énergies potentielles et que les hommes de science, loin de sentir que leur connaissance de l'*énergie potentielle* est parfaite et ne demande plus d'éclaircissements, cherchent toujours à expliquer les différentes formes de l'énergie potentielle ; et si ces explications ne peuvent, en quelque cas, être admises, ce n'est pas parce que le fait ne requiert aucune explication, mais c'est parce que l'explication est insuffisante.

Nous avons maintenant à rechercher à laquelle de ces deux formes d'énergie il faut rapporter la chaleur, telle qu'elle existe dans les corps chauds. Un corps chaud est-il comme un ressort enroulé, dépourvu de mouvement actuel, mais capable de créer du mouvement dans les condi-

tions convenables. Ou bien est-il comme un volant qui dérive son effrayante puissance du mouvement sensible dont
il est animé.

Il est manifeste qu'un corps peut être chaud, sans qu'il
y ait apparence de mouvement, soit du corps considéré
comme un tout, soit de ses parties les unes par rapport
aux autres. Si donc la chaleur du corps tient à un certain
mouvement, ce mouvement doit animer des parties du
corps trop petites pour être senties séparément et les déplacements doivent se produire dans des limites si étroites
qu'on ne puisse découvrir le dérangement d'une partie
quelconque.

Dans les corps qui, sous les plus forts grossissements du
microscope, ne présentent aucune trace visible de changements intérieurs, la preuve de l'existence d'un état de mouvement comparable par la vitesse au mouvement des trains
de chemins, doit être bien forte pour que l'on consente à admettre que la chaleur est un mode de mouvement.

Examinons donc l'hypothèse alternative et admettons
que la chaleur soit une énergie potentielle ou, en d'autres
termes, que le corps chaud soit à l'état de repos, mais que
cet état de repos dépende de l'antagonisme de forces en
équilibre, équilibre qui subsiste aussi longtemps que tous
les corps environnants sont à la même température. Il s'ensuit que si cet équilibre est détruit, les forces sont capables de mettre le corps en mouvement. Mais il faut observer que l'énergie potentielle dépend essentiellement de la
position relative des parties du système dans lequel elle
existe, et que cette énergie ne peut se transformer d'une
manière quelconque sans quelque changement dans la position relative de ces parties. Ainsi donc, chaque tranformation d'énergie potentielle implique quelque sorte de

mouvement. Mais nous savons que quand un corps ou
un système est plus chaud qu'un autre, de la chaleur passe
du corps le plus chaud au corps le plus froid, soit par conduction, soit par rayonnement. Supposons que la communication ait lieu par rayonnement ; quelle que soit la théorie que nous adoptions au sujet du mouvement qui constitue le rayonnement, ¡il est manifeste que le rayonnement consiste dans un mouvement de quelque espèce, soit
dans la projection de particules d'une substance appelée
calorique à travers l'espace intermédiaire, soit dans un
mouvement ondulatoire propagé dans un milieu remplissant cet espace. Dans les deux cas, pendant l'intervalle qui
s'écoule entre le moment où la chaleur quitte le corps
chaud et celui où elle atteint le corps froid, son énergie
existe, dans l'espace intermédiaire, sous forme d'un mouvement de la matière.

Il s'ensuit que, soit que nous considérions le rayonnement
comme effectué par la projection de calorique matériel, soit
qu'il consiste dans des ondulations d'un certain milieu, la surface extérieure d'un corps chaud doit être en état de mouvement, pourvu qu'il y ait un corps froid quelconque dans le
voisinage pour recevoir les rayons émis. Mais nous n'avons
aucune raison de croire que la présence d'un corps froid
est essentielle au rayonnement d'un corps chaud. Quel que
soit le mode suivant lequel le corps chaud dégage sa chaleur, ce mode ne doit dépendre que de l'état du corps chaud
seul, et non de l'existence d'un corps froid à distance, de
telle sorte que, même si tous les corps dans une enceinte
fermée étaient également chauds, chacun de ces corps
émettraient de la chaleur par rayonnement ; et la raison
pour laquelle chaque corps conserve sa température, est
qu'il reçoit des autres corps exactement autant de chaleur
qu'il en émet. C'est en fait le fondement de la *théorie des*

échanges de Provost. Nous devons donc admettre qu'en chaque point de la surface d'un corps chaud, il y a un rayonnement de chaleur, et par conséquent un état de mouvement des parties superficielles du corps. Mais ce mouvement ne peut être constaté par aucun mode direct d'observation, et par conséquent le simple fait d'un corps paraissant au repos ne peut être considéré comme une preuve que ses particules ne sont pas dans un état de mouvement.

Il suit de là qu'une partie au moins de l'énergie d'un corps chaud doit être de l'énergie provenant du mouvement de ses particules, ou énergie cinétique.

La conclusion à laquelle nous parvenons, qu'une partie très considérable de l'énergie d'un corps chaud existe sous la forme de mouvement, deviendra plus évidente quand nous considérerons l'énergie thermique des gaz.

Chaque corps chaud possède donc un certain mouvement. Nous avons maintenant à rechercher de quelle nature est ce mouvement. Ce n'est évidemment pas un mouvement indéfini du corps dans une direction, car quelque petit que devienne le volume sous une action mécanique, chaque particule visible demeurera apparemment à la même place, si grande que soit l'élévation de sa température. Le mouvement que nous appelons chaleur doit donc être un mouvement de particules trop petites pour être observables séparément, les mouvements de différentes particules au même moment doivent être dans des directions différentes, et le mouvement d'une particule quelconque doit, au moins dans les corps solides, être de telle nature que, quelle que soit sa vitesse, cette particule ne se déplace jamais d'une distance appréciable par nos sens.

Nous sommes donc arrivé à cette notion que les corps sont composés d'un grand nombre de petites particules, qui, chacune, possèdent un mouvement. Nous appellerons une quelconque de ces particules une molécule du corps. On peut donc définir une molécule, comme une petite masse de matière qui reste concentrée, pendant les déplacements que la molécule subit quand le corps dont elle fait partie est chaud.

La théorie dans laquelle on suppose que les corps consistent dans le groupement d'un nombre déterminé de molécules, est appelée *théorie moléculaire* de la matière. Dans la théorie opposée, on admet que, quelque petites que soient les parties obtenues en divisant un corps, chaque partie retient toutes les propriétés du corps. C'est la théorie de la divisibilité infinie de la matière. Nous n'affirmons pas dans la théorie moléculaire qu'il y a une limite absolue à la divisibilité de la matière ; ce que nous prétendons c'est qu'après avoir divisé un corps en un certain nombre fini de parties constituantes appelées molécules, une division ultérieure quelconque de ces molécules les priverait des propriétés qui donnent naissance aux phénomènes observés dans le corps.

L'opinion que les propriétés observées dans les corps en repos apparent sont dues à des molécules imperceptibles animées d'un mouvement rapide a été exprimée par Lucrèce.

Daniel Bernouilli a été le premier à suggérer que la pression de l'air est due au choc de ses particules contre les parois du vaisseau qui le contient ; mais il fit faire très peu de progrès à la théorie qu'il suggéra.

Lesage et Prévost de Genève, et ensuite Herapath dans sa « *Physique mathématique* » ont fait connaître plusieurs applications importantes de cette théorie.

Le Docteur Joule, en 1848, expliqua la pression des gaz par le choc de leurs molécules, et calcula la vitesse qu'elles doivent posséder pour produire la pression observée.

Krönig appela anssi l'attention sur cette explication des phénomènes que présentent les gaz.

C'est au professeur Clausius cependant, que nous devons le développement récent de la théorie dynamique des gaz. Depuis qu'il a traité ce sujet, beaucoup de savants ont fait faire un grand progrès à cette branche de la physique. J'essaierai de donner une esquisse de l'état présent de la théorie.

Tout les corps consistent en un nombre fini de petites particules appelées molécules. Chaque molécule se compose d'une quantité déterminée de matière, qui est exactement la même pour toutes les molécules de la même substance. Le mode suivant lequel la matière de la molécule est agrégée est aussi le même pour toutes les molécules de la même substance.

Une molécule peut comprendre plusieurs portions distinctes de matière, unies par un lien chimique, et elle peut être mise en vibration, en rotation ou prendre tout autre mouvement relatif, mais tant que les différentes parties de la molécule ne se séparent pas, notre théorie considère tout l'ensemble de ces différentes parties comme une seule molécule.

Les molécules de tous les corps sont dans un état d'agitation continuelle. Plus un corps est chaud, plus violemment ses molécules sont agitées. Dans les corps solides, une molécule, quoique animée d'un mouvement continuel, ne s'écarte jamais au-delà d'une certaine distance très faible, de sa position primitive. Le chemin qu'elle décrit est renfermé dans un très petit espace.

Dans les fluides, au contraire, il n'existe aucune restriction de cette nature au mouvement des molécules. Il est vrai que la molécule ne peut généralement se déplacer sans qu'à une faible distance son mouvement soit trou-

blé par un choc avec quelqu'autre molécule ; mais après
ce choc, il n'y a rien qui oblige la molécule plutôt à re-
tourner à son point de départ qu'à continuer son chemin
dans de nouvelles régions.par conséquent dans les fluides,
le chemin suivi par la molécule n'est pas renfermé dans
une région limitée, comme dans le cas des corps solides,
mais il peut s'étendre à une partie quelconque de l'espace
occupé par le fluide.

Les phénomènes actuels de diffusion, à la fois dans les
liquides et dans les gaz, fournissent la preuve la plus con-
vaincante que les corps consistent en molécules dans un
état d'agitation perpétuelle.

Mais quand nous appliquons les méthodes de la dynamique à la recherche des propriétés d'un système comprenant un grand nombre de petits corps en mouvement,
la ressemblance d'un tel système avec un corps gazeux
devient encore plus apparente.

Je vais essayer de faire connaître ce que l'on sait d'un
pareil système, en évitant tous les développements mathématiques qui ne sont pas essentiels.

THÉORIE CINÉTIQUE DES GAZ.

On suppose qu'un corps gazeux consiste en un grand
nombre de molécules se mouvant avec une grande vitesse.
Pendant la plus grande partie de leur course, ces molécules ne sont soumises à aucune force appréciable, et se meuvent par conséquent en ligne droite avec une vitesse cons-
tante.Quand deux molécules parviennent à une certaine distance l'une de l'autre, une action mutuelle a lieu, action

que l'on peut comparer au choc de deux billes de billard.
La course de chaque molécule est modifiée et dirigée différemment. J'ai conclu de quelques unes de mes expériences que le choc entre deux bulles dures sphériques ne
donne pas une représentation exacte de ce qui a lieu dans
le choc de deux molécules. On obtiendra une meilleure représentation en supposant que les molécules agissent l'une
sur l'autre d'une manière moins brusque, de sorte que leur
action mutuelle dure un temps fini, pendant lequel le centre des molécules se rapproche, puis s'éloigne.

Nous désignerons cette action mutuelle sous le nom de
choc (*Encounter*) entre deux molécules, et nous appellerons la course d'une molécule entre un choc et le choc suivant; la *trajectoire libre* (*free path*) de la molécule. Dans les
gaz ordinaires le mouvement libre d'une molécule prend
beaucoup plus de temps que les chocs. A mesure que la
densité du gaz augmente, la trajectoire libre diminue
d'amplitude, et dans les liquides aucune partie du chemin
parcouru par une molécule ne peut être considérée comme
une trajectoire libre.

Dans un choc entre deux molécules, puisque la force du
choc provient seulement des deux corps, nous savons que
le mouvement du centre de gravité après le choc reste le
même qu'avant le choc. Nous savons aussi, par le principe
de la conservation de l'énergie, que la vitesse de chaque
molécule par rapport au centre de gravité n'est pas changée, en grandeur, mais seulement en direction.

Supposons maintenant qu'il y ait un grand nombre de molécules en mouvement, molécules contenues dans un récipient dont les parois soient de telle nature qu'elles restituent
aux molécules qui les choquent, l'énergie que celles-ci,
leur transmet, de telle sorte que l'énergie totale du système des molécules ne soit pas modifiée. La première chose

à remarquer dans ce système en mouvement, c'est que même si les molécules ont primitivement des vitesses égales, les chocs créeront une inégalité entre les vitesses, et cette distribution inégale de vitesse se modifiera indéfiniment.

Chaque molécule changera à la fois sa direction et sa vitesse à chaque rencontre ; et comme nous ne supposons pas que l'on enregistre les particularités de chaque choc, ces changements de direction nous apparaîtraient très irréguliers si nous suivions les mouvements d'une même molécule. Si cependant, nous considérons l'ensemble du système, et si nous faisons la statistique des mouvements en groupant les molécules, suivant la vitesse qu'elles ont à un instant donné, nous observerons une régularité particulière dans les proportions du nombre total de molécules qui entrent dans chacun de ces groupes.

Et ici, je tiens à faire remarquer qu'en adoptant cette méthode statistique qui consiste à ne tenir compte que du nombre moyen des groupes de molécules classées suivant leurs vitesses, nous abandonnons la méthode cinétique précise dans laquelle on tient un compte exact des circonstances qui accompagnent les chocs successifs de chaque molécule particulière. Il est donc possible que nous arrivions à des résultats qui, s'ils représentent fidèlement les faits lorsqu'il s'agit de masses gazeuses ordinaires, cesseraient d'être applicables au cas où nos facultés [sens] et nos instruments seraient assez délicats pour que nous puissions discerner et toucher chaque molécule, et la suivre dans toute sa course.

C'est ainsi qu'une théorie des effets de l'éducation, théorie établie d'après une étude faite sur les registres scolaires, sur lesquels on ne trouve aucun nom propre, pourrait ne pas concorder avec l'expérience du maître d'école

qui est capable de suivre la marche des études de chaque
élève en particulier. |

La distribution des molécules en classes correspondant
à leur vitesse suit exactement la même loi mathématique que la distribution des observations suivant l'importance des erreurs, loi qui est exposée dans la théorie des
erreurs d'observation. La distribution des marques faites
sur une cible suivant leur distance au centre de la cible
est soumise aussi à la même loi, pourvu qu'un grand
nombre de coups aient été tirés par des personnes d'un
même degré d'habileté.

Nous avons aussi rencontré la forme mathématique
qui exprime cette loi dans le cas où la chaleur d'une couche chaude se diffuse par conduction. Partout où, dans
les phénomènes physiques, il existe des causes sur lesquelles nous n'avons aucun contrôle, et qui produisent
une dissémination de particules matérielles, ou un écart
entre les observations et les valeurs exactes, ou une diffusion de vitesse ou de chaleur, on voit apparaître l'expression mathématique exponentielle en question.

Il en résulte donc que, des molécules composant le système, quelques-unes se meuvent très lentement, un petit
nombre ont des vitesses énormes, et le plus grand nombre
ont des vitesses intermédiaires et que pour comparer un
tel système avec une autre, la meilleure méthode consiste
à comparer les moyennes des carrés des vitesses. La racine
carrée de cette quantité est appelée la *vitesse correspondant
à la moyenne des carrés*.

DISTRIBUTION DE L'ÉNERGIE CINÉTIQUE ENTRE DEUX GROUPES DIFFÉRENTS DE MOLÉCULES.

Si deux groupes de molécules en mouvement, molécules dont les masses sont différentes, sont contenus dans le même récipient, ils échangeront leur énergie grâce aux rencontres entre leurs molécules, jusqu'à ce que les énergies cinétiques moyennes des molécules de chaque groupe soient égales. Cela résulte des mêmes raisonnements qui déterminent les lois de la distribution des vitesses dans un groupe simple de molécules.

De là, si les masses de chaque espèce de molécules sont M_1 et M_2 et si leurs vitesses sont V_1 et V_2, on a :

$$M_1 V_1^2 = M_2 V_2^2 \qquad (1)$$

La quantité $\frac{1}{2} M_1 V_1^2$ est appelée l'*énergie cinétique moyenne d'agitation d'une molécule*. Nous reviendrons sur ce point quand nous traiterons de la loi de Gay-Lussac relative au volume des gaz.

ÉNERGIE CINÉTIQUE INTÉRIEURE D'UNE MOLÉCULE.

Si une molécule était un point mathématique doué d'inertie et de forces attractives et répulsives, la seule énergie qu'elle pourrait posséder serait celle due à un mouvement de translation. Mais c'est un corps composé de certaines parties, et ayant une certaine grandeur ; ces parties peuvent avoir, relativement les unes aux autres, des mouvements de rotation ou de vibration, indépendants du mouvement du centre de gravité de la molécule. Nous devons donc admettre qu'une portion de l'énergie cinétique d'une molécule peut dépendre du mouvement relatif de ses parties. Nous l'appellerons *énergie interne* pour la distinguer de l'énergie due au déplacement de l'ensemble de la molécule. Le rapport de l'énergie interne à l'énergie d'agitation, peut être différent, dans les différents gaz.

DÉFINITION DE LA VITESSE D'UNE MASSE GAZEUSE EN MOUVEMENT.

Il est évident que si un gaz consiste en un grand nombre de molécules se mouvant dans toutes les directions, nous ne pouvons identifier la vitesse d'une quelconque de ces molécules avec ce que nous sommes accoutumé à considérer comme la vitesse de la masse gazeuse.

Soit le cas d'un gaz renfermé dans un récipient depuis un temps suffisant pour que la distribution des vitesses soit arrivée à son état normal. Ce gaz, suivant les notions ordinaires, est en repos, quoique les molécules dont il est composé puissent voyager dans toutes les directions.

Considérons une aire plane quelconque à l'intérieur du fluide. Cette surface imaginaire est sans influence sur le mouvement des molécules ; des molécules la traversent dans une direction ; d'autres molécules la traversent dans une autre direction ; mais il est évident, puisque le gaz ne tend pas à s'accumuler d'un côté plutôt que d'un autre, qu'il passe exactement le même nombre de molécules dans chaque sens.

Il est clair que si le récipient, au lieu d'être en repos, était animé d'un mouvement uniforme, un nombre égal de molécules passeraient dans chaque direction, à travers une surface quelconque, fixe par rapport au récipient. Par suite, si un gaz est en mouvement, et si la vitesse d'une surface concorde en grandeur et direction avec celle du gaz, le même nombre de molécules passera à travers cette surface, dans chaque direction, positive et négative.

Cela conduit à la définition suivante de la vitesse d'une masse gazeuse :

Si l'on détermine le mouvement du centre de gravité de toutes les molécules dans une petite région autour d'un point donné de la masse gazeuse, la vitesse de cette portion de la masse de gaz, est la vitesse du centre de gravité de toutes les molécules que cette portion comprend.

C'est là ce que signifie le mouvement d'un gaz dans le langage ordinaire. Outre ce mouvement, il y a deux autres genres de mouvements considérés dans la théorie cinétique des gaz.

Le premier est le mouvement d'agitation des molécules. C'est le mouvement, jusqu'ici invisible (non sensible) de la molécule considérée comme un tout. Sa trajectoire se compose de lignes droites appelées trajectoires libres, interrompues par les rencontres entre molécules différentes.

La vitesse du centre de gravité d'une molécule est la résultante de la vitesse du gaz et de la vitesse d'agitation de la molécule individuelle à un instant donné. La vitesse d'une partie constituante d'une molécule est la résultante de la vitesse de son centre de gravité, et de la vitesse de cette partie constituante par rapport au centre de gravité de la molécule.

THÉORIE DE LA PRESSION D'UN GAZ.

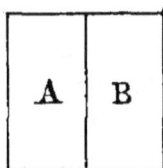

Considérons deux portions de gaz séparées par une surface plane, qui se meut avec la même vitesse que le gaz. Nous avons vu que dans ce cas les nombres de molécules qui passent à travers le plan dans des sens opposés sont égaux.

Chaque molécule, en traversant le plan de la région A à la région B, entre dans la seconde région dans le même état qu'elle a en quittant la première.

Fig. 45.

Elle transporte par conséquent dans la région B, non seulement sa masse, mais encore son moment et son énergie cinétique. Par suite, si nous considérons dans une direction donnée, et à un instant quelconque le moment des particules de la région B, cette quantité sera modifiée toutes les fois qu'une molécule traversera la limite, introduisant ainsi un nouveau moment moléculaire.

Considérons maintenant toutes les molécules dont la vitesse diffère d'une certaine quantité c d'une vitesse donnée ayant pour vitesse composante u dans la direction perpendiculaire au plan, et de A vers B, et v et w dans deux autres directions parallèles au plan. Soit N le nombre des molécules par unité de volume dont la vitesse est comprise entre ces limites, et soit M, la masse de chaque molécule.

Le nombre des molécules qui traversera l'unité d'aire du plan de A à B, dans l'unité de temps, sera

$$Nu$$

Le moment de chacune de ces molécules dans la direction AB, est égal à

$$Mu$$

Par suite, l'augmentation, dans la région B, du moment suivant cette direction, est égale à

$$MNu^2$$

Puisque ce bombardement de la région B ne produit pas le mouvement du gaz, il faut qu'une pression soit exercée sur le gaz par les parois du récipient, et la valeur de cette pression par unité de surface est égale à MNu^2.

La région A perd un moment positif, dans la même proportion, et pour maintenir l'équilibre, il faut qu'il y ait sur la surface de la région A une pression égale à MNu^2 par unité d'aire.

Jusqu'ici, nous n'avons considéré qu'un seul groupe de molécules, dont la vitesse est comprise entre les limites données. A chaque groupe de cette nature, qui détermine la pression dans la direction AB sur la surface séparant A de B, correspond une quantité de la forme MNu^2, où N est le nombre des molécules dans le groupe, et u la vitesse de chaque molécule dans la direction AB. Les autres composantes de la vitesse n'exercent pas d'influence sur la pression dans cette direction.

Pour trouver la pression totale, il faut trouver la somme de toutes les expressions de la forme

$$MNu^2$$

pour tous les groupes de molécules du système. Nous pouvons écrire ce résultat comme il suit

$$p = MN\overline{u^2}$$

où N signifie maintenant le nombre total de molécules dans

l'unité de volume, et $\overline{u^2}$ dénote la valeur moyenne de u^2
pour toutes ces mulécules. Mais si V^2 est le carré de la vitesse, sans avoir égard à la direction, on a

$$V^2 = u^2 + v^2 + w^2$$

où u, v, w sont les composantes dans des directions à angle
droit. Par suite si $\overline{u^2}$, $\overline{v^2}$ et $\overline{w^2}$ indiquent les moyennes des
carrés de ces composantes, et $\overline{V^2}$ la moyenne de la résul-
tante, on a

$$\overline{V^2} = \overline{u^2} + \overline{v^2} + \overline{w^2}$$

Quand, comme dans chaque gaz au repos, les pressions
sont égales dans toutes les directions, il vient

$$\overline{u^2} = \overline{v^2} = \overline{w^2}$$

et par conséquent

$$\overline{v^2} = 3\overline{u^2}$$

D'où il suit que la pression d'un gaz est donnée par la
formule :

$$p = \frac{1}{3} MN\overline{V^2} \qquad (2)$$

où M est la masse de chaque molécule, N le nombre de
molécules dans l'unité de volume, et $\overline{V^2}$ la moyenne des
carrés des vitesses.

Dans cette expression figurent deux quantités qui n'ont
jamais été mesurées directement, — la masse d'une molécule — et le nombre des molécules dans l'unité de volume.
Mais nous n'avons affaire ici qu'au produit de ces quantités qui est évidemment la masse de la substance par unité
de volume, c'est-à-dire, en d'autres termes, la densité. Nous
pouvons donc écrire

$$p = \frac{1}{3} \rho \overline{V^2} \qquad (3)$$

où ρ est la densité du gaz.

Il est facile, à l'aide de cette expression, de déterminer, comme l'a fait d'abord Joule, la moyenne des carrés des vitesses des molécules d'un gaz, car on a

$$\overline{V^2} = 3\,\frac{p}{\rho} \qquad (4)$$

où p est la pression et ρ la densité, qu'il faut naturellement exprimer en fonction des mêmes unités fondamentales.

Par exemple sous la pression atmosphérique de 103^k36 par décimètre carré, à la température de la glace fondante, la densité de l'hydrogène est égale à 0 gr. 08957 par litre.

Par suite $\dfrac{p}{\rho}$ est égal à 1.153.600, et si l'intensité de la pesanteur est égale à 9.8096, on a, en mesures absolues, au décimètre,

$$\overline{V^2} = 33.947.000$$

d'où l'on déduit

$$\overline{V} = 1842 \text{ mètres par seconde.}$$

C'est la vitesse correspondant à la moyenne des carrés des vitesses de l'hydrogène à 0°, et sous la pression atmosphérique.

LOI DE BOYLE

On dit que deux corps ont la même température quand la chaleur n'a pas plus de tendance à passer du corps A au corps que du corps B au corps A. Dans la théorie cinétique de la chaleur, comme nous l'avons vu, cet équilibre thermique est établi quand il y a une certaine relation entre les vitesses d'agitation des molécules des deux corps. Par suite la température d'un gaz dépend de la vitesse d'agitation de ses molécules, et cette vitesse doit être la même à la même température, quelle que soit la densité.

Dans l'expression $p = \frac{1}{3} \rho \overline{V^2}$, la quantité $\overline{V^2}$ ne dépend que de la température, tant que le gaz reste le même. Par suite quand la densité ρ varie, la pression p doit varier dans la même proportion. C'est là la loi de Boyle, qui est maintenant élevée (1) du rang d'un fait expérimental à celui d'une déduction de la théorie cinétique des gaz.

Si v indique le volume de l'unité de masse, nous pouvons écrire

$$pv = \frac{1}{3} \overline{V^2} \qquad (5)$$

Mais pv est proportionnel à la température absolue, mesurée par un thermomètre, du gaz particulier considéré. Par suite $\overline{V^2}$, moyenne des carrés des vitesses d'agitation, est proportionnel à la température absolue mesurée de cette manière.

LOI DE GAŸ-LUSSAC.

Considérons deux gaz différents en équilibre thermique, Nous avons déjà établi que si M_1 et M_2 sont les masses respectives des molécules de ces gaz, et V_1 et V_2 leurs vitesses il est nécesssaire, pour qu'il y ait équilibre thermique que l'on ait la relation :

$$M_1 \overline{V_1^2} = M_2 \overline{V_2^2}$$

d'après l'équation (1)

(1) On peut se demander s'il ne vaudrait pas mieux dire : *abaissée.* — *Trad.*

Si les pressions de ces gaz sont p_1 et p_2, et N_1 et N_2 les nombres de molécules par unité de volume, l'équation (2) devient

$$p_1 = \frac{1}{3} M_1 N_1 \overline{V_1^2}$$

et

$$p_2 = \frac{1}{3} M_2 N_2 \overline{V_2^2}$$

Si les pressions des deux gaz sont égales, on a

$$M_1 N_1 \overline{V_1^2} = M_2 N_2 \overline{V_2^2}$$

Si les températures sont égales, on a

$$M_1 \overline{V_1^2} = M_2 \overline{V_2^2}$$

Divisant termes à termes la première de ces équations par la seconde, il vient

$$N_1 = N_2 \qquad (6)$$

c'est-à-dire que *quand deux gaz sont à la même pression, et à la même température, le nombre des molécules dans l'unité de volume est le même pour chaque gaz.*

Si nous posons

$$\rho_1 = M_1 N_1 \text{ et } \rho_2 = M_2 N_2$$

ρ_1 et ρ_2 étant alors les densités respectives des gaz, on a, en vertu de l'égalité de N_1 et N_2,

$$\frac{\rho_1}{\rho_2} = \frac{M_1}{M_2} \qquad (7)$$

c'est-à-dire que *les densités de deux gaz à la même pression et à la même température sont proportionnelles aux masses de leurs molécules.*

Ces deux propositions équivalentes sont l'expression d'une loi très importante, établie par Gay-Lussac, loi qu

consiste en ce que les densités des gaz sont proportionnelles à leurs poids moléculaires.

Les proportions en poids suivant lesquelles les différentes substances se combinent pour former des composés chimiques, dépendent, suivant la théorie atomique de Dalton,
du poids de leur molécule, et c'est une recherche des plus
importantes en chimie, que de déterminer les proportions
suivant lesquelles les corps entrent en combinaison.

Gay-Lussac découvrit que, dans le cas des gaz, les volumes des gaz qui se combinent sont toujours entre eux
dans un rapport simple. Cette loi des volumes est maintenant élevée du rang d'un fait empirique à celui d'une déduction de la théorie, et nous pouvons établir, comme
proposition de dynamique, que les poids des molécules
des gaz (c'est-à-dire de ces petites portions qui ne se subdi-
visent pas dans leurs mouvements) sont proportionnelles
aux densités de ces gaz dans des conditions déterminées
de température et de pression.

LOI DE CHARLES.

Nous avons maintenant à examiner le cas des changements de température de gaz différents. A toutes les températures, quand il y a équilibre thermique, nous savons
qu'on a :

$$M_1 \overline{V_1}^2 = M_2 \overline{V_2}^2.$$

La température absolue mesurée par un thermomètre à
gaz étant proportionnelle à $\overline{V_1}^2$ pour le premier des deux
gaz et à $\overline{V_2}^2$ pour le second, et V_1^2 étant proportionnel à V_2^2,
il s'ensuit que les températures absolues, mesurées par les
deux thermomètres, sont proportionnelles, et que s'ils con-

cordent à une certaine température (par exemple au point de congélation), ils concorderont à toutes les températures. C'est là la loi d'égale dilatation des gaz découverte par Charles.

ÉNERGIE CINÉTIQUE D'UNE MOLÉCULE.

L'énergie cinétique moyenne d'agitation d'une molécule est égale au produit de sa masse par la moitié de la moyenne des carrés de sa vitesse ; elle est donc égale à

$$\frac{1}{2} M\overline{V^2}.$$

C'est là l'énergie due au mouvement de la molécule considérée comme un tout, mais ses parties peuvent être dans un état de mouvement relatif. Si nous admettons, avec Clausius, que l'énergie due à ce mouvement interne des parties de la molécule, tend vers une valeur en rapport constant avec l'énergie d'agitation, l'énergie totale sera proportionnelle à l'énergie d'agitation, et pourra s'écrire :

$$\frac{1}{2} \beta M\overline{V^2}$$

où β est un coefficient, toujours plus grand que l'unité et probablement égal à 1,634 pour l'air et plusieurs des gaz parfaits. Pour la vapeur, sa valeur peut s'élever jusqu'à 2,19, mais ce chiffre est très incertain.

Pour obtenir l'énergie cinétique de la substance, contenue dans l'unité de volume, il suffit de multiplier par le nombre de molécules, ce qui donne

$$T = \frac{1}{2} \beta MN\overline{V^2}. \qquad (8)$$

En comparant ce résultat avec l'équation (2) qui donne la pression, on tire :

$$T_v = \frac{3}{2} \beta p. \qquad (9)$$

c'est-à-dire que l'énergie par unité de volume est numériquement égale à la pression par unité de surface multipliée par $\frac{3}{2} \beta$.

L'énergie par unité de masse s'obtient en multipliant par v le volume de l'unité de masse :

$$T_m = \frac{3}{2} \beta p v. \qquad (10)$$

CHALEUR SPÉCIFIQUE A VOLUME CONSTANT.

Puisque le produit pv est proportionnel à la température absolue, l'énergie est proportionnelle à la température.

La chaleur spécifique est mesurée dynamiquement par l'accroissement d'énergie correspondant à une élévation de température de 1°. Il s'ensuit que l'on a :

$$K_v = \frac{3}{2} \beta \frac{pv}{\theta}. \qquad (11)$$

Pour exprimer la chaleur spécifique en unités thermiques ordinaires, il faut diviser cette expression par E, chaleur spécifique de l'eau (équivalent de Joule).

Il résulte de cette relation (11) que, pour un gaz quelconque, la chaleur spécifique de l'unité de masse à volume constant, est la même à toutes les pressions et à toutes les

températures, puisque $\frac{pv}{\theta}$ est constant. Pour des gaz différents, la chaleur spécifique à volume constant est inversement proportionnelle au poids spécifique et directement
proportionnelle à β.

Comme β conserve à peu près la même valeur pour plusieurs gaz, la chaleur spécifique de ces gaz est inversement
proportionnelle à leur poids spécifique, rapporté à l'air. Et
puisque le poids spécifique est proportionnel au poids moléculaire, il en résulte que la chaleur spécifique multipliée
par le poids moléculaire est la même pour tous ces gaz.
C'est la loi de Dulong et Petit. Elle serait applicable à tous
les gaz si la valeur de β était toujours la même.

On a montré, page 239, que la différence de deux cha-
leurs spécifiques est égale à $\frac{pv}{\theta}$. Leur rapport γ est :

$$\gamma = \frac{2}{3\beta} + 1 \text{ d'où } \beta = \frac{2}{3} \frac{1}{\gamma - 1}$$

Si V est la vitesse du son, dans un gaz, nous avons (voir
page 293)

$$V^2 = \gamma pv \tag{12}$$

La moyenne des carrés de la vitesse d'agitation est donc

$$\overline{V^2} = 3pv \tag{13}$$

d'où il suit qu'on a

$$V = \sqrt{\frac{y}{3}}$$

ou, si $\gamma = 1,408$, comme dans l'air et plusieurs autres gaz,
il vient

$$V = 0,6858 \text{ V}$$

ou encore

$$V = 1,458 \text{ U} \tag{14}$$

Telles sont les relations entre la vitesse du son et la vitesse correspondant à la moyenne des carrés des vitesses d'agitation des molécules d'un gaz quelconque pour lequel $\gamma = 1,408$.

La nature du présent ouvrage ne nous permet que d'exposer très brièvement quelques autres résultats de la théorie cinétique des gaz. Deux de ces résultats ne dépendent pas de la nature de l'action entre deux molécules pendant leurs rencontres.

Le premier a rapport à l'équilibre d'un mélange de gaz pesants. La conséquence de notre théorie est que la distribution finale d'un certain nombre de gaz différents dans un récipient vertical est telle que la densité de chaque gaz à une hauteur donnée est la même que si tous les autres gaz avaient été enlevés, le gaz considéré restant seul dans le récipient.

C'est exactement le mode de distribution que Dalton avait supposé exister dans une atmosphère mixte en équilibre, la loi de diminution de densité de chaque gaz constituant, étant la même que s'il n'y avait pas d'autres gaz présents.

Dans notre atmosphère, les troubles continuels causés par les vents ont pour conséquence le transport de gaz mixtes d'une couche à une autre, de sorte que la proportion d'oxygène et d'azote à différentes hauteurs est beaucoup plus uniforme que si ces gaz pouvaient se répartir par diffusion dans un calme complet.

La seconde conséquence de notre théorie a trait à l'équilibre thermique d'une colonne verticale. On trouve que si une colonne verticale d'un gaz est abandonnée à elle-même, jusqu'à ce que, par conduction, elle ait atteint son état d'équilibre thermique, la température sera la même en tous points ; en d'autre termes, la pesanteur n'exerce aucune action tendant à ce que la partie inférieure de la co-

lonne reste plus chaude ou plus froide que la partie supérieure.

Ce résultat est important dans la théorie de la thermodynamique, car il prouve que la gravité ne peut
agir pour modifier les conditions d'équilibre thermique
d'une substance quelconque, même si elle n'est pas gazeuse.

En effet, si deux colonnes verticales de substances différentes, gazeuses ou non, sont posées sur une plaque horizontale qui conduise parfaitement la chaleur, la température de la base de chaque colonne sera la même ; et si
chaque colonne est en équilibre thermique d'elle-même,
les températures à toutes les hauteurs seront les mêmes.
En fait, si les températures des sommets de deux colonnes
étaient différentes, on pouvait faire mouvoir une machine
à l'aide de cette différence de température, et la chaleur
restante se transmettrait, en traversant la colonne la plus
froide, par la plaque conductrice à la colonne chaude, au
sommet de laquelle elle se rendrait, et cela pourrait continuer jusqu'à ce que toute la chaleur soit convertie en travail contrairement à la seconde loi de la thermodynamique. Mais nous savons que si une colonne est gazeuse, sa
température est uniforme. Il s'ensuit que la température
de l'autre colonne doit être uniforme, quelle que soit sa
substance.

Ce résultat ne peut nullement être appliqué à notre atmosphère. En mettant à part l'effet direct énorme du rayonnement solaire, troublant l'équilibre thermique, l'effet du
vent, par lequel des masses d'air considérables sont transportées d'une couche à une autre, tend à produire une distribution de température tout à fait différente. La température à une hauteur quelconque, est telle qu'une masse
d'air amenée d'une hauteur à une autre sans perdre ou ga-

gner de chaleur se trouverait toujours d'elle-même à la
température de l'air ambiant. C'est ce que sir William
Thomson a appelé l'équilibre par convection de la chaleur,
et dans cette condition, ce n'est pas la température qui est
constante, mais la quantité s qui détermine les courbes
adiabatiques.

Dans l'équilibre de température par convection, la température absolue est proportionnelle à la pression élevée à
la puissance $\dfrac{\gamma-1}{\gamma}$ ou 0.234.

L'extrême lenteur de la conduction de la chaleur dans
l'air, comparée à la rapidité avec laquelle de grandes masses d'air sont transportées d'un niveau à un autre par les
vents; explique pourquoi la température de différentes
couches de l'atmosphère dépend beaucoup plus de cet
équilibre par convection que du véritable équilibre thermique.

Nous passerons maintenant à ces phénomènes spéciaux
aux gaz, phénomène qui, suivant la théorie cinétique,
dépendent de la matière particulière des actions interve-
nant entre les molécules qui se rencontrent et de la fré-
quence de ces rencontres.

Il y a trois phénomènes de ce genre dont la théorie rend
compte : la diffusion des gaz, la viscosité des gaz et la
conduction de la chaleur dans les gaz.

Nous avons déjà exposé les faits que l'on connaît relativement à l'interdiffusion de deux gaz différents. C'est seulement quand les gaz sont chimiquement différents que
nous pouvons suivre la marche de la diffusion, mais, d'a-
près la théorie moléculaire, la diffusion a toujours lieu,
même entre deux masses gazeuses de même nature ; seulement, il est impossible de suivre la marche des molécules,
parce que nous ne pouvons pas les distinguer les unes
des autres.

On peut expliquer comme il suit la relation entre la diffusion et la viscosité ; considérons le cas du mouvement d'une masse de gaz, cas déjà décrit au chapitre XXI, et dans lequel les différentes couches horizontales du gaz glissent l'une sur l'autre. Dans la diffusion, les molécules passent, les unes de haut en bas, les autres de bas en haut, à travers un plan horizontal. Si le milieu possède des propriétés différentes de chaque côté de ce plan, cet échange de molécules tendra à assimiler les propriétés des deux portions de ce milieu.

Dans le cas de la diffusion ordinaire, les proportions des deux substances qui se diffusent sont différentes et varient dans les différents lits horizontaux suivant leur hauteur. Dans le cas de frottement intérieur, le moment horizontal moyen est différent dans les différents lits et, quand les molécules passent à travers le plan, en conservant leur moment, cet échange de moments entre les deux portions du milieu, tend à égaliser leur vitesse, et c'est là le phénomène communément observé dans les mouvements des fluides visqueux.

Le coefficient de viscosité, mesuré cinématiquement, représente la rapidité avec laquelle l'égalisation des vitesses se poursuit par l'échange des moments des molécules, de même que le coefficient de diffusion représente la rapidité avec laquelle l'égalisation de composition chimique s'opère par l'échange des molécules elles-mêmes.

Il résulte de la théorie cinétique des gaz que si D est le coefficient de diffusion du gaz *avec lui-même* et ν la viscosité mesurée cinématiquement, on a :

$$\nu = 0{,}6479\ D \tag{15}$$
$$D = 1{,}5485\ \nu \tag{16}$$

La conduction de la chaleur dans un gaz, suivant la

théorie cinétique, est simplement la diffusion d'énergie des
molécules, grâce à leur mouvement dans le milieu, et au
transfert d'énergie qui s'opère, quand elles rencontrent
d'autres molécules dans lesquelles l'énergie se trouve
redistribuée. La relation de la conductibilité k, mesurée
thermométriquement, à la viscosité ν, mesurée cinématiquement, est exprimée comme il suit:

$$k = \frac{5}{3\gamma} \nu. \tag{17}$$

On voit donc que la diffusion, la viscosité et la conductibilité des gaz sont des phénomènes connexes, mais liés
par une relation très simple. Les coefficients dont dépendent ces phénomènes sont, en effet, les valeurs d'égalisation de trois propriétés du milieu, sa masse, sa vitesse
d'agitation et sa température. L'égalisation s'effectue par
le même agent dans chaque cas, — savoir, l'agitation des
molécules. Dans chaque cas, si la densité reste la même,
la vitesse d'égalisation est proportionnelle à la température absolue; et si la température demeure constante,
cette vitesse est inversement proportionnelle à la densité.
Il s'ensuit que si nous considérons la température et la
pression comme définissant l'état des gaz, les quantités D,
ν et k varient directement comme le carré de la température absolue et inversement à la pression.

THÉORIE MOLÉCULAIRE DE L'ÉVAPORATION ET DE LA CONDENSATION.

Les difficultés mathématiques qui se présentent dans les
recherches relatives au mouvement des molécules sont
telles qu'il ne faut pas s'étonner si la plupart des résultats

obtenus par cette voie ne sont applicables qu'aux gaz.
Clausius et d'autres, cependant, ont indiqué la généralité
du mode d'explication par la théorie moléculaire, en l'appliquant à beaucoup d'autres phénomènes qui ne concer-
nent pas exclusivement les gaz.

Nous avons vu que dans le cas d'un gaz, quelques-unes
des molécules ont une vitesse beaucoup plus grande que
d'autres, de sorte que c'est seulement à la vitesse moyenne
des molécules que nous pouvons assigner une valeur déterminée. Il est probable qu'il en est ainsi pour un liquide,
et que, bien que la vitesse moyenne des molécules d'un
liquide puisse être beaucoup plus faible que celle des
molécules de la vapeur de ce liquide, quelques-unes des
molécules du liquide peuvent avoir une vitesse égale ou
supérieure à la vitesse moyenne des molécules de la vapeur. S'il existe de telles molécules à la surface du liquide,
et si leur vitesse est dirigée *extérieurement* au liquide, elles
échapperont aux forces qui retiennent les autres molécules et se dissémineront dans l'espace au-dessus du liquide. Telle est la théorie moléculaire de l'évaporation. En
même temps que ce phénomène d'évaporation se produit,
une molécule de la vapeur, frappant le liquide, peut s'en-
gager entre les molécules de ce liquide et en devenir ainsi
une partie constituante. C'est la théorie moléculaire de la
condensation. Le nombre de molécules qui passent du liquide à la vapeur dépend de la température du liquide. Le
nombre des molécules qui passe de la vapeur au liquide
dépend de la densité de la vapeur, aussi bien que de sa
température. Si la température de la vapeur est la même
que celle du liquide, l'évaporation aura lieu tant qu'il y
aura plus de molécules passant dans la vapeur que dans
le liquide ; mais, quand la densité de la vapeur est parve-
nue à un point tel qu'il passe autant de molécules de la

vapeur au liquide que du liquide à la vapeur, la vapeur a
atteint sa densité maxima. On dit alors qu'elle est saturée et communément on admet que l'évaporation cesse.
Suivant la théorie moléculaire, cependant, l'évaporation
se produit aussi rapidement que par le passé ; mais la condensation s'accomplit avec la même vitesse, puisque la
proportion de liquide et de gaz ne change pas.

On peut donner une explication analogue des cas où la
vapeur ou le gaz est absorbé par un liquide d'une nature
différente, par exemple lorsque l'oxygène ou l'acide carbonique est absorbé par l'eau ou l'alcool. Dans tous ces
cas, l'*équilibre mobile* est atteint quand le liquide a absorbé
une quantité de gaz dont le volume, avec la densité du gaz
non absorbé, est un certain multiple ou une certaine fraction du volume du liquide ; en d'autres termes, les densités
du gaz dans le liquide et à l'extérieur du liquide, sont,
dans un certain rapport, numérique entre elles. Ce sujet a
été traité très complètement dans la *Gazométrie* de Bunsen.

La quantité de vapeur d'un liquide diffusée dans un gaz
d'une nature différente est généralement indépendante de
la nature du gaz, excepté quand le gaz agit chimiquement
sur la vapeur.

Le Dr Andrews a montré (*Proceed. R. S.* 1875) qu'en
mélangeant l'azote avec l'acide carbonique, la température
du point critique s'abaisse, et que la loi de Dalton relative
à la densité des mélanges de vapeurs n'est vraie qu'à de
basses pressions, et à des températures très supérieures à
celles du point critique.

THÉORIE MOLÉCULAIRE DE L'ÉLECTROLYSE

Une partie très intéressante de la science moléculaire,
partie qui n'a pas été complètement étudiée, et qui d'ail-

leurs se rattache à peine au sujet que nous traitons, c'est la théorie de l'électrolyse.

Dans le phénomème de l'électrolyse, une force électromotrice, agissant sur un liquide électrolyte a pour effet de chasser dans une direction les molécules de l'un des corps composants et de chasser dans la direction opposée les molécules du second corps composant. Mais ces deux corps sont unis par des forces chimiques très puissantes, de sorte qu'on ne pourrait espérer d'effet d'électrolyse, que si la force électromotrice était assez forte pour dissocier les couples.

Mais, suivant Clausius, dans cette danse des molécules qui se poursuit toujours, quelques-uns des couples de molécules acquièrent une telle vitesse que lorsqu'ils se rencontrent avec un autre couple animé d'un mouvement aussi violent, les molécules composant l'un des couples ou tous les deux sont séparées, et s'égarent en cherchant de nouveaux partners. Si la température est suffisamment élevée et que l'agitation générale qui en résulte soit assez violente pour que dans un temps égal, il se dissocie plus de couples qu'il ne s'en reconstitue, c'est le phénomène de la *dissociation* (1) qui se produit, phénomène étudié par Ste-Claire Deville. Si, d'un autre côté, les molécules séparées peuvent toujours trouver des partners avant qu'elles soient rejetées du système, la composition du système demeure la même en apparence.

Mais le professeur Clausius considère que c'est pendant ces séparations temporaires, que la force électromotrice

(1) Le terme dissociation connote plus qu'une simple séparation. Il signifie une rupture d'équilibre chimique. Voyez: Le Chatelier: *Recherches expérimentales et théorique sur les équilibres chimiques* (*Annales des mines*, mars-avril 1883). — *Trad.*

vient en jeu comme pouvoir dirigeant, forçant les molécules de l'un des corps à se mouvoir dans un sens, et celle de l'autre corps dans un sens opposé. Ainsi les molécules composantes changent toujours de partners, même quand il n'y a en jeu aucune force électromotrice, et le seul effet de cette force est d'imprimer une direction aux mouvements qui se produiraient sans son action.

Le professeur Wiedemann, qui adopte aussi cette théorie de l'électrolyse, compare ce phénomène à celui de la diffusion et montre que la conductibilité électrique d'un électrolyte peut être considérée comme dépendant du coefficient de diffusion des deux corps qui le composent, l'un par rapport à l'autre.

THÉORIE MOLÉCULAIRE DU RAYONNEMENT.

Les phénomènes déjà décrits sous ce titre s'expliquent, dans la théorie moléculaire, par le mouvement d'agitation des molécules, mouvement qui est extrêmement irrégulier. Les intervalles entre les rencontres successives, et les vitesses des molécules pendant les trajectoires libres ne sont soumis à aucune loi définie. Le mouvement intérieur d'une seule molécule est d'une espèce toute différente : si les parties de la molécule sont susceptibles d'un mouvement relatif qui n'entraînent pas la séparation de ces parties, ce mouvement relatif devra consister en quelque espèce de vibration ; mais les petites vibrations d'un système solidaire peuvent être décomposées en un certain nombre de vibrations simples, dont la loi est semblable à celle du mouvement pendulaire. Or, il est probable que dans les gaz, de telles vibrations s'exécutent en grand nombre entre deux rencontres successives.

A chaque rencontre, la molécule est vivement ébranlée. Dans sa trajectoire libre, elle vibre suivant ses propres lois, les amplitudes des différentes vibrations simples étant déterminées par les chocs, mais leur période ne dépendant que de la constitution de la molécule elle-même. Si donc la molécule est capable de communiquer ces vibrations au milieu dans lequel le rayonnement se propage, elle émettra des rayons d'espèces définies, et si ceux-ci appartiennent à la partie lumineuse du spectre, ils seront visibles comme rayons de lumière d'une réfrangibilité déterminée.

Telle est l'explication, d'après la théorie moléculaire, des lignes brillantes observées dans les spectres des gaz incandescents. Elles représentent les troubles apportés dans le milieu luminifère, par les molécules vibrant, c'est-à-dire possédant un mouvement intérieur régulier et périodique. Si les trajectoires libres sont longues, la molécule, en communiquant ses vibrations à l'éther, cessera de vibrer, jusqu'à ce qu'elle rencontre quelqu'autre molécule.

En élevant la température, la vitesse des mouvements d'agitation s'accroît, ainsi que la force développée dans chaque rencontre. Plus la température est haute, plus l'amplitude des vibrations internes de toutes espèces sera grande, et plus il sera probable que les rencontres provoqueront des vibrations de courtes périodes, aussi bien que les vibrations fondamentales qui se produisent le plus facilement. En augmentant la densité, on diminue la longueur des trajectoires libres de chaque molécule, et l'on réduit aussi le temps nécessaire pour que les vibrations provoquées à chaque rencontre puissent s'éteindre ; comme chaque nouvelle rencontre trouble la régularité des séries de vibrations, les rayons ne seront plus décomposables en rayons correspondant à des vibrations de périodes régu-

lières, mais l'analyse de leur spectre révélera des raies
brillantes dues aux vibrations régulières, accompagnées
d'un ensemble de lumière diffuse, formant un spectre continu, dû aux mouvements irréguliers provoqués à chaque
rencontre des molécules.

D'où il suit que quand un gaz est raréfié, les raies brillantes de son spectre sont étroites et distinctes, et l'espace
qui les sépare est sombre. Quand la densité du gaz s'accroît, les raies brillantes s'élargissent et l'espace entr'elles
devient lumineux.

Il y a encore pour expliquer l'élargissement des raies
brillantes, et l'illumination du spectre entier, dans les gaz
très denses, une autre raison que nous avons déjà exposée
page 315. Il existe cependant une différence entre cet effet et l'effet que nous venons de mentionner plus haut. A
la page 315, nous supposions que la lumière émanée d'une
certaine couche du gaz incandescent pénétrait à travers les
autres couches qui absorbaient les rayons brillants plutôt
que les rayons moins lumineux. Cet effet ne dépend que
de la quantité totale de gaz que traversent les rayons, et
reste le même s'il s'agit d'un kilomètre de gaz à 760 mm.
de pression, ou de 76 kilomètres à 10 mm. de pression.
L'effet que nous considérons maintenant dépend de la densité absolue, de sorte qu'il n'est nullement le même, si la
couche traversée contenant une quantité donnée de gaz,
n'est épaisse que d'un kilomètre au lieu d'être épaisse de
76 kilomètres.

Quand la substance est assez condensée pour que la matière prenne la forme solide ou liquide, alors les molécules
ne suivent plus de trajectoires libres, elles ne sont animées
d'aucune vibration régulière, et l'on n'observe communément aucune raie brillante dans les solides ou les liquides
incandescents. Cependant M. Huggins a observé des raies

brillantes dans le spectre de la chaux et de l'oxyde d'er-
bium portés à l'incandescence, raies qui paraissent devoir
être attribuées à la matière solide, et non à la matière liquide.

LIMITATION DE LA SECONDE LOI DE LA THERMODYNAMIQUE

Avant de conclure, je veux attirer l'attention sur un aspect de la théorie moléculaire qui mérite considération.

Un des faits les mieux établis en thermodynamique,
c'est qu'il est impossible, sans dépenser du travail, de produire une inégalité de température dans un système contenu dans une enveloppe qui ne permet ni changement de
volume ni transmission de chaleur, et dans lequel la
température et la pression sont partout les mêmes. C'est
la seconde loi de la thermodynamique, et elle est absolument vraie, tant que nous ne pouvons agir que sur les
corps pris en masse, et que nous n'avons pas la faculté de
percevoir ou la possibilité de manier les molécules séparées dont ils sont constitués. Mais si nous concevons un
être dont les facultés (sens) soient assez développées pour
qu'il puisse suivre chaque molécule dans sa course, cet
être dont les attributs seraient cependant finis comme les
nôtre deviendrait capable de faire ce que nous ne pouvons
faire actuellement. Car nous avons vu que les molécules de
l'air renfermé dans un récipient et à température uniforme
se meuvent cependant avec des vitesses qui sont loin d'être
les mêmes, bien que la vitesse moyenne d'un grand nombre d'entr'elles, arbitrairement choisies, reste toujours à
peu près exactement la même. Supposons maintenant que
le récipient soit divisé en deux portions A et B, par une
cloison dans laquelle il y ait une petite ouverture, et qu'un
être qui puisse discerner par la vue les molécules indivi-

duels, ouvre et ferme cette ouverture, de manière à ne permettre l'introduction de A vers B que des molécules les plus rapidement agités, et de B vers A, l'introduction des molécules dont le mouvement est lent. Il aura ainsi, sans dépense de travail, élevé la température de B et abaissé celle de A, malgré la seconde loi de la thermodynamique.

C'est seulement là un des exemples dans lesquels les conclusions tirées de notre expérience des corps en tant que constitués par une nombre immense de molécules, peuvent ne pas s'appliquer à ces observations et expériences plus délicates, que nous pouvons supposer faites par un être qui percevrait et manierait séparément les molécules que nous-même ne pouvons traiter qu'en masse.

Dans les questions relatives à la matière, prise en masse, nous sommes forcés, ne pouvant discerner chaque molécule en particulier, d'avoir recours à ce que j'ai décrit sous le nom de méthode statistique de calcul, et d'abandonner la véritable méthode exacte consistant à traiter par le calcul le mouvement de chaque molécule en particulier.

Il serait cependant intéressant de rechercher jusqu'où l'on peut poursuivre l'application des méthodes exactes, dans l'étude des phénomènes concrets, phénomènes que nous ne connaissons encore que par des voies statistiques. Personne en effet, jusqu'à présent, n'a découvert une méthode pratique permettant de suivre la trajectoire d'une molécule, et de l'identifier à des moments quelconques.

Je ne crois pas, au reste, que la ressemblance exacte (*perfect identity*) observée entre les propriétés de différentes portions de la même substance puisse s'expliquer d'après le principe de la constance des valeurs moyennes, calculées d'après un grand nombre de valeurs qui, chacune, peuvent différer de la valeur moyenne. Car si, parmi les

molécules de quelque substance, telle que l'hydrogène,
quelques-unes possédaient une masse sensiblement plus
grande que d'autres, nous aurions le moyen de produire
une séparation entre des molécules de masses différentes,
et de cette manière nous pourrions obtenir deux espèces
d'hydrogène, l'une plus dense que l'autre. Comme cela ne
peut être effectué, il faut admettre que l'égalité que nous
affirmons exister entre les molécules d'hydrogène s'applique à chaque molécule particulière, et non pas simplement à la moyenne de groupes composés de plusieurs millions de molécules.

NATURE ET GENÈSE DES MOLÉCULES (1).

Nous avons été ainsi conduit par notre étude des choses
visibles (sensibles) à cette théorie qu'elles se composent
d'un nombre fini de parties ou molécules, dont chacune a
une masse définie et possède encore d'autres propriétés.
Les molécules d'une même substance sont exactement
semblables, mais diffèrent de celles des autres substances.
Il n'y a pas une gradation régulière dans la masse des molécules, depuis celles de l'hydrogène qui possèdent la
masse la plus faible connue, jusqu'à celles du bismuth ;
mais elles se rangent toutes dans un nombre limité de
classes ou d'espèces, les individus de chaque espèce étant
exactement semblables les uns aux autres, et aucun lien
ne reliant une espèce à une autre par une gradation uniforme.

(1) On trouvera dans l'ouvrage de Stallo sur « la matière et la
physique moderne » une critique judicieuse de la théorie moléculaire et les raisons de son insuffisance scientifique et philosophi
que. — *Trad.*

Ces conclusions rappellent certaines spéculations touchant les relations entre les espèces organiques. On a aussi constaté que les êtres organisés se groupent naturellement en espèces et que les liens intermédiaires entre les espèces font défaut. Mais, dans chaque espèce, des variations spécifiques ont lieu et il y a une perpétuelle création et destruction des individus qui composent les espèces (1).

On peut donc, dans le cas des êtres organisés, fonder une théorie qui rende compte du présent état de ces êtres au moyen de la génération, de la variabilité et d'une destruction ordonnée.

Dans le cas des molécules, c'est tout différent. Chaque individu est permanent; il n'y a ni génération ni destruction, et aucune variabilité ou plutôt aucune différence, entre les individus d'une même espèce. Par suite, ces spéculations qui nous sont devenues si familières sous le nom de théories de l'évolution sont tout à fait inapplicables au cas des molécules.

Il est vrai que Descartes, dont l'esprit inventif ne connaissait pas de bornes, a donné une théorie de l'évolution des molécules. Il suppose que les molécules, lesquelles remplissent à peu près entièrement les cieux, ont reçu une forme sphérique sous l'action des frottements prolongés de leurs parties saillantes, de telle sorte que, comme les billes sous la meule, elles ont réciproquement usé leurs angles.

Le déchet de cette usure forme la plus fine espèce de molécules, qui remplit les interstices entre les molécules sphériques. Mais, outre celles-ci, Descartes décrit une au-

---

(1) De plus, chaque individu suit une évolution rapide qui le transforme de la simple vésicule embryonnaire dans l'agrégat si complexe qui constitue la plante ou l'animal. — *Trad.*

tre espèce de molécules de forme allongée, les *particula striata*, qui doivent leur forme à ce qu'elles se sont souvent glissées entre les insterstices que laissent des sphères en contact. Elles ont acquis ainsi trois arêtes longitudinales, et commes quelques-unes d'entre ces molécules possèdent pendant leur déplacement, un mouvement autour de leur axe, ces arrêtés ne sont pas en général parallèles à l'axe, mais tordues comme les filets d'une vis.

Au moyen de ces petites vis, Descartes essaie très ingénieusement d'expliquer les phénomènes du magnétisme.

Mais il est évident que ses molécules sont très différentes des nôtres. Elles semblent produites par une sorte de pulvérisation générale de l'espace solide, et triturées dans le cours des âges. Quoique leur grandeur relative soit en quelque mesure déterminée, il n'y a rien qui détermine la grandeur absolue de chacune d'elles.

D'un autre côté, nos molécules ne sont altérables par aucun des procédés qui existent dans le présent état de chose et les individus de chaque espèce sont exactement de la même grandeur, comme s'ils avaient été fondus dans le même moule, de même que des boulets, et non pas simplement choisis et groupés suivant leur grandeur, comme du plomb de chasse.

Les individus de chaque espèce se ressemblent aussi par la nature de la lumière qu'ils émettent, — c'est-à-dire par leurs périodes propres de vibrations. Ils sont comme des diapasons accordés au même ton, ou comme des horloges réglées sur le temps solaire.

Dans l'explication de ce fait d'égalité (identité) entre les molécules d'une même espèce, nous n'avons pas à invoquer des causes ayant entraîné l'égalisation de particules primitivement inégales, car chaque molécule particulière est inaltérable (*immutability*). Il est difficile, d'un autre côté, de concevoir une sélection et une élimination.

des variétés intermédiaires, car où donc auraient pu passer les molécules éliminées, si, comme il y a tout lieu de le croire. l'hydrogène, etc. des étoiles fixes est composé de molécules identiques aux nôtres, sous tous les rapports ?

Pour éliminer de la totalité de l'univers visible, chaque molécule dont la masse diffère des masses des molécules qui composent les corps appelés éléments, la seule méthode que nous puissions concevoir est la méthode de dialyse imaginée par Graham, et l'élimination à l'aide de cette méthode exigerait un temps qui serait à la durée mesurée de l'évolution de la vie, réclamée par les évolutionistes, comme cette durée elle-même est à la durée des vibrations d'une molécule.

Mais si nous supposons les molécules toutes faites (*made at all*) ou composées de quelque chose fait au préalable, pourquoi prévoir l'existence d'une irrégularité quelconque ?

Si les molécules sont, comme nous le croyons, les seules choses matérielles qui se trouvent toujours exactement à l'état sous lequel elles commencèrent à exister, pourquoi ne verrions-nous pas là quelque indice de cet esprit d'ordre auquel nous attachons en science une confiance que ne peuvent ébranler les difficultés d'en saisir parfois les traces dans les arrangements complexes des choses du monde visible, — de cet esprit d'ordre dont nous reconnaissons pleinement la haute valeur morale, dans nos tentatives pour penser et affirmer la vérité, et pour établir les principes exacts de la justice distributive ?

APPENDICE

Table des coefficients d'interdiffusion des gaz, extraite du mémoire du professeur Loschmidt (voir page 358), en centimètres carrés par secondes.

Acide carbonique.	Air.	0.1423
—	Hydrogène.	0.5614
—	Oxygène.	0.1409
—	Gaz des marais.	0.1586
—	Oxyde de carbone.	0.1406
—	Bioxyde d'azote.	0.0982
Oxygène.	Hydrogène.	0.7214
—	Oxyde de carbone.	0.1802
Oxyde de carbone.	Hydrogène.	0.6422
Acide sulfureux.	Hydrogène.	0.4800

Le professeur Stephan, de Vienne, a aussi entrepris une série d'expériences très délicates, pour déterminer la conductibilité thermique de l'air et d'autres gaz. Il a trouvé que la conductibilité thermique de l'air, k est de 0,256 centimètre carré par seconde. La vitesse de propagation d'effets thermiques dans l'air calme, c'est donc intermédiaire entre la même vitesse pour le fer $k = 0,183$, et pour le cuivre $k = 1.077$. Stefan trouve que ce rapport est intermédiaire entre le fer et le zinc.

La conductibilité calorimétrique, k, est égale à 0.0000558 pour l'air, c'est-à-dire environ 20.000 fois moins que celle du cuivre, et 3.360 fois moins que celle du fer. Calculée d'après le coefficient de viscosité par l'auteur [Maxwell] elle est égale à 0.000054.

Stefan a aussi trouvé que la conductibilité calorimétrique est indépendante de la pression, et qu'elle est sept fois plus grande pour l'hydrogène que pour l'air. Ces deux résultats avaient été prévus par la théorie moléculaire. Voir Maxwell : *Sur la théorie dynamique des gaz*, Phil. Trans., 1867, p. 88.

FIN

TABLE DES MATIÈRES

Laval. — Imp. E. JAMIN, 41, rue de la Paix.